※「高等学校」の分野は本書未収録（参考）です。

中学3年

4 多項式 (P.109)

1 多項式と単項式の乗除　2 多項式の乗法
3 乗法公式　4 因数分解
5 公式を利用する因数分解

5 平方根 (P.133)

1 平方根　2 根号をふくむ式の乗除
3 根号をふくむ式の加減　4 近似値と有効数字

6 二次方程式 (P.161)

1 二次方程式
2 因数分解による解き方
3 平方根の考えを使った解き方
4 二次方程式の解の公式

9 関数 $y=ax^2$ (P.

1 関数 $y=ax^2$
2 関数 $y=ax^2$ のグラフ
3 関数 $y=ax^2$ の値の変化

13 相似な図形 (P.381)

1 相似な図形　2 三角形の相似条件
3 三角形と比　4 平行線と比
5 相似な図形の面積比　6 相似な立体の体積比

14 円周角・三平方の定理 (P.417)

1 円周角の定理
2 円周角と弧
3 三平方の定理
4 三平方の定理の利用

16 標本調査 (P.479)

4 標本調査
5 標本調査の利用

合同

高等学校 （主に数学Ⅰ・A）

【数学Ⅰ】 数と式

● 数と集合
● 式（式の展開と因数分解／一次不等式）

【数学A】 数学と人間の活動

● 数量や図形と人間の活動
● 遊びの中の数学

【数学Ⅱ】 いろいろな式

● 等式と不等式の証明

高次方程式）

【数学Ⅰ】 二次関数

● 二次関数とそのグラフ
● 二次関数の値の変化

【数学Ⅰ】 図形と計量

● 三角比　● 図形の計量

【数学A】 図形の性質

● 平面図形（三角形の性質／円の性質／作図）
● 空間図形

【数学Ⅰ】 データの分析

● データの散らばり　● データの相関

【数学A】 場合の数と確率

● 場合の数　● 確率

【数学B】 統計的な推測

● 確率分布　● 正規分布
● 統計的な推測

「全年齢対象」の「学び直し」教室

中学数学を_{もう一度}はじめからていねいに

東進ハイスクール 講師

沖田 一希 監修
OKITA Kazuki

はじめに

みなさんこんにちは。
本書担当講師の
ミズクです。

ミズク先生

本書では，彼らネコやイヌでもわかるくらい
中学数学を**はじめからていねいに**教えます。
「知識ゼロ」からでも大丈夫ですから，
安心してついてきてくださいね。

ネコを
ニャめてんニョ？

イヌでも
わかるワン！

ニャン吉　ワン太

本書最大の特長は
漫画の**コマ割り**形式で
1コマずつビジュアルに
解説するという点です。

1コマずつ解説するニャ？

ニャンで
「1コマずつ」ニャ？
もっと手っ取り早く
説明してほしいニャ！！

その方がはるかに
わかりやすいからです。

例えば，次の野球の場面を見てください。
これだけでは，アウトかセーフか*
よくわからないですよね。

野球では
こういうシーンが
多いんです

今のは
セーフワン！

いや
アウトニャ！

これを「1コマずつ」見ると
どうなるでしょうか？

＊走者が先に1塁ベースを踏めばセーフだが，1塁手が先にボールを取ればアウトという状況。

ワン太くんが1塁に
走ってきます。

1塁にボールが
飛んできました。

どっちが先か，
微妙(びみょう)なタイミングですが

ワン太くんの足が
先にベースを踏み，

その後，ニャン吉くんが
ボールを取るので，

スパッ

これは「セーフ」です！

セーフ!!

この例のように，
**どんなにわかりづらいことでも
「1コマずつ」見れば，
誰でも絶対にわかるわけです！**

やっぱり
セーフだワン

わかりたく
なかったニャ…

こうしたコンセプトで
徹底的にわかりやすさを追求したのが
本書の特長なんです。

バーン

1コマずつ

つくるのは
大変なんですけどね

キャラクター紹介

ミズク先生
先生

▶ミミズク*界の実力講師。
「数学嫌いを0(ゼロ)にする」を
座右の銘(ざゆうのめい)として，元気
に優しく日々教鞭をとる。

ニャン吉(きち)
生徒

▶ちょっとオマセで短気な
ネコ。数学は苦手。難しい
問題やワン太の天然ボケに
はすぐ腹が立つ。

ワン太(た)
生徒

▶のんびりとマイペースな
イヌ。まちがいや失敗を何
も気にしない無我の境地を
極めている。

*ミミズクはフクロウの一種で，頭に羽角(うかく)(耳のように見える羽)がついているものを指す。フクロウは通常羽角がない。

本書の使い方

本書の使い方はとても簡単！
「1コマずつ読んでいく」だけです。

読むだけでいいワン？

…でも ぶ厚いから
めっちゃ時間が
かかりそうニャ…

…と思いきや，実は
全くの「逆」なんですよ。

例えば，
何か食べるときを
イメージして
ください。

あまりかまずに
一気に食べると，
体の中でなかなか
消化されません。

一方，よくかんで，
細かくしてから
少しずつ食べると，
消化しやすくなります。

これと同様に，多くの数学の本は，
一度に多くの情報を載せていたり，
文字や1つの図だけで
難しく表現していたりするので，
消化には相当の時間がかかります。

一方，本書は，1コマずつ，
わかりやすく説明するので，
とても消化がいいんですね。
がんばれば**1日で全部読み終える**
ことも可能なくらいです。*

1日で全部読めるニャ!?

*およそ6〜12時間程度（ただし個人差があります）。

前見返しを見てください。
中学3年間（＋高1）で学ぶ
数学の系統図（全体像）が
載っています。
この図に沿って中学数学を
はじめからていねいに
講義しますからね。

※高校数学への接続も明示しています。
中学数学は「高校数学の超基礎」である
ともいえます。

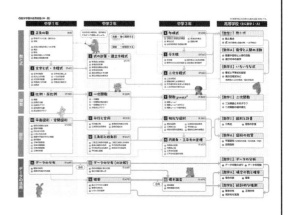

授業中は，以下のようなマークが出てきます。
それぞれの意味を覚えて，読み方の参考にしてください。

POINT ▶最も重要なポイント。「絶対」に覚えてください。復習時もここを中心に押さえましょう。

計×算 ▶しっかりと自分で計算してほしいところ。余裕があれば，ノートや紙に書いて計算しましょう。

法!則 ▶大事な法則。中学でも高校でもずっと使うので，確実に覚えておきましょう。

基!礎 ▶小学校で習った基礎的な事項。忘れていたらしっかり押さえておきましょう。

考えて ▶しっかり考えてほしいところ。すぐに答えを求めず，まずは自分の頭で考えましょう。

じっくり見て ▶じっくり見て理解してほしいところ。読み飛ばさず，じっくり見てください。

本書を読み終えれば，
中学で学ぶ**教科書の内容**は
ほぼ完璧になります！
人に教えられるレベルにまで
到達しますからね！

まあ…これだけぶ厚ければ
そうニャるのも納得ニャ…

中学数学の「学び直し」にも最適！
高校数学の「超基礎固め」にも最適！
ぜひ本書をマスターして，
数学を好きになってくださいね！

ニャ～い　　　がんばるワン

もくじ

図形

データの活用

【備考】本書は，中学生用の参考書『数学コマ送り教室』（中1・中2・中3）シリーズ3点を「合本」にして，大幅に改編（各単元の練習問題や実戦演習，重複する解説等を削除）し，分野別に再編したものです。

宇宙は数学という言語で書かれている。
これがなかったら、
宇宙の言葉は人間には一言も理解できない。

ガリレオ・ガリレイ

中1

Chapter

I

正負の数

この単元の位置づけ

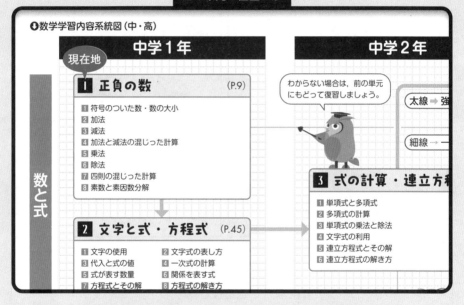

●数学学習内容系統図（中・高）

中学1年

現在地

1 正負の数 (P.9)

1 符号のついた数・数の大小
2 加法
3 減法
4 加法と減法の混じった計算
5 乗法
6 除法
7 四則の混じった計算
8 素数と素因数分解

数と式

2 文字と式・方程式 (P.45)

1 文字の使用　2 文字式の表し方
3 代入と式の値　4 一次式の計算
5 式が表す数量　6 関係を表す式
7 方程式とその解　8 方程式の解き方

中学2年

わからない場合は，前の単元にもどって復習しましょう。

太線 ➡ 強

細線 → 一

3 式の計算・連立方程式

1 単項式と多項式
2 多項式の計算
3 単項式の乗法と除法
4 文字式の利用
5 連立方程式とその解
6 連立方程式の解き方

　具体的な数を扱う「算数」の世界から，抽象的な概念を扱う「数学」の世界へいざ出発！　小学校で整数，小数，分数を学びましたが，中学では数をマイナス（－）の符号がついた「負の数」にまで拡張します。「－2大きい」などといった表現にはじめはとまどうかもしれませんが，数の概念の理解を深めると共に，最終的には自由に四則計算ができるようになりましょう。

1 符号のついた数・数の大小

問 1 （符号のついた数）

下の数直線で，次の(1)〜(4)の数に対応する点をしるしなさい。

(1) -3　　　(2) $+2$　　　(3) $+3.5$　　　(4) $-\dfrac{3}{2}$

さあ，始めましょう。
本書の授業は基本的に最初に問題が
出ますので，答えを一緒に考えながら，
数学の力をつけていきましょうね。

「数直線」って何ニャ？

横にのびた1本の直線に目盛りを
ふって，数を「目で見える」ように
表したものです。

0を**原点**として，

原点

0

※原点…基準となる（0となる）点
のこと。

原点の左右に同じ間隔で目盛りをふったのが，
問1の数直線です。

数直線

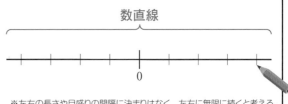

0

※左右の長さや目盛りの間隔に決まりはなく，左右に無限に続くと考える。

数直線で数の大小を表すことができます。
右に行くほど大きい数になり,
左に行くほど小さい数になります。
まずはこれをしっかりおさえましょう。

小さい ← → 大きい
0

……ふぁ!?
0 より小さい数
なんてあるニャ?

!?

鋭い質問ですね!
そう,0 より小さい数が
実はあるんです!

---

0 より大きい数を「**正の数**」といい,
+1, +2, +3, …のように,
+ という「**正の符号**」をつけて
表します。

原点

正の数

0 +1 +2 +3 +4

※正の符号 (+) は省略される場合もあります。

正の数のうち,(小数や分数
ではなく)**整数**であるものを
正の整数または自然数といいます。

※整数…0 (ゼロ) から順に 1 ずつ増やす (または
1 ずつ減らす) ことによってできる数。

0 +1 +2 +3 +4

正の整数 (=自然数)

---

0 より小さい数を「**負の数**」といい,
−1, −2, −3, …のように,
− という「**負の符号**」をつけて
表します。

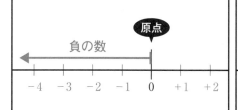

原点

負の数

−4 −3 −2 −1 0 +1 +2

負の数のうち,(小数や分数
ではなく)**整数**であるものを
負の整数といいます。

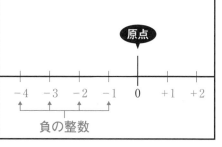

原点

−4 −3 −2 −1 0 +1 +2

負の整数

数の名称と意味

小学校の算数では「正の数」だけを扱ってきたのですが,
中学数学からは 0 より小さい「負の数」を扱います。
まずは数の名称と意味をしっかり区別しておきましょう。

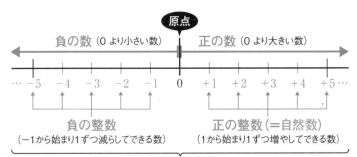

---

(1)の問題を考えましょう。
−3 は「負の数（整数）」ですから,
数直線に点をしるすと
下図のようになります。

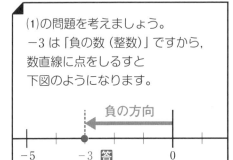

(2)を考えましょう。
+2 は「正の数（整数）」ですから,
下図のようになります。

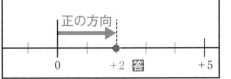

---

(3)の +3.5 は「小数」ですが,
整数ではない数も
数直線上に表すことができます。

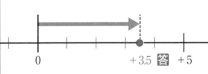

(4)の −$\frac{3}{2}$ は「分数」ですね。
帯分数*で表すと −$1\frac{1}{2}$ なので,
小数で表すと −1.5 になります。

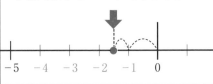

　＊帯分数…整数と分数（分子が分母より小さい分数）でできている数。⇔ 仮分数（分子が分母より大きい分数）

このように、
小数と同じく分数も
数直線上に表すことができます。

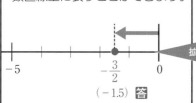

-5　　　$-\dfrac{3}{2}$　　0

(-1.5) 答

数直線は、整数、小数、分数など、
あらゆる数が一直線に並んだもの
だと考えましょう。

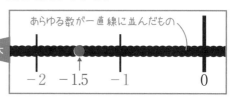

あらゆる数が一直線に並んだもの

-2　　-1.5　　-1　　　　0

問2 （数の大小）

次の数の大小を、不等号を使って
表しなさい。

(1)　$+2,\ -3.5$

(2)　$-0.5,\ -\dfrac{2}{5},\ -1$

「<ruby>不等号<rt>ふ とうごう</rt></ruby>」
って何ニャ？

学校に行かない
ことだワン！

それは「<ruby>不登校<rt>ふ とうこう</rt></ruby>」！

数と数の間に置いて、
どちらが大きいのかを表す
< や > などの記号を
「<ruby>不等号<rt>ふ とうごう</rt></ruby>」といいます。

不等号

$2 < 3$

不等号

$3 > 2$

※不等号にはほかにも「以上、以下」
を表す ≧ や ≦ がある。

「2 < 3」は「2 <ruby>小なり<rt>しょう</rt></ruby> 3」と読み、
「2 は 3 より**小さい**」ことを表します。

小なり

$2 < 3$

「3 > 2」は「3 <ruby>大なり<rt>だい</rt></ruby> 2」と読み、
「3 は 2 より**大きい**」ことを表します。

大なり

$3 > 2$

※「2 < 3」と「3 > 2」は同じことを表している。

数の大小

「数の大小」は，はじめは「数直線」で考えましょう。
数直線では，**右に行くほど大きい数，左に行くほど小さい数**になります。

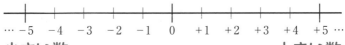

··· −5　−4　−3　−2　−1　0　+1　+2　+3　+4　+5 ···

小さい数 ←――――――――→ 大きい数

---

(1)の数を数直線にしるしましょう。

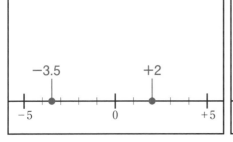

右にある方が大きい数なので，答えは

$$-3.5 < +2$$ **答**

となります。　　　　　　　※「+2 > −3.5」でも正解。

---

(2)は「負の数」どうしの大小を
考える問題ですが，ここで
「絶対値」を学びましょう。

「絶対値」というのは，数直線上における
「原点 (0) からの距離」のことです。

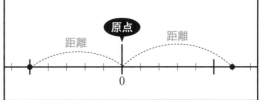

例えば，
+5の原点からの距離は5です。
だから，絶対値は5になります。

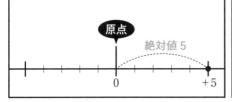

−5の原点からの距離も5です。
だから，絶対値は5になります。
※「原点からの距離」なので，+ か − かは関係ない。

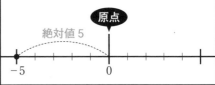

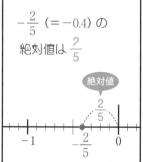

これをふまえて，
(2)を考えましょう。
−0.5 の絶対値は 0.5

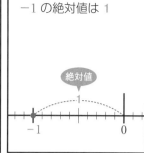

$-\dfrac{2}{5}$ $(=-0.4)$ の
絶対値は $\dfrac{2}{5}$

−1 の絶対値は 1

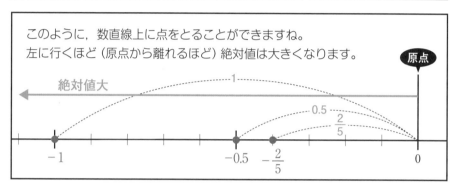

このように，数直線上に点をとることができますね。
左に行くほど（原点から離れるほど）絶対値は大きくなります。

原点

絶対値大

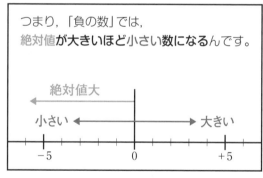

つまり，「負の数」では，
絶対値が大きいほど**小さい数になる**んです。

絶対値大

小さい　　大きい

よって，答えは

$$-1 < -0.5 < -\dfrac{2}{5}$$ 答

となります。

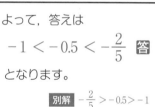

別解 $-\dfrac{2}{5} > -0.5 > -1$

※不等号の向きは全部同じにして，
小さい順か大きい順に並べること。

負の数は，「（絶対値が）**大きくな
れば大きくなるほど小さくなる数**」
なんですね！

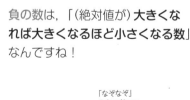

「なぞなぞ」
みたいだニャ…

数直線上では，
数は左に行くほど小さい。
負の数は，
絶対値が大きいほど小さい。
この2点に注意しましょうね！

2 加法

問 1 （同符号の数の加法）

次の計算をしなさい。

(1) $(+3)+(+5)$

(2) $(-2)+(-4)$

「たし算」のことを「**加法**」ともいい，加法の結果を「**和**」といいます。

$$\underbrace{\bigcirc\ +\ \triangle}_{加法}\ =\ \underbrace{\square}_{和}$$

なんで数に（ ）がついてるニャ？

中学数学（正負の数）では，数が「正の数」なのか「負の数」なのかをはっきりと表すんですよ。

つまり，3＋5という計算でも，3は正の数の＋3なんだよ，5は正の数の＋5なんだよと，はっきりと表すわけです。

$$3+5$$
$$+3+\ +5$$

でも，そうすると，~~わかりづらい~~
$$+3+\ +5$$
というように，加法の記号（＋）と正の符号（＋）が並んでしまい，わかりづらくなりますよね。

※ ＋には，数について「正の数」を表す性質と，「加法」を表す性質があるので，混在するとまぎらわしい。

そこで，
$$(+3)+(+5)$$
のように，それぞれの数に（ ）をつけて，はっきり区別してるんです。

ニャるほど…

負の数でも同じように，
$$-2+\ -4$$
というように，加法の記号（＋）と負の符号（－）が並ぶとまぎらわしいので，

それぞれの数に（ ）をつけて
$$(-2)+(-4)$$
というように，はっきり区別して表すんです。

※ －には，数について「負の数」を表す性質と，「減法」を表す性質がある。「＋とは反対の性質がある」と考えるとよい。

では，**問1**を考えましょう。
まずは「**同符号**」の数の
加法です。

加法は「数直線」で考えましょう。
正の数をたすときは正の方向に進み，
負の数をたすときは負の方向に進みます。

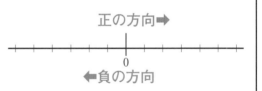

正の方向➡

←負の方向

(1) (+3) + (+5)	(2) (−2) + (−4)

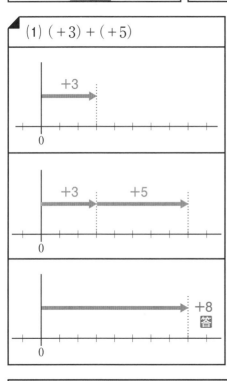

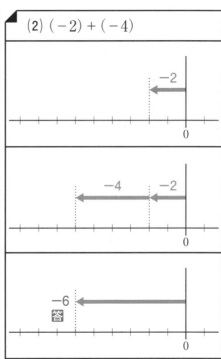

このように，**同符号**の2数*の和は，
「**絶対値の和**」に「**同じ符号**」がついたものになります。

POINT

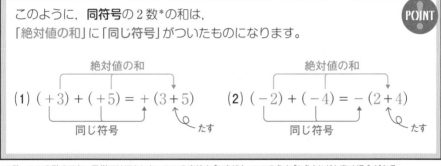

絶対値の和

絶対値の和

(1) (+3) + (+5) = + (3 + 5)　　(2) (−2) + (−4) = − (2 + 4)

同じ符号　　たす

同じ符号　　たす

*2数…2つの数のこと。数学ではほかにも，2つの直線を「2直線」，2つの角を「2角」などと表す場合がある。

問2 （異符号の数の加法）

次の計算をしなさい。

(1) $(-6)+(+9)$

(2) $(+7)+(-13)$

今度は，符号が異なる「異符号」の数の加法をやってみましょう。

$$(-\bigcirc)+(+\triangle)$$

異符号

---

(1) $(-6)+(+9)$

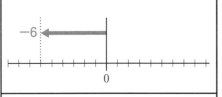

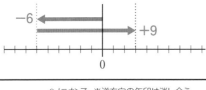

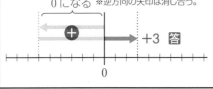

(2) $(+7)+(-13)$

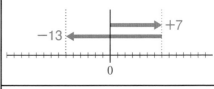

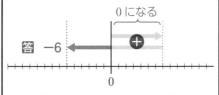

このように，**異符号**の2数の和は，
「**絶対値の差**（絶対値の大きい方から絶対値の小さい方をひいた数）」に
「**絶対値の大きい方の符号**」がついたものになります。*

POINT

絶対値の差

(1) $(-6)+(+9)=+(9-6)$

絶対値の大きい方の符号

絶対値の差

(2) $(+7)+(-13)=-(13-7)$

絶対値の大きい方の符号

＊絶対値の等しい正の数と負の数の和は0になる。例 $(+6)+(-6)=0$

問3 （加法の交換法則と結合法則）

次の計算をしなさい。

$$(+14) + (-9) + (-14) + (+3)$$

加法では，たし合わせる順序を
自由に入れかえても，
その和は変わりません。

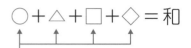

$$\bigcirc + \triangle + \square + \Diamond = 和$$

ココは自由に入れかえていいし，
どんな順番でたし合わせてもいい。

加法では**交換法則**と**結合法則**が成り立つためです。

〈加法の交換法則〉 — 位置は自由に交換してOK！

$$a + b = b + a$$

この法則は
小学校でも
習いましたよね

法則

〈加法の結合法則〉 — どこから先に計算してもOK！

$$(a + b) + c = a + (b + c)$$

※ひき算（減法）ではこの法則は使えません。

「負の数」があっても，
これは同じです。
つまり，加法では
**「計算しやすいように
数を入れかえる」**という
工夫が大切になります。

問3では，
$(+14)$と(-14)に注目！
$(+14) + (-14) = 0$
なので，これが消えれば
計算が簡単になりますよね。
そこで，加法の交換法則を
使います。

$$(+14) + (-9) + (-14) + (+3)$$

〈交換法則〉

$$= \underbrace{(+14) + (-14)} + (-9) + (+3)$$

$$= 0 + (-9) + (+3)$$

$$= -(9 - 3)$$ — 「絶対値の大きい方の符号」が「絶対値の差」についたもの（異符号の数の和）

$$= -6 \;\; 答$$

$(+14)$と(-14)を
たすと0になるニャ？

お互いを
消し合う
感じかニャ？

そう，絶対値の等しい正の数と
負の数の和は0になるんです。

加法の式では交換法則や結合法則が
使えるので，計算を「簡単」にするという
工夫が大事です。
覚えておきましょう。

自由に
入れかえて
いいニャね…

END

3 減法

問1 （正負の数の減法）

次の計算をしなさい。

(1) （＋4）－（＋2）

(2) （＋2）－（－4）

「ひき算」のことを「減法」といい，減法の結果を「差」といいます。

$$\underbrace{\bigcirc}_{} - \underbrace{\triangle}_{減法} = \underbrace{\square}_{差}$$

基本的に，
⊖は⊕の「反対の性質」をもつんですね。

反対の性質

⊕ ⟷ ⊖

「ひき算」だけに，正負の数の減法は「綱引き」でイメージしてみてください。

つニャひき？ ?

さあ，負の数と正の数が同じ力！
どちらにも動きません！

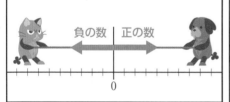

負の数 ｜ 正の数

0

正の数をひく（減らす）と，
負の数がたされ（増え）ます！

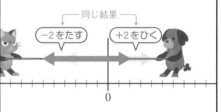

┌─ 同じ結果 ─┐
－2をたす ＋2をひく

0

逆に，負の数をひく（減らす）と，
正の数がたされ（増え）ます！

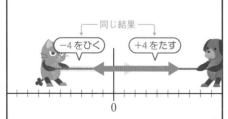

┌─ 同じ結果 ─┐
－4をひく ＋4をたす

0

つまりポイントは，

┌─ 同じ結果になる ─┐
↓ ↓

正の数をひく ＝ 負の数をたす

負の数をひく ＝ 正の数をたす

ということなんです。

20

ですから,
「−4（負の数）をひく」のと
「＋4（正の数）をたす」のは
同じ結果になるわけです。

イヤなことが減る＝イイことが増える
（負の数をひく）＝（正の数をたす）
という感じニャ？

なるほど，そういうふうに
イメージしてもいいですね。

問1の答えはこうなります。

(1) $(+4)-(+2)$　　(2) $(+2)-(-4)$

$=(+4)+(-2)$　　$=(+2)+(+4)$

$=+2$ 答　　$=+6$ 答

加法では交換法則と結合法則が
成り立つので，「減法」はすべて
「加法」になおして計算すると
わかりやすくて便利なんです。

POINT　「減法」は「加法」になおして計算する！

正負の数をひくことは，その数の符号を変えてたすことと同じである。

$$(+a)-(+b)$$

↓符号を変えてたす

$$=(+a)+(-b)$$

$$(+a)-(-b)$$

↓符号を変えてたす

$$=(+a)+(+b)$$

−（＋ は　正の数をひく

＋（− に　負の数をたす

するニョね…

−（− は　負の数をひく

＋（＋ に　正の数をたす

するワン！

そのとおりです！
減法を加法になおす
計算をたくさんやって
早く慣れましょうね！

END

4 加法と減法の混じった計算

問1 （加法と減法の混じった式）

次の計算をしなさい。

$$(-3) + (+6) + (-8) - (-4)$$

…＋と－が混じってニャい？
どうやって解くニャ!?

加法と減法の混じった計算は,
深く考えるよりも, とにかく
「かっこをはずして計算する」
と覚えてください。

かっこをはずす？
どうやってはずすニャ？

それはカンタンだワン！

こうすれば
はずれるワン！

$$(-3) + (+6) + (-$$

消してる
だけニャ!!

ここはとにかく, この
「かっこのはずし方」
を覚えてください。
「習うより慣れよ」
ですからね！

ニャめてんニョ？

POINT ## かっこのはずし方

$$a + (+b) = a + b$$

$$a - (+b) = a - b$$

$$a - (-b) = a + b$$

$$a + (-b) = a - b$$

同符号なら ＋　　　**異符号なら －**

問1を考えましょう。
かっこをはずすときは,
同符号なら＋に,
異符号なら－になります。

$$(-3) + (+6) + (-8) - (-4)$$

| 同符号 | 異符号 | 同符号 |

$$= (-3) + (+6) + (-8) + (+4)$$

かっこをはずしたあとは,
同符号の数どうしでまとめて
計算します。

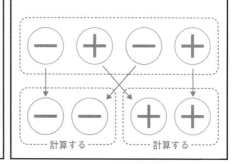

計算する　　　　　計算する

つまり, **加法の交換法則・結合法則** (☞P.19) を
使って, 同符号どうしでまとめるわけですね。

$$= -3 + 6 - 8 + 4$$

$$= -3 - 8 + 6 + 4$$
）加法の交換法則 $a + b = b + a$

$$= -(3+8) + (6+4)$$
）加法の結合法則 $(a+b)+c = a+(b+c)$

$$= -11 + 10$$

$$= -1 \quad \boxed{答}$$

※同符号どうしでまとめるときは, かっこを使う。

…加法?
「減法」も入ってニャい?

$$-3 + 6 - 8 + 4$$
↰ 減法?

すばらしい質問です!
説明しましょう。

問1のかっこをはずしたあとの式は,

$$= -3 + 6 - 8 + 4$$

$$= (-3) + (+6) + (-8) + (+4)$$

加法だけ

と, 「**加法だけの式**」になおして考える
ことができますよね。

つまり,

$$-3 + 6 - 8 + 4$$

の－は減法の記号ではなく
負の符号であり, 全体としては
「**加法だけの式**」であると
考えられるから,
加法の交換法則・結合法則が
使えるわけです。

この＋・－は
正負の符号
だったニョね…

ちなみに、「加法だけの式」では、

$$(-3)+(+6)+(-8)+(+4)$$

「かっこ」と「加法の記号＋」が
省略されることが多いのですが、

$$(-3)+(+6)+(-8)+(+4)$$

「加法だけの式」として考えたときの、この（かっこ）と加法の記号＋
以外の部分（−3, +6, −8, +4）を、「項」というんです。

項はこう書くワン!!

ダジャレかニャ!?
それがいいたいだけニャ？

また、項の正負に注目して、
+6, +4 を「正の項」、−3, −8 を「負の項」
という場合もあります。

なお、**問1**の式のように、1つでも減法の記号−
など*がある式は「加法だけの式」ではないので、
「項」とはいいません。これ注意しましょう。

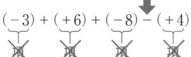

では、最後に、
加法と減法の混じった
計算を解く手順を
まとめましょう。

24　　*減法の記号（−）だけでなく、このあと学ぶ乗法の記号（×）や除法の記号（÷）をふくむ式にも「項」はない。

POINT 加法と減法の混じった計算を解く手順

❶ かっこをはずす （同符号なら＋，異符号なら－）

$$a + (+b) = a + b \qquad a - (+b) = a - b$$
$$a - (-b) = a + b \qquad a + (-b) = a - b$$

❷ 同符号どうし （正の項，負の項）でまとめて計算する

※加法の交換法則・結合法則をうまく使い，できるだけ簡単な計算になるよう工夫する。

要するに，かっこをはずしたら
「項」だけ残るから，この「項」を同符号どう
しでまとめればいい，ってことニャ？

$$(-3) + (+6) + (-8) - (-4)$$
$$= \underbrace{(-3)}_{項} + \underbrace{(+6)}_{項} + \underbrace{(-8)}_{項} + \underbrace{(+4)}_{項}$$

 まさにそのとおりです！
符号のミスには注意しましょうね。

「項」は，「数学」に
おいて超重要な用語
です。今後もたくさん
出てきますから，
しっかり理解しておき
ましょうね。

さあ，加法と減法の混じった計算をやり
ました。この計算に「小数」や「分数」が
出てきても，計算の手順は同じですから
あわてる必要はありません。

❶かっこをはずす
❷同符号どうしでまとめて計算する

という手順でやってください。

慣れないうちは
＋や－の符号などで
ミスをしがちですが，
たくさん数をこなしていれば
必ずできるようになります。
がんばりましょう！

ほんと
ニャ…？

END

25

5 乗法

問 1 （同符号の数の乗法）

次の計算をしなさい。

(1) $(+2) \times (+3)$

(2) $(-2) \times (-3)$

「かけ算」のことを「**乗法**」ともいい，乗法の結果を「**積**」といいます。

$$\underbrace{\bigcirc \times \triangle}_{乗法} = \underbrace{\square}_{積}$$

乗法の積のポイントは，
「同符号」の数の積は（ ＋ ）に，
「異符号」の数の積は（ － ）に
なるということです。

同符号 $\begin{cases} \overset{正の数}{(+) \times (+) = (+)} \\ \overset{負の数}{(-) \times (-) = (+)} \end{cases}$

異符号 $\begin{cases} (+) \times (-) = (-) \\ (-) \times (+) = (-) \end{cases}$

同符号の数の乗法は，絶対値の積に正の符号をつける。 POINT

(1)
$$\overset{絶対値の積}{(+2) \times (+3)} = \underset{同符号は正の符号}{+} (2 \times 3)$$
$$= +6 \quad 答$$

(2)
$$\overset{絶対値の積}{(-2) \times (-3)} = \underset{同符号は正の符号}{+} (2 \times 3)$$
$$= +6 \quad 答$$

…ん？
「⊖×⊖」
は⊕に
なるニャ…？

そう，減法と
似ていますよね。

$(+a) - (-b)$
$= (+a) + (+b)$

(2)は，かける数 (-3) に － がついて
いるので，-2 を**反対向き**に 3 倍する
というイメージになるんです。

反対向きに 3 倍

-2 ← → → → $+6$

0

問2 （異符号の数の乗法）

次の計算をしなさい。

(1) $(-2) \times (+3)$

(2) $(+2) \times (-3)$

「⊖×⊕」と「⊕×⊖」は
異符号の数の乗法だから，
積は⊖になる一ャ？

そのとおり正解！

異符号の数の乗法は，絶対値の積に負の符号をつける。　POINT

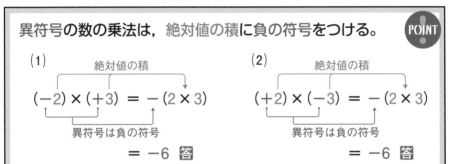

(1)
絶対値の積
$$(-2) \times (+3) = -(2 \times 3)$$
異符号は負の符号
$$= -6 \text{ 答}$$

(2)
絶対値の積
$$(+2) \times (-3) = -(2 \times 3)$$
異符号は負の符号
$$= -6 \text{ 答}$$

小学校では，正の
符号＋が**省略された**，
正の数どうしの
かけ算をやっていた
わけですが，

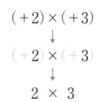

$(+2) \times (+3)$
↓
$(+2) \times (+3)$
↓
2×3

中学からは正の数だけでなく
負の数も扱いますから，
とにかく「符号」に注意しなが
ら計算しましょうね。

ニャるほど…

問3 （乗法の交換法則と結合法則）

次の計算をしなさい。

$(-2) \times (-3) \times 5 \times (-7)$

乗法では，かけ合わせる順序を
自由に入れかえても，その積は
変わりません。

$$○ \times △ \times □ \times ◇ = 積$$

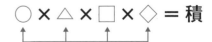

ココは自由に入れかえていいし，
どんな順番でかけ合わせてもいい。

〈乗法の交換法則〉 位置は自由に交換してOK！

$$a \times b = b \times a$$

〈乗法の結合法則〉 どこから先に計算してもOK！

$$(a \times b) \times c = a \times (b \times c)$$

乗法では
（加法と同様に），
「交換法則」と
「結合法則」が
成り立つからです。

※交換法則と結合法則が常に成り立つのは加法と乗法だけ。減法と除法では成り立たない。
※上記の a, b, c に「負の数」が入っても法則は成り立つ。

つまり，乗法では
**計算しやすいように
順序を入れかえて
工夫すること**
が大切になります。

$$(-2) \times (-3) \times 5 \times (-7)$$

$$= (-2) \times 5 \times (-3) \times (-7)$$ 交換法則

$$= \{(-2) \times 5\} \times \{(-3) \times (-7)\}$$ 結合法則

$$= (-10) \times 21$$

$$= -210 \quad 答$$

問3では，
(-2) と 5 に注目！
$(-2) \times 5 = -10$
なので，計算がわかり
やすくなりますよね。

ちなみに，乗法の積の符号が
＋になるか−になるかは，
「負の数」の数によって決まります。
計算ミスのないよう，注意しましょう。

積の符号の決まり方

乗法の積の符号は，かけ合わせる負の数がいくつあるかによって決まる。

負の数が奇数個 ← 1, 3, 5, 7, 9, …個 → **－**

負の数が偶数個 ← 2, 4, 6, 8, 10, …個 → **＋**

問4 （累乗の計算）

次の計算をしなさい。

(1) $2^3 - 4^2$

(2) $(-2)^3 \times 3^2$

カンタン
だワン！

$23 - 42 = -19$

…数字が全部大きくニャい？

同じ数をくり返しかけたものを
「累乗」といい，数の右肩に小さく
書いた数を「指数」といいます。

累乗（2の3乗）

2^3 指数

「指数」は同じ数を**かけ合わせる回数**
を示しています。

| 2の3乗 | 4の2乗 |

$2^3 = 2 \times 2 \times 2$　　$4^2 = 4 \times 4$

※「2乗」は「にじょう」または「じじょう」と読む。

---

(1)を計算しましょう。

$2^3 - 4^2$

$= (2 \times 2 \times 2) - (4 \times 4)$

$= 8 - 16$

$= -8$ 答

---

(2)のように，累乗と乗法の混じった計算
では，**累乗を先に計算しましょう。**

$(-2)^3 \times 3^2$

$= \{(-2) \times (-2) \times (-2)\} \times 3^2$

$= -8 \times (3 \times 3)$

$= -72$ 答

ちなみに，負の数では，指数が（　）の右肩について
いる場合，計算がちがってきます。注意しましょう。

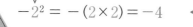

-（の）「2」の2乗

$-2^2 = -(2 \times 2) = -4$ ← ちがいに注意

$(-2)^2 = (-2) \times (-2) = 4$ ←

「-2」の2乗

乗法では，
累乗もふくめて，
符号が＋か一かに
注意しましょうね。

END

【参考】2乗を「平方」，3乗を「立方」ということもある。（例）cm²＝平方センチメートル，cm³＝立方センチメートル

6 除法

問1 （同符号の数の除法）

次の計算をしなさい。

(1) $(+8) \div (+4)$

(2) $(-8) \div (-4)$

「わり算」のことを「**除法**」ともいい，除法の結果を「**商**」といいます。

$$\underbrace{\bigcirc \div \triangle}_{除法} = \underbrace{\square}_{商}$$

除法の商のポイントは，
「同符号」の数の商は（＋）に，
「異符号」の数の商は（－）に
なるということです。

同符号 $\begin{cases} \overset{\text{正の数}}{(+) \div (+) = (+)} \\ \overset{\text{負の数}}{(-) \div (-) = (+)} \end{cases}$

異符号 $\begin{cases} (+) \div (-) = (-) \\ (-) \div (+) = (-) \end{cases}$

これって…
乗法の積と同じニャ!?

そのとおりなんです！

答えが＋になるか
－になるかは，
除法も**乗法**と同じ
法則なんですね。

$\ominus \times \ominus = \oplus$
と同じように，
$\ominus \div \ominus = \oplus$
となるニョね…？

同符号の数の除法は，絶対値の商に正の符号をつける。 **POINT**

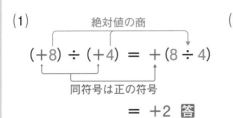

(1)
$$(+8) \div (+4) = \overset{絶対値の商}{+(8 \div 4)}$$
同符号は正の符号
$$= +2 \text{ 答}$$

(2)
$$(-8) \div (-4) = \overset{絶対値の商}{+(8 \div 4)}$$
同符号は正の符号
$$= +2 \text{ 答}$$

30

問2 （異符号の数の除法）

次の計算をしなさい。

(1) $(+8) \div (-4)$

(2) $(-8) \div (+4)$

今度は「異符号」の数の除法ですね。
異符号の数の商は（－）になること
に注意して，計算しましょう。
簡単ですよね。

異符号の数の除法は，絶対値の商に負の符号をつける。 POINT!

(1)

絶対値の商

$(+8) \div (-4) = -(8 \div 4)$

異符号は負の符号

$= -2$ 答

(2)

絶対値の商

$(-8) \div (+4) = -(8 \div 4)$

異符号は負の符号

$= -2$ 答

問3 （逆数の求め方）

次の数の逆数を求めなさい。

(1) $\dfrac{2}{3}$　　(2) 5　　(3) -4

ふぁ!?
「逆数」って何ニャ?
初めて聞いたニャ!

「逆」になった
数ワン?

$\dfrac{2}{3}$ の逆数は $\dfrac{3}{2}$ だワン

絶対ちがうニャ!

MEMO ⬅➡ 逆数

2つの数の積が1になるとき，
一方の数を，他方の数の
「逆数」という。

$$\square \times \triangle = 1$$

逆数

え～と…
例えば(1)の問題。
$\dfrac{2}{3}$ に何をかければ
1になりますか?

(1) $\dfrac{2}{3} \times \dfrac{3}{2} = 1$

ですから，

$\dfrac{2}{3}$ の逆数は $\dfrac{3}{2}$ ですね。

答

このように，**分数の場合，逆数は**
「分母と分子を入れかえた数」になります。
（符号は同じ）

$$\dfrac{2}{3} \times \dfrac{3}{2} = 1$$

└─ 逆数 ─┘

---

(2) $5 \times \dfrac{1}{5} = 1$

なので，
5 の逆数は $\dfrac{1}{5}$ です。

答

(3) $(-4) \times \left(-\dfrac{1}{4}\right) = 1$

なので，
-4 の逆数は $-\dfrac{1}{4}$ ですね。

答

※負の数の逆数は負の数になる。

このように，**整数の場合，**
逆数は $\dfrac{1}{整数}$ という分数になります。
（符号は同じ）

$(-4) \xrightarrow{\text{分数に直す}}$

$$\left(-\dfrac{4}{1}\right) \times \left(-\dfrac{1}{4}\right) = 1$$

└── 逆数 ──┘

ここで，次の計算を見てください。

$$4 \div 5 = \dfrac{4}{5} \qquad 4 \times \dfrac{1}{5} = \dfrac{4}{5}$$

2 つの式は同じ答えになりますね。
赤数字の部分は「逆数」です。
つまり，次のことがいえるんです。

POINT

「**正の数や負の数でわる**」ことは，
その数の「**逆数をかける**」ことと
同じである。

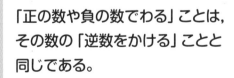

このポイントは，
「**分数の除法**」のとき，
特に役立つんですね。
ちょっと
やってみましょう。

【注意】0 はどんな数とでも積は 0 となって 1 にはならないため，**0 の逆数はない。**

問4 （乗法と除法の混じった式の計算）

次の計算をしなさい。

$$10 \div \left(-\frac{15}{2}\right) \times (-18)$$

まずはこの，

$$\div \left(-\frac{15}{2}\right)$$

の部分に注目。
分数の除法ですね。
これを逆数の乗法に直すと，
計算しやすくなるんです。

$$\left(-\frac{15}{2}\right) \times \left(-\frac{2}{15}\right) = 1$$

なので，

$\left(-\frac{15}{2}\right)$ の逆数は $\left(-\frac{2}{15}\right)$ です。

分数の除法を逆数の乗法にします。

$$\div \left(-\frac{15}{2}\right) \quad \blacktriangleright \quad \times \left(-\frac{2}{15}\right)$$

では，これで計算してみましょう。

$$10 \div \left(-\frac{15}{2}\right) \times (-18)$$

分数の除法を「逆数」の乗法に変える

$$= 10 \times \left(-\frac{2}{15}\right) \times (-18)$$

（−）が2つ（偶数個）の積の符号は（＋）

$$= + \left(10 \times \frac{2}{15} \times 18\right)$$

約分する

$$= + \left(\overset{2}{10} \times \frac{2}{\underset{\underset{1}{3}}{15}} \times \overset{6}{18}\right)$$

$$= + (2 \times 2 \times 6)$$

$$= 24 \quad 答$$

↑式の頭の正の符号（＋）は省いてよい（つけてもよい）

このように，「3数以上」の乗除や
「分数」の除法では，逆数を使うと
計算がしやすくなります。
乗法だけの式にすると，
「交換法則」や「結合法則」が
使えますからね。

基本的に，除法は「逆数の乗法」に
なおして計算することが多いので，
このやり方はしっかりと
覚えておきましょう。

逆数の
乗法ね…

END

7 四則の混じった計算

問1 （四則・累乗の混じった式）

次の計算をしなさい。

(1) $-5+18÷(-3)$

(2) $(-16+9)×4$

(3) $(-9+3)^2÷(-4)×5-20$

ニャンか…
何をどこから
やればいいか
わからんニャ！

実は，計算には
正しい順序が
あるんですよ。

加法 ＋	減法 －
乗法 ×	除法 ÷

この4つをまとめて
「四則」といいます。

（かっこ）	累乗

この四則に，**（かっこ）**や
累乗が混じってきたとき，
どういう順番で計算する
のでしょうか？

ということで，
計算の優先順位を
ランキング形式で
発表しましょう！

POINT! 計算の優先順位

【第1位】 （かっこ）　←かっこが最優先！

【第2位】 累乗

【第3位】 乗法 ×　除法 ÷　←左にある方から計算する

【第4位】 加法 ＋　減法 －　←左にある方から計算する

…え!?
かっこや**累乗**の方
が「四則」よりも
先ニャの？

かっこ強っ…!

そうなんです！
乗法・除法は
加法・減法より
先ですからね。

では，この順番を意識して
問題を解いていきましょう。
乗法と除法，加法と減法は
同じ優先順位ですが，
「左にある方から計算する」
のが原則ですよ。

(1) $-5 + 18 \div (-3)$

除法が先

$= -5 + (-6)$

次に加法

$= -11$ 答

(2) $(-16 + 9) \times 4$

（かっこ）は最優先！

$= (-7) \times 4$

次に乗法

$= -28$ 答

(3) $(-9 + 3)^2 \div (-4) \times 5 - 20$

（かっこ）は最優先！

$= (-6)^2 \div (-4) \times 5 - 20$

次に累乗

$= 36 \div (-4) \times 5 - 20$

乗法・除法は左にある方から

$= (-9) \times 5 - 20$

乗法は減法より先

$= (-45) - 20$

減法

$= -65$ 答

乗法・除法と加法・減法は
「左から」計算しないとダメニャ？

そう，**左から計算しない**と
答えがちがってしまうんです。

例えば，(3)に出てきた

$$36 \div (-4) \times 5 = -45$$

を右の乗法から計算すると

$$36 \div (-20) = -\frac{9}{5}$$

と答えがちがってしまいますよね。
「左から」が原則なんです。

問2 （分配法則を利用した計算）

次の計算をしなさい。

$$\left(\frac{1}{6} + \frac{2}{5} \right) \times 30$$

分数の計算…
ニャンか
めんどくさい
ニャー…

…というときに
小学校で習った
「**分配法則**」が
役に立つ場合が
あるんです！

分配法則

$$c \times (a+b) = c \times a + c \times b$$

※ a, b, c は正の数でも負の数でも成り立つ。

c は右側でも同じ

$$(a+b) \times c = a \times c + b \times c$$

※「$-b$」の場合 → $c \times (a-b) = c \times a + c \times (-b)$

正確に表すと → $a+(-b)$ ← 加法の記号+と（ ）が省略されている!

上記のような関係を
「**分配法則**」といいます。
これが利用できると，
計算を簡単にする工夫が
できるんです。

例えば，**問2**は，
かっこの中を先に計算すると，
分数を通分して計算することになるので，
めんどうですよね。
でも，**分配法則**を使うと，
次のように計算を簡単にできるんです。

$$\left(\frac{1}{6} + \frac{2}{5}\right) \times 30$$

$$\left(\frac{1}{6} + \frac{2}{5}\right) \times 30$$

分配法則
でかっこ
をはずす

$$= \frac{1}{6} \times 30 + \frac{2}{5} \times 30$$

約分する

$$= \frac{1}{\overset{}{6}} \times \overset{5}{30} + \frac{2}{\overset{}{5}} \times \overset{6}{30}$$

$$= 1 \times 5 + 2 \times 6$$

$$= 5 + 12$$

$$= 17 \ \boxed{答}$$

今回は，$\times 30$ が，
かっこ内の分母6と5の両方で
約分できるという共通点に注目して
分配法則を使いました。

計算を工夫する
には，こういう
鋭い視点が大事
なんですよ。

ニャンか
難しそうだニャ…
何度も
練習しなきゃ
いけないニャ〜

問3 （分配法則の逆を利用した計算）

次の計算をしなさい。

(1) $(-12) \times 14 + (-12) \times 6$

(2) 998×7

---

(1)では，分配法則の「逆」を使って
考えると，計算しやすくなります。

$$c \times (a+b) = c \times a + c \times b$$

逆

---

(1)の式は，分配法則の
$$c \times a + c \times b$$
の部分と同じ形なので，これを
$$c \times (a+b)$$
という形に変えて，計算できます。

---

(1) $(-12) \times 14 + (-12) \times 6$

$= (-12) \times (14+6)$

$= (-12) \times 20$

$= -240$ 答

---

(2)では，ふつうの乗法を分配法則の形にして
計算を簡単にすることができます。
998 は，

$$998 = 1000 - 2$$

と考えるんです。
すると，暗算でも解けるようになるんですよ。

---

(2) 998×7

$= (1000-2) \times 7$

$= 1000 \times 7 - 2 \times 7$

$= 7000 - 14$

$= 6986$ 答

あ，めっちゃ簡単に
計算できるニャ…!!

このように，分配法則をうまく利用
すると，**計算しやすくなる**んですね。

いつでも分配法則が使えるわけでは
ありませんが，利用できる形を
しっかり身につければ，
飛躍的に計算力が高まりますよ。

END

8 素数と素因数分解

今回はまずはじめに、「素数」について説明しましょう。

素数？

「○の素の数」ワン？

「素数」は「そすう」と読みます。

正の整数を「自然数」ともいいますが、
今回は 1 より大きい自然数（2, 3, 4, 5…）に注目してください。

$$\cdots -5 \quad -4 \quad -3 \quad -2 \quad -1 \quad 0 \quad 1 \quad 2 \quad 3 \quad 4 \quad 5 \cdots$$

負の整数　　　　　　　　正の整数（＝自然数）

---

1 より大きい**自然数**のうち、**約数**※が 1 と自分自身の **2** つしかないものを「素数」といいます。2, 3, 5, 7, 11… と**無限**に存在します。

⚠ 1 は素数ではないので注意。

※約数…整数 a が整数 b でわり切れるとき、b を a の約数という。

例えば、4 の約数は、
1, 自分自身（＝4）, 2
の **3** つがありますよね。
よって、4 は素数ではありません。

自分自身より小さい自然数の積

$$4 < \genfrac{}{}{0pt}{}{1}{\times 4} \qquad 4 < \genfrac{}{}{0pt}{}{2}{\times 2}$$

一方、2 や 3 や 5 の約数は、
1 と自分自身の **2** つしかありません。*
こういう自然数を「素数」といいます。

$$2 < \genfrac{}{}{0pt}{}{1}{\times 2} \qquad 3 < \genfrac{}{}{0pt}{}{1}{\times 3} \qquad 5 < \genfrac{}{}{0pt}{}{1}{\times 5}$$

＊素数には、「自分自身より小さい自然数の積で表せない」という特徴もある。

素数は無限に存在しますが，
1 から 30 までの自然数では，
素数は 10 個あります。まずは
この 10 個をしっかり覚えましょう。

自然数	約数	
1	1	
素数 2	1, 2	約数が 2 つ
素数 3	1, 3	約数が 2 つ
4	1, 2, 4	
素数 5	1, 5	約数が 2 つ
6	1, 2, 3, 6	
素数 7	1, 7	約数が 2 つ
8	1, 2, 4, 8	
9	1, 3, 9	
10	1, 2, 5, 10	
素数 11	1, 11	約数が 2 つ
12	1, 2, 3, 4, 6, 12	
素数 13	1, 13	約数が 2 つ
14	1, 2, 7, 14	
15	1, 3, 5, 15	
16	1, 2, 4, 8, 16	
素数 17	1, 17	約数が 2 つ
18	1, 2, 3, 6, 9, 18	
素数 19	1, 19	約数が 2 つ
20	1, 2, 4, 5, 10, 20	
21	1, 3, 7, 21	
22	1, 2, 11, 22	
素数 23	1, 23	約数が 2 つ
24	1, 2, 3, 4, 6, 8, 12, 24	
25	1, 5, 25	
26	1, 2, 13, 26	
27	1, 3, 9, 27	
28	1, 2, 4, 7, 14, 28	
素数 29	1, 29	約数が 2 つ
30	1, 2, 3, 5, 6, 10, 15, 30	

※2 を除いて，素数はすべて「奇数」。

要するに
「約数が 2 つ」の
自然数を「素数」
というわけニャ？

そのとおり。
1 は「約数が 2 つ」
ではないから，
素数ではないん
ですよ。

そして，ここから大切な用語が
連続で出てきますよ。
よく聞いてください！

例えば，4 は 1×4 や 2×2 と表す
ことができましたよね。

$$4 < \begin{matrix} 1 \\ \times \\ 4 \end{matrix} \qquad 4 < \begin{matrix} 2 \\ \times \\ 2 \end{matrix}$$

$(4 = 1 \times 4) \qquad (4 = 2 \times 2)$

これは，4 という自然数が，
自然数の積で表された形です。

自然数の積

$$4 < \begin{matrix} 1 \\ \times \\ 4 \end{matrix} \qquad 4 < \begin{matrix} 2 \\ \times \\ 2 \end{matrix}$$

このように，自然数が「いくつかの自然数の積」の形で表されるとき，
その1つ1つの数を，もとの自然数の因数（いんすう）というんです。

POINT

因数

因数は，2つの場合も，3つ以上の
場合も，いろいろとありますが，

例
$$24 < \begin{matrix} 2 ←因数 \\ × \\ 12←因数 \end{matrix}$$

$$24 ← \begin{matrix} 2 ←因数 \\ × \\ 3 ←因数 \\ × \\ 4 ←因数 \end{matrix}$$

$$24 < \begin{matrix} 4 ←因数 \\ × \\ 6 ←因数 \end{matrix}$$

因数の中でも，**素数である**因数の
ことを「素因数（そいんすう）」といいます。

$$24 < \begin{matrix} 2 ←素因数 \\ × \\ 12←因数 \end{matrix}$$

$$24 ← \begin{matrix} 2 ←素因数 \\ × \\ 3 ←素因数 \\ × \\ 4 ←因数 \end{matrix}$$

$$24 < \begin{matrix} 4 ←因数 \\ × \\ 6 ←因数 \end{matrix}$$

素因数

そして，自然数を**素因数だけの積**に分解する
ことを「素因数分解（そいんすうぶんかい）」というんです。

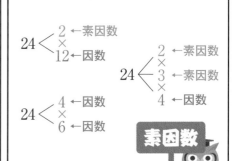

素因数分解

…ふぁ!?
次々と新しいことばが
出てくるニャ！

ネコをニャめてんニョ？

ゆっくりでいいので，
しっかりと理解しながら
ついてきてくださいね。

問1 （素因数分解①）

42 の素因数分解を，右のように表します。□にあてはまる数を入れなさい。また，42 をその素因数の積の形で表しなさい。

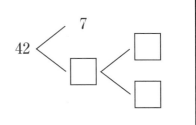

問1を考えましょう。
7×□＝42 なので，
□にあてはまる数は 6 ですね。

6＝2×3 とすると，
すべて素因数になりますね。

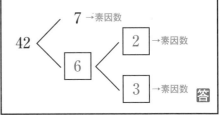

これより，42 を素因数の積で表すと，答えは

$$42 = 2 \times 3 \times 7 \quad \text{答}$$

となります。
この形が素因数分解での答えとなるので，覚えておきましょう。

ちなみに，素因数分解は，どんな順序で行っても，必ず同じ結果になります。確認してみましょう。

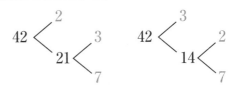

問2 （素因数分解②）

次の数を素因数分解しなさい。

(1) 231

(2) 525

急に数が大きくなったニャ！

どうやんニョこれ？

大きい数を素因数分解するときは，最初に，2 や 3 などの小さい素数でわることができないかを考えましょう。

(1)は，素数の 3 で
われそうですね。
筆算を書いてみます。

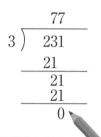

そして，この青い囲み
内に注目してください。

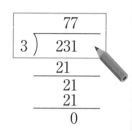

素因数分解を筆算
するときは，ここを
上下反対にしたよう
な形で書きます。

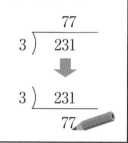

3 は素因数ですが，
77 は素因数では
なさそうですよね。

$$3 \overline{)\ 231}$$
$$77$$

そこで，77 は
どのような素数で
われるかを考えます。

$$3 \overline{)\ 231}$$
$$? \overline{)\ 77}$$

2→3→5→7 …と小さい
素数の順に，われるか
どうかを考えます。

77 は 7 でわれますね。
$77 \div 7 = 11$ なので，
このように書きます。

$$3 \overline{)\ 231}$$
$$7 \overline{)\ 77}$$
$$11$$

3，7，11 はすべて素因数で，
全部かけ合わせると
231 になります。

よって，(1)の答えは，
$231 = 3 \times 7 \times 11$ 答※

なお，このような計算の仕方は，
すだれを垂れ下げたような形をしている
ので，**すだれ算**ともいいます。

すだれ　　　すだれ算

似てるかニャ？

※素因数分解の答えは，左から順に小さい素数になるように書くのが基本です。

(2)を考えましょう。
525 はどんな素数で
われるでしょうか。

?) 525

2→3→5→7 …の順に,
われるかどうかを
考えます。

---

3 でわれますね。

3) 525
　　175

※5 でわってもよいが,なるべく
小さい素数でわっていくのが基本。

続いて,175 が
どんな素数でわれるか
を考えましょう。

3) 525
?) 175

---

175 は 5 でわれます。

3) 525
5) 175
　　35

---

35 も 5 でわれます。
最後は 7 という
素因数が残りました。

3) 525
5) 175
5) 35
　　7

3, 5, 5, 7 は
すべて素因数で,
全部かけ合わせると
525 になります。

3) 525
5) 175
5) 35
　　7

素因数の 5 が 2 つありますね。
素因数分解では,同じ数字の
個数は**指数**を使って表します。
よって,(2)の答えは,

$$525 = 3 \times 5^2 \times 7$$ 答

となります。

実は,「素数でない自然数」は,すべて
「素数の積」で表すことができるんですね。
つまり,**「素数でない自然数」はすべて
素因数分解できる**ということなんです。
覚えておいてください。
※ただし 1 は除く。

マイナスと Celsius 温度
（セルシウス）

　中学数学最初の学習分野「正負の数」は理解できたでしょうか。中学から「負の数」を扱うようになりますが，「明日の最低気温は−14℃」のような感じで，「負の数」自体には小学生の頃から慣れていますよね。ただ，正負の数の「計算」となると，しんどい思いをしている人もいるかもしれません。ここは基本中の基本なので，数直線を利用した理屈を覚えたうえで，反射的に計算できるようになるまで極めてください。

　ところで，−14℃の「℃」は，スウェーデンの天文学者アンデルス・セルシウス（1701〜44 年）によって 1742 年に考案された温度の単位です。彼の名にちなんで，英語では「℃」を「degree Celsius（日本語訳：摂氏温度）」といいます。

　例　It is 20 degrees Celsius.（摂氏 20 度です。）

　現在は，水が氷になる凝固点を 0℃，水が沸騰する沸点を 100℃として定義されていますが，もともとは氷点下の気温を表すのにマイナス（−）をつけなくてもすむようにと，凝固点を 100℃，沸点を 0℃として定義されていました。

　みなさんが見聞きしたものの中で「最も低い温度のもの」は何でしょうか。バナナをこおらせてくぎをうつシーンで有名な「液体窒素」を思い浮かべる方がいるかもしれません。私たちは生きていくうえで必要なO_2（酸素）を呼吸により体の中に取り込んでいますが，空気に占めるO_2の体積の割合はおよそ 2 割に過ぎません。空気にふくまれている気体のおよそ 8 割はN_2（窒素）です。私たちが一番多く触れている気体は，実は窒素なんです。

　大学生の頃の私は，実験のために液体窒素を日常的に扱っていました。液体窒素が気体に変わる沸点は−196℃と極めて低いので，ふつうの環境では気体になってしまいます。大学の実験室では，液体窒素が気体になって空気中に逃げてしまわないように，ガラスとガラスの間が真空になっているデュワー瓶という容器に入れて，−196℃より低い温度で保存しています。

　　　　　　　　　　　　　　　　　　　　　　　　　（文：沖田一希）

中1

Chapter 2

文字と式・方程式

この単元の位置づけ

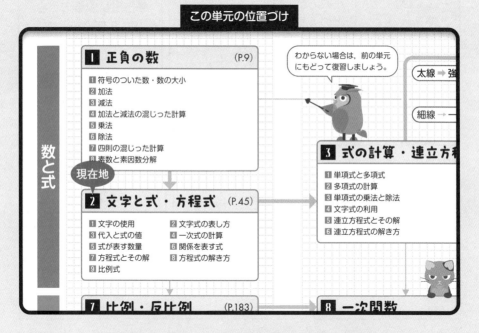

数と式

1 正負の数 (P.9)
1 符号のついた数・数の大小
2 加法
3 減法
4 加法と減法の混じった計算
5 乗法
6 除法
7 四則の混じった計算
8 素数と素因数分解

現在地

2 文字と式・方程式 (P.45)
1 文字の使用　　2 文字式の表し方
3 代入と式の値　4 一次式の計算
5 式が表す数量　6 関係を表す式
7 方程式とその解　8 方程式の解き方
9 比例式

7 比例・反比例 (P.183)

わからない場合は，前の単元にもどって復習しましょう。

太線 ➡ 強

細線 ➡

3 式の計算・連立方
1 単項式と多項式
2 多項式の計算
3 単項式の乗法と除法
4 文字式の利用
5 連立方程式とその解
6 連立方程式の解き方

8 一次関数

　「文字」とは，いろいろな数を入れることができる箱というイメージです。「文字」を使った式を立てることで，1つの事例を一般化（＝広く全体に通用するものとすること）できますし，未知数（＝わからない数のこと）を求めることもできます。ここでは，身近な場面で求めたい数量があるとき，その数量を文字で表した等式（＝方程式）をつくって求める方法も学びます。

I 文字の使用

問1 （文字を使った式）

右の図のように，○を並べて正方形を
つくっていきます。つくった正方形の
個数を x 個とした場合，○の個数は
いくつになるか，○の個数を表す式
を，文字 x を使って表しなさい。

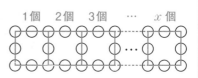

…ふぁ!?
x 個？
何いってんのか
わからんニャー！

正方形が１つ増えるごとに，
どのような規則で
○の数が増えていくのか。
まずは，それを調べましょう。

正方形が１個のとき，
○は **8 個**ですよね。

正方形が２個のとき，
○は **13 個**になります。

この５個が増えた
わけです。

正方形が３個のときも，
○は５個増えて
18個になります。

正方形が４個のときも，
○は５個増えて **23個**になります。

**正方形が
１つ増えると，
○が5個
増えてるニャ。**

そうですね。
そういった「規則」
を見つけて，整理
していくんです。

46

これはつまり，左端にある 3 つの○に，○を 5 個つけたすたびに，正方形が 1 つずつ増えていくということですよね。

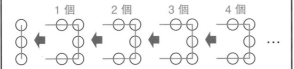

1 個　　2 個　　3 個　　4 個

これを式で表すと，

正方形 1 個：
$3+5=8$ 個

正方形 2 個：
$3+5+5=13$ 個

正方形 3 個：
$3+5+5+5=18$ 個 …

つまり，○の個数を表す式をことばの式にすると，

$$3 + 5 \times （正方形の個数）$$

と表すことができますね。

問 1 は，
「正方形の個数を x 個とした場合」
の○の個数を表す式なので，
答えは

$$(3+5 \times x) 個 \quad 答$$

となります。

※ $3+5 \times x$（個）でも可

なんでいちいち x を使うニョ？

怪盗Xニャの？

文字を使った式にすると，どんな数でもあてはめられて便利なんですよ。

例えば，正方形を 80 個にしたいとき，○は何個必要でしょうか？

$(3+5 \times 80)=403$ 個だニャ！

そう！ すぐに答えがわかって便利ですよね。

問2 （文字を使った式で表すこと①）

1 個 160 円のメロンパン x 個と，
1 個 120 円のカレーパン y 個を
買うときの代金を，
文字を使った式で表しなさい。

いつもニャン吉に買い物に行かされるからこれはわかるワン！

「パシリ」だワン

うるさいニャ！

いちいちいうニャ！

では，考えましょう。
1 個 160 円のメロンパンを x 個買ったとき，代金はいくらですか？

(160 × 3) 円

x 個

？円

(160 × x) 円 だワン？

正解！

うわっ！買い物の計算だけはなぜか速いニャ!?

---

1 個 120 円のカレーパンの代金は，

120 × (パンの個数)

なので，カレーパン y 個の代金は，

(120 × y) 円

と表せますよね。

y 個

メロンパン x 個の代金と
カレーパン y 個の代金をたすと，

$(160 × x + 120 × y)$ 円 **答**

という式になります。

※ $160 × x + 120 × y$ (円) という書き方でも可。

このように，よくわからない数（未知数）を x，y などの「文字」にして 1 つの「式」をつくると，

？個　→　x 個

文字をどんな数におきかえても（どんな場合でも）計算できるようになるんです。
こういうすごいメリットがあるから，文字を使うわけですね。

ニャるほど…

問3 （文字を使った式で表すこと②）

120 cm のテープから a cm のテープを 3 本
切り取ったとき，残っているテープの長さを，
文字を使った式で表しなさい。

このような文章題は，
文章をしっかり読み，
その意味を正しく
理解して整理する
ことが大事ですよ。

文章の読解力も大事!!

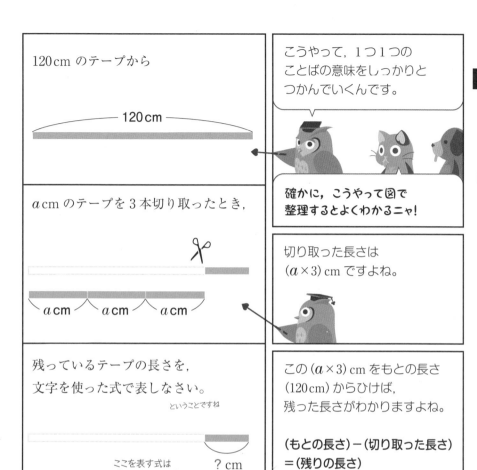

120 cm のテープから

120 cm

a cm のテープを 3 本切り取ったとき,

a cm　a cm　a cm

残っているテープの長さを,
文字を使った式で表しなさい。

ということですね

ここを表す式は
どんな式なのかを
きかれている

? cm

こうやって，1つ1つの
ことばの意味をしっかりと
つかんでいくんです。

確かに，こうやって図で
整理するとよくわかるニャ!

切り取った長さは
$(a \times 3)$ cm ですよね。

この $(a \times 3)$ cm をもとの長さ
(120 cm)からひけば,
残った長さがわかりますよね。

(もとの長さ)-(切り取った長さ)
=(残りの長さ)

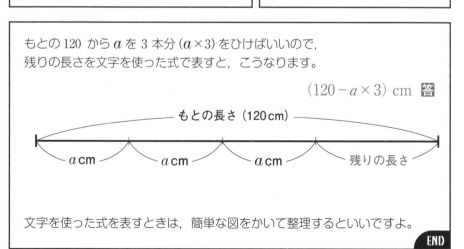

もとの 120 から a を 3 本分 $(a \times 3)$ をひけばいいので,
残りの長さを文字を使った式で表すと,こうなります。

$(120 - a \times 3)$ cm 答

もとの長さ(120 cm)

a cm　a cm　a cm　残りの長さ

文字を使った式を表すときは,簡単な図をかいて整理するといいですよ。

END

2 文字式の表し方

問1 (文字式の表し方①)

次の式を，文字式の表し方にしたがって表しなさい。

(1) $a \times b$　　(2) $y \times 7$　　(3) $x \times (-1)$　　(4) $b \times c \times a$

(5) $(a+b) \times (-3)$　　(6) $x \times x \times y$

文字式の表し方？どういうことニャ？	$(3+5 \times x)$ など，前回は文字を使った式（＝文字式）を学びましたが，	文字式の表し方にはきっちりとした**ルール**があるんです。これは，とにかく覚えるしかありません！

ルール①

文字の混じった乗法では，かけ算の記号 × を省く

$$a \times b$$
$$\downarrow$$
$$ab$$

(1)の 答

ルール②

文字と数の積では，数を先に書く

$$y \times 7$$
$$\downarrow$$
$$7y$$

(2)の 答

ルール③

文字と 1 （または －1）との積では，1 を省略する

$$x \times (-1)$$
$$\downarrow$$
$$-x$$

(3)の 答

ルール④

文字はアルファベット順（ABC順）に並べる

$$b \times c \times a$$
$$\downarrow$$
$$abc$$

(4)の 答

ルール⑤

（文字＋文字）や（文字－文字）は文字のかたまりとして扱う

$$(a+b) \times (-3)$$
$$\downarrow$$

(5)の 答

ルール⑥

「同じ文字」の積は「（累乗*の）指数」を用いて表す

$$x \times x \times y$$
$$\downarrow$$
$$x^2 y$$

(6)の 答

＊累乗（るいじょう）…同じ数または文字を何回かかけ合わせたもの。x^2, x^3, x^4, …などを総称して「x の累乗」という。

問2 （文字式の表し方②）

次の式を，文字式の表し方にしたがって表しなさい。

(1) $x \div 6$　　　(2) $x \div y \times a + b$　　　(3) $(a+8) \div (-7)$

除法の ÷ が
出てきたニャ…
これも × と同じ
ように省くニャ？

いえ，**省いていい
のは乗法の ×だけ**
ですから，
÷ は省けません。

除法のところでやりましたよね。
**「正の数や負の数でわる」ことは，
その数の「逆数をかける」こと
と同じである。**これを利用して，
除法は「分数の形」の乗法に
なおすんです。

$$4 \div 5 = 4 \times \frac{1}{5}$$

ルール⑦

**文字の混じった除法では，
わり算の記号 ÷ を使わず，
「分数の形」の乗法にして書く**

$$x \div 6 = x \times \frac{1}{6} = \frac{x}{6}$$

別解
$\frac{1}{6}x$

※分子にわられる数，分母にわる数がくる。　**(1)の答**

この**ルール⑦**を加えて(2)を表すと，

(2) $x \div y \times a + b$

$$= x \times \frac{1}{y} \times a + b$$

$$= \frac{ax}{y} + b$$

(2)の答

ルール⑧

**分子や分母全体につくかっこは
省く**　　※負の符号は分数の前に書く。

$$(a+8) \div (-7)$$

$$= (a+8) \times \left(-\frac{1}{7} \right)$$

別解
$-\frac{1}{7}(a+8)$

$$= -\frac{(a+8)}{7} = -\frac{a+8}{7}$$

(3)の答

文字式は，記号 × と ÷ は使わず，
上記のルールで表します。
しっかり覚えて早く慣れましょう。

これ全部
覚えるニャ……？

END

3 代入と式の値

問1 （代入と式の値）

$x = 2$, $y = -3$ のとき，次の式の値を求めなさい。

(1) $3x + y$　　(2) $2x^2 - xy - 8$

(3) $-\dfrac{12}{x^2} - y^2$

代入？
式の値？
どういうことニャ？

MEMO **代入と式の値**

文字式で，文字の代わりに数を入れることを「代入」という。代入して計算した結果を「式の値」という。

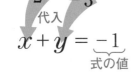

まず，(1)を考えましょう。
$x = 2$, $y = -3$ ということですから，この数をそのまま文字に**代入**します。

$3x + y$
$= 3 \times 2 + (-3)$

…あれ？
$3x$ の x に 2 を代入したら
32 になるワン？

$3x$ は $3 \times x$ です。
ここ注意してください！

代入するときの注意点 POINT

❶ × をつけてから代入する！
　（例：$3x = 3 \times x$）

❷ 負の数を代入するときは，
　（　）をつける！

$3 \times x + y$

2

(-3)

ここに注意して正しく代入できれば，あとはふつうの計算です。

(1) $3x + y$
$= 3 \times 2 + (-3)$
$= 6 - 3$
$= 3$ 答

(2) $2x^2 - xy - 8$
$= 2 \times (x \times x) - x \times y - 8$
$= 2 \times (2 \times 2) - 2 \times (-3) - 8$
$= 2 \times 4 + 6 - 8$
$= 8 - 2$
$= 6$ 答

(3) $-\dfrac{12}{x^2} - y^2$

$= -\dfrac{12}{2^2} - (-3)^2$

$= -\dfrac{12}{4} - 9$

$= -3 - 9$

$= -12$ 答

ニャるほど…

負の数を代入するときは,
必ずかっこをつけましょう。
かっこをつけないと,

$$2 \times -3 \qquad --3^2$$

のように,符号が連続し,
わかりづらくて不正確な計算に
なってしまいますからね。

問2 （分数の代入）

$x = \dfrac{1}{3}$ のとき,次の

式の値を求めなさい。

(1) $\dfrac{x}{6}$ (2) $\dfrac{12}{x}$

分数を分数に
代入する問題？
どうやるニャこれ？

$x \div 6 = x \times \dfrac{1}{6}$

「正負の数でわる」＝「逆数をかける」

これを利用して,まずは**分数をわり算に直し**,
それをさらに**分数のかけ算に直す**んです。

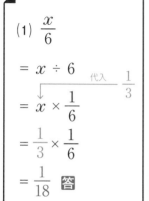

(1) $\dfrac{x}{6}$

$= x \div 6$

代入 $\dfrac{1}{3}$

$= x \times \dfrac{1}{6}$

$= \dfrac{1}{3} \times \dfrac{1}{6}$

$= \dfrac{1}{18}$ 答

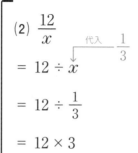

(2) $\dfrac{12}{x}$

$= 12 \div x$

代入 $\dfrac{1}{3}$

$= 12 \div \dfrac{1}{3}$

$= 12 \times 3$

$= 36$ 答

代入と式の値の計算は,
慣れが必要です。
いくつかの別の解き方
（別解）もありますので,
しっかり練習して
すばやく正確に解ける
ようになりましょう。

END

4 一次式の計算

→P.24

問1 （項と係数）

次の式の項と，文字をふくむ項の係数をいいなさい。

$$-2a + \frac{b}{3} - 5$$

ふぁ!?
「項」は前にやったけど
「係数」って何ニャ?

加法だけの式（＋だけで結ばれた式）になおして考えたときの，

$$(\underbrace{-2a}_{\text{項}}) + (\underbrace{+\frac{b}{3}}_{\text{項}}) + (\underbrace{-5}_{\text{項}})$$

この1つ1つの部分（赤文字部分）をそれぞれ**項**というんでしたよね。

ということで，**問1**の式の**項**はこの3つです。

$$-2a,\ \frac{b}{3},\ -5 \quad \text{答}$$

正の項の＋は
ふつう省略する

ところで，この
$-2a,\ \frac{b}{3}$ は，
$-2 \times a,\ \frac{1}{3} \times b$
ということですよね。

この -2 や $\frac{1}{3}$ は，
文字の前に置かれて，
文字に係っている（かけられている）数です。

係っている
$-2 \otimes a$

係っている
$\frac{1}{3} \otimes b$

このように，

文字に係っている（かけられている）数のことを「**係数**」というわけです。

係数

問題文にある「文字をふくむ項」とは，

$$-2\underbrace{a}_{\text{項}} + \underbrace{\frac{b}{3}}_{\text{項}} - 5$$

a や b （＝文字）をふくむ項ですから，この2つです。

この項の係数を答えればいいので，

$-2a$ の係数は -2 答

$\frac{b}{3}\ (=\frac{1}{3}b)$ の係数は $\frac{1}{3}$ 答

となります。

文字に係っている数ニャのね…

問2 （同類項をまとめる）

次の計算をしなさい。

(1) $2x + 3x$

(2) $4a + 1 - 3a - 9$

(1)の $2x$ と $3x$，(2)の $4a$ と $-3a$ は，文字の部分（x や a）が同じですよね。このように，**文字の部分が全く同じ項**のことを「同類項」といいます。

文字式の計算では，「交換法則」や「分配法則（の逆）」を使って，**同類項を1つにまとめる**んです。

〈分配法則〉

$$c \times (a+b) = \underline{c \times a + c \times b}$$

分配法則の逆

では，実際に計算してみましょう。しっかり見て，計算の仕方を理解してください。

(1) $2x + 3x$ 分配法則の逆

   $= (2+3)x$

   $= 5x$ 答

イメージ

$xx + xxx = xxxxx$

(2) $4a + 1 - 3a - 9$ 交換法則

   $= 4a - 3a + 1 - 9$ 分配法則の逆

   $= (4-3)a - 8$

   $= a - 8$ 答

$5x$ のように，文字が1つだけの項（次数が1の項）を**一次の項**といいます。

※項にかけられている文字の数を「次数」という。
※$5x^2$ や $5ab$ の場合は，かけられている文字が2つ（次数が2）の項なので，「二次の項」という。

文字が1つ   文字が2つ（$x \times x$）
↓   ↓
$$5x \qquad 5x^2$$
一次の項   二次の項

そして，「**一次の項だけの式**」または「**一次の項と数の項の和で表される式**」を「**一次式**」といいます。

一次式 $\begin{cases} 5x & \text{一次の項だけ} \\ 5x+2 & \text{一次の項と数の項の和} \end{cases}$

次の計算をしなさい。

(1) $(2x-6)+(4x+7)$

(2) $(5x+3)-(8x-1)$

文字式の計算の
ポイントはこれです！
この手順どおりに計算を
進めるのが基本ですよ。

POINT 文字式の計算を解く手順

❶ **かっこをはずす** 〈分配法則など〉

❷ **同類項を集める** 〈交換法則〉

❸ **同類項をまとめる** 〈分配法則の逆〉

※交換法則や分配法則の逆は使わ
ない（使う必要がない）場合もある。
※（文字をふくまない）数は数どうし
で計算する。

MEMO かっこのはずしかた

かっこの前が
＋のときは、
そのままかっ
こを省く。

$+(a+b) = +a+b$
$+(a-b) = +a-b$
$+(-a+b) = -a+b$
$+(-a-b) = -a-b$

かっこの前が
－のときは、
かっこの中の
各項の**符号を
変えたもの**を
和として表す。

$-(a+b) = -a-b$
$-(a-b) = -a+b$
$-(-a+b) = +a-b$
$-(-a-b) = +a+b$

(1) $(2x-6)+(4x+7)$ ❶

$= 2x-6+4x+7$ ❷

$= 2x+4x-6+7$ ❸

$= (2+4)x+1$

$= 6x+1$ 答

(2) $(5x+3)-(8x-1)$ ❶

$= 5x+3-8x+1$ ❷

$= 5x-8x+3+1$ ❸

$= (5-8)x+4$

$= -3x+4$ 答

＊分配法則として考える→ $+(a+b)=(+1)\times(a+b)=+a+b$　$-(a+b)=(-1)\times(a+b)=-a-b$

問4 （一次式の乗法と除法）

次の計算をしなさい。

(1) $7(2x-9)$

(2) $12b \div 4$

さあ，今度は一次式の乗法と除法のやり方を覚えましょう。

乗法では，左ページの手順に加えて，最初は係数と文字の間のかけ算の記号 × を書くようにしましょう。

(1) $7(2x-9)$

　　↓分配法則でかっこをはずす

$= 7 \times 2x + 7 \times (-9)$

　　↓乗法，加法の順に計算

$= 14x - 63$ 答

(2)は除法ですね。
一次式の除法では，わり算の記号÷を使わず，（逆数の）**乗法**（分数の形）になおすのが基本です。

$12b \div 4$

$= 12b \times \dfrac{1}{4}$

$= 12 \times b \times \dfrac{1}{4}$

$= 12 \times \dfrac{1}{4} \times b$

$= 3b$ 答

いきなり分数の形になおして考えてもかまいません。

$12b \div 4 = \dfrac{\overset{3}{12b}}{\underset{1}{4}} = 3b$

係数と文字の間の × はいちいち書かニャいといけないニャ？

いえ，慣れてきたら省いてもいいですよ。

一次式の計算には様々なパターンがあります。
「分配法則」を覚え，「交換法則」で計算を簡単にする工夫を覚え，どんな形の計算でも対応できるようにしておきましょう。

ニャ～い

END

5 式が表す数量

問 1 （代金とおつり）

1本280円の色鉛筆を x 本買って，
1000円出したときのおつりは
いくらですか。
文字を使った式で表しなさい。

色鉛筆の代金は，

280 円 × 買った数 (x 本)

ですから，

280x 円

と表すことができますね。

1000円を出して，

そこから代金 280x 円をひいた，

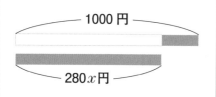

残りが「おつり」になりますから，

おつりを文字で表すと，

$$(1000 - 280x) 円 \quad 答$$

となります。

このように，「文字を使った式」で
「数量」を表すことができる，
というわけですね。

この x にいろいろな数をあてはめて
計算できるようになるニャね？
前にもやったニャ… (☞P.46)

問2 （速さ・時間・道のり）

200 km の道のりを毎時 x km の速さの車で走ると，何時間かかりますか。文字を使った式で表しなさい。

まずは小学校で習った，「道のり（距離）・速さ・時間」の関係を復習しましょう。

基礎！

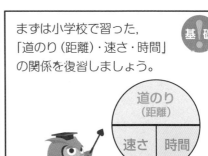

道のり＝速さ × 時間

速さ＝道のり ÷ 時間

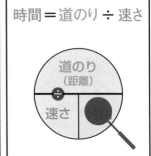

時間＝道のり ÷ 速さ

あ…求めたいところを隠してやるやつだニャ!

「速さ・時間・距離」*の法則ともいわれます。

問2 では「時間」を求めるので，

$$時間 ＝ 道のり ÷ 速さ$$
（200 km）　（x km/h）

の法則を使って答えを出します。

$$200 ÷ x = \frac{200}{x} 時間 \quad 答$$

※速さ・時間・距離の単位は問題ごとにそれぞれちがうので，答えの単位はまちがえないように注意しましょう。

ちなみに**問2**は，1時間で x km 走るということなので，この x が何回（何時間）ぶんで 200 km に達しますか，ということでもあります。

──── 200 km ────

x km/h

だから，200 を x でわれば答えが出るんですね。

ただ法則や公式を丸暗記するのではなく，こういったイメージをしっかりもっておくと，迷ったりしませんからね。

END

＊「道のはじ（を歩こう）」や「道の下ははじ（恥）」などと覚えても OK!

6 関係を表す式

問1 (不等式)

次の数量の間の関係を，不等式で表しなさい。

(1) 1個 x g のみかん 10 個を 500 g の箱に入れると，合計の重さは y g 以上になった。

(2) a を −3 倍した数は，b から 4 をひいた数より小さい。

等号 (=) を使って
数量の関係を
表した式を
「<ruby>等式<rt>とうしき</rt></ruby>」といいます。

一方，
不等号を使って数量
の関係を表した式を
「<ruby>不等式<rt>ふとうしき</rt></ruby>」といいます。

POINT

そして，
等号や不等号の
左の部分を「<ruby>左辺<rt>さへん</rt></ruby>」，
右の部分を「<ruby>右辺<rt>うへん</rt></ruby>」，
左右を合わせて
「<ruby>両辺<rt>りょうへん</rt></ruby>」といいます。

等式

$$a + b = c$$

左辺　等号　右辺

両辺

不等式

$$a + b \geqq c$$

左辺　不等号　右辺

両辺

まずは不等号の
種類と意味を
覚えましょう。

不等号の種類　**POINT**

$a \geqq b$ … a は b 以上である

$a \leqq b$ … a は b 以下である

$a > b$ … a は b より大きい

$a < b$ … a は b より小さい (a は b 未満である)

「以上」とか
「以下」とか
「未満」とか,
なんかよくわ
からんニャ…

なんニャ？

以 は「用いる」という意味の
漢字なので「その数をふくむ」。
未満 は「未だ満たず」という
ことで,「その数をふくまない」
と覚えてください。

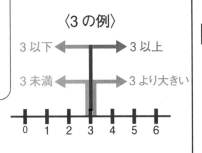

〈3 の例〉

3 以下 ← | → 3 以上

3 未満 ← | → 3 より大きい

0 1 2 3 4 5 6

---

(1)を考えましょう。
1 個 xg のみかん 10 個を

$x \times 10 = 10x$

500 g の箱に入れると,

$10x + 500$

合計の重さは yg 以上になった。

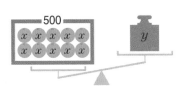

ということなので,

これを不等式にすると

$10x + 500 \geqq y$ 答

となります。
「以上」を表す不等号と
その向きに注意して
くださいね。

---

(2)を考えましょう。
「a を -3 倍した数」は

$-3a$

「b から 4 をひいた
数」は

$b - 4$

と表すことができます。

この関係を
不等式に表すと

$-3a < b - 4$ 答

となりますね。

別解
$b - 4 > -3a$

このように,数量の
関係を表した等式や
不等式が何を意味する
のか,ことばで表せる
ように,「国語」の力も
高めていきましょうね。

END

61

7 方程式とその解

問1 (方程式とその解)

−1, 0, 1, 2, 3 のうち,

方程式 $2x + 3 = 7$

の解はどれですか。

方程式と解？
何のことニャ？

貝柱がおいしい
やつだワン

それは**ホタテ貝**！
苦しい!

例えば**問1**の式は, x という**未知数**※
をふくんだ「**等式**」ですよね。

※未知数…数値がまだわかっていない
(けれどもどんな数値なのかは決まっている) 数値のこと。
方程式では未知数に x や y の文字を使うことが多い。

未知数　等式 (方程式)

$$2x + 3 = 7$$

左辺　　等号　右辺

両辺

未知数って…つまり
「なぞの数」ってこと？

数字パズルの
穴埋めクイズの
みたいニャ？

そう。まだよくわかってないけど,
何かの数ではあるんだよ (なんだ
ろうね?), という数値のことです。

このように,「**未知数をふくみ, その未知数に
ある数値を入れたときにだけ成り立つ等式**」
のことを「**方程式**」というんです。

方程式

方程式を成り立たせる,
つまり「**左辺＝右辺**」に
なる未知数は, たった
1つしかありません。

あてはまる数値は1つ

$$2x + 3 = 7$$

その数値を,
方程式の「**解**」
といいます。

解

貝？

だからその貝じゃないニャ!

例えば**問1**の式では，xにどんな数が入れば，「**左辺＝右辺**」という**等式**が成り立ちますか？

$$?$$
$$2x + 3 = 7$$

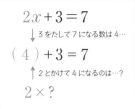

$2x + 3 = 7$

↓ 3をたして7になる数は4…

$(\ 4\ ) + 3 = 7$

↑ 2とかけて4になるのは…？

$2 \times ?$

わかったニャ！
… x は2だニャ！

そのとおり正解！

---

xに-1，0，1，2，3を代入してみると，「左辺＝右辺」という等式が成立するのは2だけですよね。

 考えて

| xの値 | 左辺の値 | 右辺の値 |

$$2 \times (-1) + 3 = 1 < 7$$
$$2 \times (\ 0\ ) + 3 = 3 < 7$$
$$2 \times (\ 1\ ) + 3 = 5 < 7$$
➡ $$2 \times (\ 2\ ) + 3 = 7 = 7$$
$$2 \times (\ 3\ ) + 3 = 9 > 7$$

よって，解は

$$x = 2 \ \boxed{答}$$

となります。

このように，方程式の解を求めることを，方程式を「**解く**」といいます。

方程式を
解く

答えは「2」だけじゃなくて「$x=2$」と書くニョ？

そうですね。
方程式を解くときは，「$x=2$」のように，「**未知数＝解（数値）**」という形で答えるのが基本です。

xは2なんだよ！と明示するんです

問2 （等式の性質による方程式の解き方）

次の方程式を解きなさい。

(1) $x - 5 = 2$ (2) $x + 1 = -3$

(3) $\dfrac{2}{3}x = 4$ (4) $5x = -20$

(5) $3 = x + 4$

方程式を解くには，

等式の性質

を利用することが大切。まずはそれを整理しましょう。

等式の性質

❶ 等式の両辺に同じ数 (や式) をたしても，等式は成り立つ。

$$A = B \quad \text{ならば} \quad A + C = B + C$$

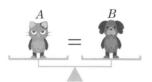 

❷ 等式の両辺から同じ数 (や式) をひいても，等式は成り立つ。

$$A = B \quad \text{ならば} \quad A - C = B - C$$

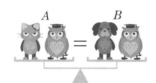 

❸ 等式の両辺に同じ数をかけても，等式は成り立つ。

$$A = B \quad \text{ならば} \quad AC = BC$$

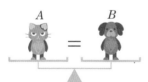 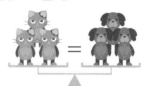

❹ 等式の両辺を (0 でない) 同じ数でわっても，等式は成り立つ。

$$A = B \quad \text{ならば} \quad \frac{A}{C} = \frac{B}{C}$$

※ただし C は 0 でない数とする。
$$(C \neq 0)$$

ニャ…!?
最後は完全に
事件だニャ!
まっぷたつだニャ!
動物愛護法違反で
訴えられるニャ!

まあまあ。
ただのイメージ
ですから…。
でもまあ、理屈は
わかりますよね。

両辺が同じ値で，両辺に平等に
＋ － × ÷ をするなら，両辺は
等しいままである（等式は成り立つ）
から，**自由にしていいよ**，という
ことです。

この「等式の性質」をうまく使って，
方程式を解いていきましょう。

---

(1) $x - 5 = 2$

左辺が文字 x だけに
なるように，
つまり「$x =$（解）」の
形になるように，
考えていきます。

$x - 5 = 2$

左辺の -5 が
消えると，
「$x =$（解）」の形に
なりそうですね。

$-5 + 5 = 0$

-5 を消す
（$= 0$ にする）には，
$+5$ をたせば
いいですよね。

ここで，「**等式の性質❶**」
を使います。

$A = B$　ならば
$A + C = B + C$

この C を 5 とします。

両辺に 5 をたすと，

$x - 5 + 5 = 2 + 5$

$x - 0 = 2 + 5$

$x = 7$ 答

このように，等式の性質
を利用して，最後は
「$x =$（解）」の形にする。
これが「方程式を解く」
ということなんです。

---

(2) $x + 1 = -3$

この問題は，
両辺から 1 をひくと，
左辺の $+1$ が消えて，
「$x =$（解）」の形になり
そうですね。

ここで，「**等式の性質❷**」
を使います。

$A = B$　ならば
$A - C = B - C$

この C を 1 とします。

両辺から 1 をひくと，

$x + 1 - 1 = -3 - 1$

$x + 0 = -3 - 1$

$x = -4$ 答

(3) $\dfrac{2}{3}x = 4$

この問題は，x の係数 $\dfrac{2}{3}$ が 1 になれば，「$x =$(解)」の形になりそうですね。

つまり，左辺の $\dfrac{2}{3}$ を消せばいいわけですが，さて，どうやって消すのでしょうか？

$$\dfrac{2}{3}x = 4$$

そんなの簡単だワン

$$\dfrac{2}{3}x = 4$$

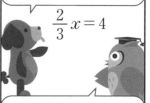

お，自信満々ですね！

どうぞ！

こうすれば消えるワン！

$$\dfrac{2}{3}x = 4$$

おまえはバカか！？

逆数をかければ 1 になるというのを，「除法」のところでやりましたよね。 P.31

MEMO ▶ 逆数（ぎゃくすう）

2 つの数の積が 1 になるとき，一方の数を，他方の数の「逆数」という。

$$\square \times \triangle = 1$$

逆数

分数の場合，
逆数は「**分母と分子を入れかえた数**」になります。（符号は同じ）

$$\dfrac{2}{3} \times \dfrac{3}{2} = 1$$

逆数

つまり，$\dfrac{2}{3}x$ に $\dfrac{3}{2}$ をかければ，x の係数が 1 になって省略されるわけです。

※係数の 1 は省略する（書かない）ルール。

$$\dfrac{2}{3}x \times \dfrac{3}{2} \Rightarrow 1x \Rightarrow x$$

そこで，「**等式の性質❸**」を使います。

$A = B$ ならば
$AC = BC$

この C を $\dfrac{3}{2}$ とします。

両辺に $\dfrac{3}{2}$ をかけて約分すると，

$$\dfrac{2}{3}x \times \dfrac{3}{2} = 4 \times \dfrac{3}{2}$$

$$\dfrac{2^1}{3^1}x \times \dfrac{3^1}{2^1} = \overset{2}{4} \times \dfrac{3}{2^1}$$

$$x = 6 \quad \text{答}$$

(4) $5x = -20$

この問題は，x の係数 5 が 1 になれば，「$x＝(解)$」の形になりそうですね。

ここで，「**等式の性質❹**」を使います。

$A = B$　ならば
$$\frac{A}{C} = \frac{B}{C} \quad (C \neq 0)$$

この C を 5 とします。

両辺を 5 でわると，

$$\frac{5x}{5} = \frac{-20}{5}$$

$$\frac{\cancel{5}x}{\cancel{5}1} = \frac{\overset{4}{\cancel{-20}}}{\cancel{5}1}$$

$x = -4$ 答

(5) $3 = x + 4$

この問題を，「$x＝(解)$」の形にするには，どうすればいいでしょうか？

x が右にあるニャ…　左にないとダメなんじゃないニョ？

そうですね。文字が左辺でなく右辺にあるときは，左辺と右辺を入れかえましょう。

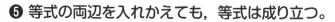

等式の性質（おまけ）　**POINT !**

❺ 等式の両辺を入れかえても，等式は成り立つ。

$$A = B \quad ならば \quad B = A$$

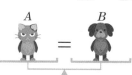

A　B
＝

B　A
＝

入れかえても同じって…当然だニャ!

両辺を入れかえます。

$3 = x + 4$

$x + 4 = 3$

「**等式の性質❷**」を使って，両辺から 4 をひくと，

$$x + 4 - 4 = 3 - 4$$

$$x + 0 = -1$$

$$x = -1 \quad 答$$

方程式を解くために，「**等式の性質**」はしっかり覚えておいてくださいね！

END

8 方程式の解き方

問1 （方程式の解き方①）
次の方程式を解きなさい。 (1) $x + 4 = 7$ (2) $5x = 2x - 9$

さあ，ここでは，
等式の性質を応用して，
さらに便利な方程式の
解き方を学びましょう。

例えば，A くんが
「$+5$（kg）」の玉を
もっている状態で，
B くんと等しいと
します。

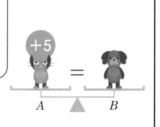

A くんはこの玉が
じゃまなので，捨てたい。

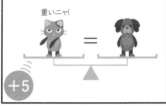

でも，そうすると，両辺が等しく
ならない（等式が成り立たない）
のでダメなんです。

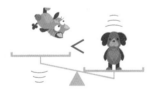

では，A くんはどうすれば，両辺が
等しいまま，この玉を手ばなすこと
ができるでしょうか？

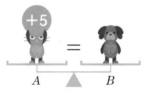

ふぁ…？
…急に脳トレみたいな
問題になったニャ…

わかったワン！

玉の中にガスを入れて
浮かせれば重くないワン！

またわけの
わからニャいことを…

そのとおり正解！ ある意味

え〜!?　正解ニャ!?

つまり，符号を変えて，
他方に渡せばいいんです。

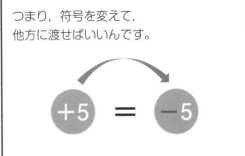

例えば，この状態で，両辺が 15 (kg)
ずつで等しいとしましょう。

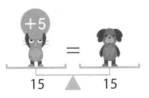

A くんの＋5 を，符号を変えて
（＋を−にして）B くんに渡します。

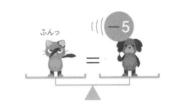

すると，あら不思議！
両辺の数値は等しく，
等式は成り立ったままです！

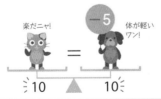

左辺の＋5 がなくなったので，
右辺を−5 にすればつり合う
ということでもありますが…

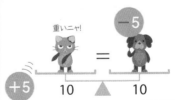

とにかく，
いいたいことは
これです！

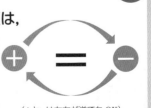

移項

等式の一方の辺にある項は，
符号を変えて他方の辺に
移すことができる。
これを「移項」という。

「移行」じゃないですよ

（＋と−は左右が逆でも OK）

前回やった問題も,よく見れば,「移項」をした形になっていますよね。結果的に。

等式の性質❶
両辺に 5 をたす

$$x - 5 = 2$$
$$x - 5 + 5 = 2 + 5$$
$$x - 0 = 2 + 5$$
$$x = 7$$

等式の性質❷
両辺から 1 をひく

$$x + 1 = -3$$
$$x + 1 - 1 = -3 - 1$$
$$x + 0 = -3 - 1$$
$$x = -4$$

方程式は「移項」を使って解いていこう！…ということです

出た!

ダジャレかニャ?

(1) $x + 4 = 7$

移項

$$x = 7 - 4$$
$$x = 3 \quad 答$$

このように,移項を使えば簡単に解けますね。「移項」を用いた**方程式を解く基本手順**をマスターしましょう。

方程式を解く基本手順

 POINT

① x をふくむ項を左辺に,数だけの項を右辺に移項する

② x をふくむ項を 1 つにまとめ,「 $ax = b$ 」の形にする

③ 両辺を x の係数 a でわる (等式の性質❹より)

とにかく移項で「$ax = b$」の形をつくって,あとは両辺を a でわればいいニョね…

そうですね。(2)を解きながら,「基本手順」をしっかり確認しましょう。

(2) $5x = 2x - 9$

考えて

$$5x - 2x = -9 \quad ←①$$
$$3x = -9 \quad ←②$$
$$\frac{3x}{3} = \frac{-9}{3} \quad ←③$$
$$x = -3 \quad 答$$

70

(2)でわかるように，文字をふくんだ項も数の項と同じように自由に移項できます。

$$+x = -x$$

x をふくむ項と 数だけの項を「同時」に移項していいニョ？

例　$x + 3 = 2x - 9$　同時

$$x - 2x = -9 - 3$$

もちろん，複数の項を同時に移項しても全くかまいませんよ。ご自由に！

問2　（**方程式の解き方②**）

次の方程式を解きなさい。

(1)　$6x - 5 = 2x + 7$

(2)　$11 - 3x = -4 - 8x$

計算はとにかく「習うより慣れよ」です。今度は，「方程式を解く基本手順」どおりに解けるか，じっくり自分で考えながら，見ていってくださいね。

---

(1)　$6x - 5 = 2x + 7$

$6x - 2x = 7 + 5$　←①

$4x = 12$　←②

$\dfrac{4x}{4} = \dfrac{12}{4}$　←③

$x = 3$　答

(2)　$11 - 3x = -4 - 8x$　考えて

$-3x + 8x = -4 - 11$　←①

$5x = -15$　←②

$\dfrac{5x}{5} = \dfrac{-15}{5}$　←③

$x = -3$　答

左辺に x の項，右辺に数の項を集めて…手順どおりにやればできるニャ

慣れてきたら，③ は暗算でできますよね。

$4x = 12$　（$12 \div 4 = 3$）

$x = 3$

移項を使った方程式の計算は数学では本当によく使いますから，早く慣れましょうね。

END

9 比例式

問1 （比例式）

コーヒーと牛乳を3:5の割合で混ぜて，コーヒー牛乳をつくります。今，牛乳を 200 mL 使って，コーヒー牛乳をつくろうと思います。コーヒーは何 mL あればよいでしょうか。

コーヒー　　牛乳
3　：　　5

牛乳が多すぎるワン！
1:1くらいがいいワン！

砂糖も
ほしいワン！

うるさいニャ！　おまえの好みは
どうでもいいニャ！

問1では，必要な**コーヒーの量**を「x mL」として考えましょう。

x mL　　200mL

コーヒーの量が x mL なのに対して**牛乳の量**は 200 mL なので，

$$x : 200$$

この割合が「3:5」ということですね。

この関係を小学校で習った比例の式を使って表すと，

$$x : 200 = 3 : 5 \quad \cdots\cdots ①$$

となります。

この①のような，**比が等しいことを表す式**を「比例式」といいます。

比　　　　比

$$x : 200 = 3 : 5$$

比例式

比例式

ところで，「比の値」ってわかりますか？

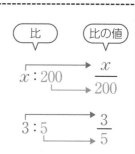

ヒノアタイ？

はて，小学校でやったようニャ……

MEMO ▶ 比の値

比 $a : b$ の a を b で割った商 $\dfrac{a}{b}$ のこと。a の b に対する割合（a は b の何倍か）を表す。
$a : b$ の比の値は $\dfrac{a}{b}$ である。

※比 $a : b$ の a のことを「前項」，b のことを「後項」ともいう。

比　　　　　比の値

$$x : 200 \longrightarrow \dfrac{x}{200}$$

$$3 : 5 \longrightarrow \dfrac{3}{5}$$

比例式を解くためには，「**比の値**」と，基本的な「**比の性質**」を理解しておかなければいけません。まずは，これをしっかりおさえておきましょう。

比の性質 基礎

比が等しいとき，比の値も等しい

$$a : b = m : n$$

$$\frac{a}{b} = \frac{m}{n}$$

(例) $1 : 2 = 3 : 6$
$1 : 2 = 1 : 2$
$\frac{1}{2} = \frac{1}{2}$

ちなみに，

$3 : 6$
↓　↓
$1 : 2$ のように，比をできるだけ小さな整数の比に直すことを「**比を簡単にする**」といいます。

さて，「**比が等しいとき，比の値も等しい**」という性質を利用すると，比例式を一次方程式に変えることができます。

これを解けば，x の値 (コーヒーの量) がわかりますね。

$$x : 200 = 3 : 5$$

$$\frac{x}{200} = \frac{3}{5}$$

まずは，式の**分母をはらう**ために，両辺に 200 と 5* をかけます。

$$\frac{x}{200} \times 200 \times 5 = \frac{3}{5} \times 200 \times 5$$

$$\frac{x}{200} \times 200 \times 5 = \frac{3}{5} \times 200 \times 5$$

$$x \times 5 = 3 \times 200$$

さあ，ここで注目！
もとの①の式と比べてみましょう。

$$x : 200 = 3 : 5 \quad \cdots\cdots ①$$

$$x \times 5 = 3 \times 200$$

「**比例式**」が「**方程式**」になってるニャ…

実はそのとき，1つ決まった性質があるんですよ。

「**外どうし**」の積が左辺にきていて，

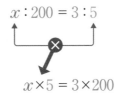

$$x : 200 = 3 : 5$$

$$x \times 5 = 3 \times 200$$

「**内どうし**」の積が右辺にきてますよね。

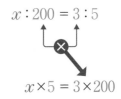

$$x : 200 = 3 : 5$$

$$x \times 5 = 3 \times 200$$

---

*ふつうは「×200」だけでよいが，ここでは説明の都合上「×200×5」にしている。

比例式の性質

$$a : b = m : n \text{ ならば } an = bm$$

比例式 ⟶ 方程式

※左辺と右辺は逆 ($bm = an$) にしてもよい。また，an は na でもよく，bm は mb でもよい。

この性質を使って
解を求めましょう。

$$x : 200 = 3 : 5$$

$$x \times 5 = 3 \times 200$$

$$5x = 600$$

続けて計算すると，

$$5x = 600$$

$$x = \frac{600}{5}$$

$$x = 120$$

コーヒーの量 120 mL
は問題に適しているの
で，求める答えは，

$$120 \, \text{mL} \quad 答$$

となります。

問2 （比例式の解き方）

次の比例式で，x の値を求めなさい。

(1) $x : 15 = 2 : 3$

(2) $3 : 4 = (x-4) : 12$

では，練習問題です。
「比例式の性質」を使って，
自分で解いてみましょう！

---

(1) $x : 15 = 2 : 3$

$$x \times 3 = 15 \times 2$$

$$3x = 30$$

$$x = 10 \quad 答$$

---

(2) $3 : 4 = (x-4) : 12$

$$36 = 4x - 16$$

$$-4x = -16 - 36$$

$$-4x = -52$$

$$x = 13 \quad 答$$

問3 （比例式の利用）

黄色と青色の絵の具を 7：4 の割合で混ぜて，黄緑色をつくります。今，青色の絵の具を 140 g 使って，黄緑色をつくろうと思います。黄色の絵の具は何 g あればよいでしょうか。

これは，問1と同じように解けばいいニャ？

そうですね。1つ1つ考えていきましょう。

求めるべき黄色の絵の具の量を xg とします。

xg

青色の絵の具は 140 g 使います。

140 g

黄色と青色の絵の具を 7：4 の割合で混ぜるということなので，

xg ： 140 g

7 ： 4

こういう比例式が立てられますね。

$x : 140 = 7 : 4$

これに，比例式の性質をあてはめると，

$x : 140 = 7 : 4$

$x \times 4 = 140 \times 7$

続けて計算すると，

$x \times 4 = 140 \times 7$

$4x = 980$

$x = 245$

黄色の絵の具の量 245 g は，問題に適した数値ですね。したがって，答えは，

245 g 答

となります。

このように，比例式の性質はとても使いやすいので，必ず覚えておきま…聞いてなーい!?

黄色と青色を 7：4 で混ぜたらこんな色になったニョね…

ガビーン!

「竹」みたいな色だワン？

END

75

COLUMN-2

Diophantus の墓碑銘
(ディオファントス)

　方程式が与えられたとき，その方程式の整数解（または有理数*解）を求める問題を「ディオファントス問題」といいます。ディオファントスとは，「代数学の父」とよばれるローマ帝国時代のエジプトの数学者のことです。未だ彼の墓は見つかっていないのですが，その墓には次のような文字が刻まれていたといわれています。

> 　一生の $\frac{1}{6}$ は少年だった。また，一生の $\frac{1}{12}$ はあごひげをはやした青年だった。その後，一生の $\frac{1}{7}$ を独身として過ごしてから結婚し，その5年後に子供が生まれた。その子供は父の死より4年前に父の半分の年齢でこの世を去った。

　これが，ディオファントスの墓碑銘といわれている問題です。彼の生涯を x 年とおいて，この問題を方程式にしてみましょう。

$$x = \frac{1}{6}x + \frac{1}{12}x + \frac{1}{7}x + 5 + \frac{1}{2}x + 4$$

　この方程式を解くと，彼の生涯は 84 年とわかります。解の $x=84$ をそれぞれの条件に代入すると，少年時代が $\frac{1}{6} \times 84$ で 14 年，青年時代が $\frac{1}{12} \times 84$ で 7 年，その後の独身時代が $\frac{1}{7} \times 84$ で 12 年，結婚してから子供が生まれるまでが 5 年，子供の生涯は $\frac{1}{2} \times 84$ で 42 年，子供の死後彼が生きた年数は 4 年ということもわかります。

　方程式を解かずとも，条件より 12 と 7 の公倍数であることがわかるので，現実的な数字として即座に 84 と推測できます。方程式の文章題を解くときはこういった感覚も大事です。

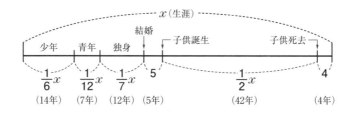

＊有理数…分子と分母を整数で表すことができる数。（詳しくは中3で習います）　　　　　（文：沖田一希）

Chapter 3

式の計算・連立方程式

この単元の位置づけ

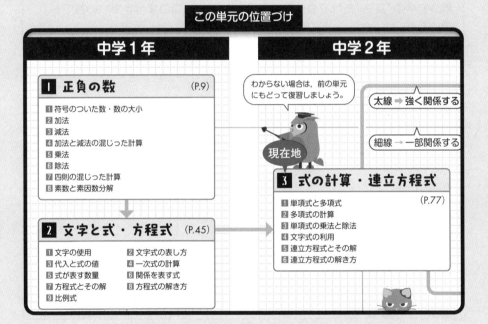

中学1年	中学2年

1 正負の数 (P.9)

1 符号のついた数・数の大小
2 加法
3 減法
4 加法と減法の混じった計算
5 乗法
6 除法
7 四則の混じった計算
8 素数と素因数分解

2 文字と式・方程式 (P.45)

1 文字の使用
2 文字式の表し方
3 代入と式の値
4 一次式の計算
5 式が表す数量
6 関係を表す式
7 方程式とその解
8 方程式の解き方
9 比例式

わからない場合は，前の単元にもどって復習しましょう。

現在地

太線 ➡ 強く関係する

細線 ➡ 一部関係する

3 式の計算・連立方程式

1 単項式と多項式 (P.77)
2 多項式の計算
3 単項式の乗法と除法
4 文字式の利用
5 連立方程式とその解
6 連立方程式の解き方

中1では「1つの文字」をふくむ式の計算や方程式を学習しましたが，中2ではそれを発展させ，「2つの文字」をふくむ式の計算や方程式（＝連立方程式）を学びます。

まずは多項式，次元といった用語の意味をしっかり覚えましょう。次に計算力の養成です。解を求める方法を身につけたら，ひたすら演習をくり返して強靭な計算力を養成してください。

I 単項式と多項式

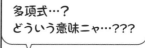

多項式…？
どういう意味ニャ…???

1つ1つ説明して
いきましょう。

問1 （多項式の項）

次の多項式の項をすべていいなさい。

$$5x^2 - 3ab + y - 4$$

$5x^2$ や $-3ab$ などのように，
数や文字の「乗法」だけでつくられた式
のことを「単項式」といいます。

$$5x^2$$
↑
単項式

$$-3ab$$
↑
単項式

また，例えば y や -4 などのよう
に，**1つの文字や1つの数**でも，
単項式と考えます。

$$y$$
↑
単項式

$$-4$$
↑
単項式

…ん？
y とか -4 は
「乗法」だけの式
じゃないのに
単項式ニャ？

そうです。
1つの文字や数*でも，
$$y = 1 \times y$$
$$-4 = 1 \times (-4)$$
のように「乗法」の式で
あるとも考えられるので，
単項式として考えること
になっているんです。

さて，これら**単項式**
たちを「**＋の符号**」
で結びましょう。

単項式＋単項式＋単項式

こうしてできた，
単項式の「和」の形で表された式
のことを「多項式」というんです。

多項式
$$\overbrace{5x^2 + (-3ab) + y + (-4)}$$
単項式　単項式　単項式　単項式

そして，「**多項式の一部**」となった
1つ1つの単項式は，
多項式の「項」ともよばれます。

多項式
$$\overbrace{5x^2 + (-3ab) + y + (-4)}$$
項　　　項　　　項　　　項

＊多項式で文字（変数）をふくまない数字だけの項を「定数項」という。問1の多項式では −4 が定数項。

単項式・多項式・項の区別

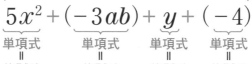

多項式

$$5x^2 + (-3ab) + y + (-4)$$

単項式	単項式	単項式	単項式
‖	‖	‖	‖
（多項式の）項	（多項式の）項	（多項式の）項	（多項式の）項

項…？
項ってなんだったニャ？

どこかで聞いた気が…

「項」は前に習ったワン！

こう書くワン！

項

思い出したニャ！

怒りと共に!!

MEMO ▶ 項

多項式を構成する各単項式のこと。**加法だけの式として考えたときの，**

$$(\bigstar)+(\bigstar)+(\bigstar)$$

の★の部分のこと。

※加法（＋）のみで結ばれた式で考える。乗法（×）や除法（÷）をふくむ式では「項」とはいわない。

ちなみに，**問1**の式

$$5x^2 - 3ab + y - 4$$

は「加法だけの式」ではありませんが，

$$5x^2 + (-3ab) + y + (-4)$$

と**加法だけの式（単項式の和）**の形になおして考えられますよね。

だから，**問1**の式は「多項式」だといえますし，その「項」は

$$5x^2,\ -3ab,\ y,\ -4\ \boxed{答}$$

の4つとなるんです。
これが答えになりますね。

問2　（単項式の次数）

次の単項式の次数をいいなさい。

(1)　$8ab$

(2)　$-2xy^3$

次数？
何のことニャ？

「次の数」のことだワン

8の次の数は9だワン

いや，ちがいますよ〜

勝手に決めつけないで〜

単項式でかけられて
いる「文字の個数」を、
その式の「次数」といい
ます。

「じすう」と
読みますよ

例えば,
(1)の $8ab$ は,

$$8 \times a \times b$$

ということですよね。

かけられている文字は,
a 1つ, b 1つの
合計 2 つなので,
次数は 2 となります。

(1) 2 答

---

(2)も同様に考えましょう。
$-2xy^3$ は,

$$-2 \times x \times y \times y \times y$$

と表せます。
かけられている文字の個数は,
合計でいくつですか?

文字は合計で
10 個だワン!

「文字」とは, $x \cdot y \cdot a \cdot b$
などのことです。
アルファベットでかかれてるヤツです

$$-2 \times x \times y \times y \times y$$
↑　↑　↑　↑　↑　↑　↑　↑　↑　↑
1　2　3　4　5　6　7　8　9　10

ちゃんと話聞いてるニャ?

…x が 1 つで, y が 3 つだから,
合計で 4 つだニャ!

$$-2 \times x \times y \times y \times y$$
　　　↑　　↑　　↑　　↑
　　　1　　2　　3　　4

正解!

ということで,
$-2xy^3$ の次数は 4 となります。

(2) 4 答

次数を数えるときは,
-2 などの「係数」は
無視してくださいね。

問3 (多項式の次数)

次の式は何次式ですか。

(1) $3x^2 + 5a - 12$

(2) $6x - 7y + 4$

(3) $2a^2b - 3ab - 1$

多項式では, 各項*の次数の
うちで**最も大きいもの**を,
その多項式の**次数**といいます。

どーゆー
ことニャ?

*「各〜」とは「それぞれの〜, 1 つ 1 つの〜」という意味。多項式の「各項」とは「(多項式をつくる) それぞれの項」の意味。

例えば，(1)の多項式では，
各項の次数は以下のとおりです。

(1) $3x^2 + 5a - 12$

次数 2　　次数 1　　次数 0

※数字だけの項（定数項）の次数は 0 になる。

各項の次数のうちで
最も大きいものは 2 ですよね。

(1) $3x^2 + 5a - 12$

次数 2　　次数 1　　次数 0

↑

よって，
(1)の多項式の次数は 2 です。

(1) $3x^2 + 5a - 12$　　←次数 2

同様に，(2)の多項式は，
各項の次数のうちで最も大きいもの
は 1 なので，次数は 1 です。

(2) $6x - 7y + 4$　　←次数 1

次数 1　　次数 1　　次数 0

---

(3)の多項式は，各項の次数のうちで
最も大きいものは 3 なので，
次数は 3 です。

(3) $2a^2b - 3ab - 1$　　←次数 3

次数 3　　次数 2　　次数 0

そして，ここが大事！

次数が 1 の式を「**一次式**」，
次数が 2 の式を「**二次式**」，
次数が 3 の式を「**三次式**」，
　　　　　　　⋮
というんです。

※次数が 4 なら**四次式**，次数が 5 なら**五次式**という。

よって，答えは以下
のようになります。

(1) 二次式　答

(2) 一次式　答

(3) 三次式　答

さあ，単項式，多項式，項，次数についてやりました。
これらを自分の口で説明できるくらい，
しっかり覚えてください。数学では，ことばの定義
を理解することが極めて重要ですからね。

2 多項式の計算

「多項式」を理解したら, 今度は多項式 (一次式・二次式) の計算をやってみましょう。

問1 (多項式の加法)

次の計算をしなさい。

(1) $(2x - 3y) + (6x + 5y)$

(2) $(3a^2 + 7a - 2) + (4a^2 - 5a + 1)$

中1の「一次式の計算」で, こういった文字式の計算を解く手順は学びましたよね。覚えていますか?

文字式の計算を解く手順 POINT

❶ **かっこをはずす** 〈分配法則など〉

❷ **同類項を集める** 〈交換法則〉

❸ **同類項をまとめる** 〈分配法則の逆〉

※(文字をふくまない) 数は数どうし計算する。
※かっこのない多項式の場合は❶をとばして❷から始める。

全く覚えてないワン!

やっぱり…

自信満々にいうニャ!

とりあえず, (1)を解いてみましょう。
まずは, かっこをはずします。

$$(2x - 3y) + (6x + 5y)$$

かっこをはずす

$$= 2x - 3y + 6x + 5y$$

MEMO ▶ かっこのはずしかた

かっこの前が
＋のときは,
そのままかっこを省く。

$$+(a + b) = +a + b$$
$$+(a - b) = +a - b$$
$$+(-a + b) = -a + b$$
$$+(-a - b) = -a - b$$

かっこの前が
－のときは,
かっこの中の
各項の**符号を変えたもの**を
和として表す。

$$-(a + b) = -a - b$$
$$-(a - b) = -a + b$$
$$-(-a + b) = +a - b$$
$$-(-a - b) = +a + b$$

＊分配法則として考える→ ＋$(a+b)=(+1)×(a+b)=+a+b$　－$(a+b)=(-1)×(a+b)=-a-b$

かっこをはずしたら，次は同類項を集めます。

$$= 2x - 3y + 6x + 5y$$
$$= 2x + 6x - 3y + 5y \leftarrow$$

同類項を集める

同類項って…
同じ文字の項ニャ…???

そうですね。1つ1つ
説明していきましょう。

例えば，(1)の式を見ると，

同じ
$$2x - 3y + 6x + 5y$$
同じ

青色と橙色の項はそれぞれ，
文字の部分（x，y）
が同じですよね。

このように，**文字の部分が全く同じ項**
のことを「同類項」というんです。

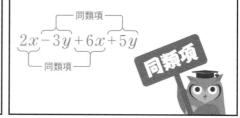

同類項
$$2x - 3y + 6x + 5y$$
同類項

同類項

文字式の計算は，「**交換法則**」や「**分配法則の逆**」を使って，
それぞれの**同類項を1つにまとめればよい**，というわけです。

法則

〈**交換法則**〉

$$a + b = b + a$$

〈各項の並びをどう交換しても計算結果は同じ〉
※交換法則は，加法と乗法のときだけ成り立つ。

〈**分配法則**〉

$$c \times (a + b) = \underline{c \times a + c \times b}$$

分配法則の逆

では，(1)の問題にもどりましょう。
交換法則を使って同類項を集めたら，
分配法則の逆を使って，同類項をまとめます。

$$2x + 6x - 3y + 5y$$
$$= (2 + 6)x + (-3 + 5)y \leftarrow$$

同類項をまとめる

続けて計算し，それぞれの
同類項が全部まとまったら，
それが答えになります。

$$= (2 + 6)x + (-3 + 5)y$$
$$= 8x + 2y \quad \boxed{答}$$

⑵も，⑴と同様に考えます。
まずはかっこをはずしましょう。

$$(3a^2 + 7a - 2) + (4a^2 - 5a + 1)$$
$$= 3a^2 + 7a - 2 + 4a^2 - 5a + 1$$

次に，交換法則を使って，
同類項を集めます。

$$= 3a^2 + 7a - 2 + 4a^2 - 5a + 1$$
$$= 3a^2 + 4a^2 + 7a - 5a - 2 + 1$$

最後に，分配法則の逆を使って，
同類項をまとめます。

$$= 3a^2 + 4a^2 + 7a - 5a - 2 + 1$$
$$= (3 + 4)a^2 + (7 - 5)a + (-2 + 1)$$
$$= 7a^2 + 2a - 1 \quad 答$$

a^2 と a は，同じ a なのに
「同類項」じゃないニャ？

そう，そこ要注意です。

この a^2 や a のように，
同じ文字であっても，**「累乗の指数」
が異なる場合は「同類項」ではない**
ので，注意しましょう。

$$a^2 \quad a \qquad x^3 \quad x^2 \quad x$$

同類項ではない　　　同類項ではない

ちなみに，文字をふくまない項
（＝定数項）は，文字をふくまない項
どうしでまとめれば OK ですよ。

$$3a^2 + 4a^2 + 7a - 5a - 2 + 1$$

問2　（多項式の減法）

次の計算をしなさい。

(1) $(6a - b) - (4a - 3b)$

(2) $(x^2 - 5x - 3) - (9x^2 - 4x + 8)$

さあ，今度は多項式の
減法ですが，計算の
手順は同じです。
自分で考えて解いて
みましょう！

(1)は以下のように解きます。

(1) $(6a - b) - (4a - 3b)$

$= 6a - b - 4a + 3b$

$= 6a - 4a - b + 3b$

$= (6-4)a + (-1+3)b$

$= 2a + 2b$ 答

(2)は以下のように解きます。

(2) $(x^2 - 5x - 3) - (9x^2 - 4x + 8)$

$= x^2 - 5x - 3 - 9x^2 + 4x - 8$

$= x^2 - 9x^2 - 5x + 4x - 3 - 8$

$= (1-9)x^2 + (-5+4)x + (-3-8)$

$= -8x^2 - x - 11$ 答

問3 （多項式と数の乗法）

次の計算をしなさい。

(1) $-2(3x - 2y)$

(2) $3(a - 4b - 5)$

今度は，多項式（一次式）と数の「**乗法**」の計算ですが，これも中1の「一次式の計算」で学習しましたよね。

(1)の $-2(3x - 2y)$ は，
$-2 \times (3x - 2y)$
の × が省略されている形ですから，**分配法則**を使って計算していきます。

———〈分配法則〉———
$c \times (a + b) = c \times a + c \times b$

 負の数と分配法則

分配法則の公式が $c \times (a - b)$ という形の場合，厳密には $c \times \{a + (-b)\}$ という形であると考えてください。この $(-b)$ の（　）がはずされて $c \times (a - b)$ になっているというわけです。そして，
　　$c \times (a - b) = c \times a + c \times (-b)$
という計算になります。
ただし，
　　$c \times (a - b) = c \times a - c \times b$
として計算しても，結果的には同じになるので，まちがいではありません。

さて，(1)は $c \times (a - b)$ の形なので，以下のように解きます。

(1) $-2(3x - 2y)$

$= (-2) \times 3x + (-2) \times (-2y)$

$= -6x + 4y$ 答

(2)を考えましょう。

（　）の中の項の数が増えても，同じように分配法則を使って，かっこをはずして計算します。

(2)　$3(a-4b-5)$

$=3×a+3×(-4b)+3×(-5)$

$=3a-12b-15$　答

要するに，かっこをはずして，同類項をまとめればいいだけニャ？

慣れれば簡単だニャ…

そう，文字式の計算では結局，
❶かっこをはずす→❷同類項を集める→❸同類項をまとめる
という手順は同じなんですよ。

問4　（多項式と数の除法）

次の計算をしなさい。

(1)　$(6a-4b)÷(-2)$

(2)　$(3x-15y-9)÷3$

文字の混じった**除法**では，わり算の記号 ÷ を使わず，「**逆数*の乗法**」の形になおすのが基本だと，中1の「一次式の計算」で習いましたよね？

$$12b ÷ 4 = 12b × \frac{1}{4}$$

逆数

習ったかニャ？

---

(1)は文字の混じった多項式の**除法**ですから，**逆数**をかける形になおします。

$$(6a-4b)÷(-2)$$
$$↓$$
$$=(6a-4b)×\left(-\frac{1}{2}\right)$$

続いて計算すると，

$$(6a-4b)×\left(-\frac{1}{2}\right)$$

$$=6a×\left(-\frac{1}{2}\right)+(-4b)×\left(-\frac{1}{2}\right)$$

$$=-3a+2b$$　答

という答えになります。

86　＊逆数…2つの数の積が1になるとき，一方の数を，他方の数の「逆数」という。2の逆数は $\frac{1}{2}$，-2の逆数は $-\frac{1}{2}$ である。

(2)は項の数が増えていますが, (1)と同様に計算すれば OK です。

$$(3x - 15y - 9) \div 3$$

$$= (3x - 15y - 9) \times \frac{1}{3}$$

$$= 3x \times \frac{1}{3} + (-15y) \times \frac{1}{3} + (-9) \times \frac{1}{3}$$

$$= x - 5y - 3 \quad 答$$

問5 （多項式の四則計算）

次の計算をしなさい。

$$4(x + 5y) - 3(2x - y)$$

この問題は,
分配法則でかっこを
はずすところが
2 カ所あるので,
計算ミスに
注意しましょう。

かっこをはずしてから,
同類項をまとめます。

$$4(x + 5y) - 3(2x - y)$$

$$= 4x + 20y - 6x + 3y$$

$$= (4 - 6)x + (20 + 3)y$$

$$= -2x + 23y \quad 答$$

多項式の計算はいろいろな
パターンがありますが,
❶かっこをはずす
❷同類項を集める
❸同類項をまとめる
という手順は同じなんですね。
たくさん練習して, 速く正確に
計算できるようになりましょう。

3
式の計算・連立方程式
2 多項式の計算

END

87

3 単項式の乗法と除法

問1 （単項式の乗法）

次の計算をしなさい。

(1) $5a \times (-6b)$ (2) $4x \times (-x^3)$

(3) $(-3a)^2 \times 2b$

単項式どうしの乗法は，
係数*の積に文字の積を
かければいいんです。

乗法では，かけ合わせる順序を自由に入れかえても，その積は変わりませんよね。

$$\bigcirc \times \triangle \times \square \times \diamond = 積$$

ココは自由に入れかえていいし，
どんな順番でかけ合わせてもいい

乗法では（加法と同様に），
交換法則と結合法則が成り立つ
からです。

〈乗法の交換法則〉
$a \times b = b \times a$

〈乗法の結合法則〉
$(a \times b) \times c = a \times (b \times c)$

これをふまえて，(1)をやってみましょう。
わかりやすいように，省略されている乗法の
記号（×）を表示して考えますよ。

(1) $5a \times (-6b)$

$= 5 \times a \times (-6) \times b$

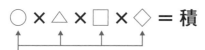

まず，**係数**と**文字**を分けて
集めます。

$5 \times a \times (-6) \times b$

$= 5 \times (-6) \times a \times b$

そして，
係数どうしの積と，

$= 5 \times (-6) \times a \times b$

$= -30$

文字どうしの
積をかければ，

$= 5 \times (-6) \times a \times b$

$= -30 \times ab$

答えになるんです。

$= 5 \times (-6) \times a \times b$

$= -30 \times ab$

$= -30ab$ 答

---

*係数…単項式のある文字に着目したときのほかの部分。主に文字にかけられている数（$5a$の5，$-6b$の-6など）のこと。

要するに,
数字は数字どうし
文字は文字どうし
かけ合わせれば
いいニャ?

そう!
「文字と数の積は,
数を先に書く」と
いうルールに注意
してくださいね。

(2)・(3)のように「**指数**」があるときも,
(1)と同じように計算します。
最初は,乗法の記号 × をすべて表示
して考えるとわかりやすいですよ。

$$x^3 \quad 指数$$

$$(-3a)^2$$

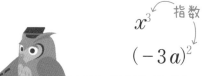

(2) $4x \times (-x^3)$

$= 4 \times x \times (-1) \times x \times x \times x$

$= 4 \times (-1) \times x \times x \times x \times x$

$= -4x^4$ 答

(3) $(-3a)^2 \times 2b$

$= (-3a) \times (-3a) \times 2b$

$= (-3) \times a \times (-3) \times a \times 2 \times b$

$= (-3) \times (-3) \times 2 \times a \times a \times b$

$= 18a^2 b$ 答

問2 （単項式の除法）

次の計算をしなさい。

(1) $12xy \div (-3x)$

(2) $\dfrac{1}{3}ab^2 \div \dfrac{3}{5}b$

文字の混じった**除法**は，÷ の記号を
使わずに，「○○の○○」の形になお
すのが基本だと，前回もやりました
よね? わかりますか?

やったニャ～
ニャんだっけ?

答 「逆襲の情報」だワン!

いや「逆数の乗法」ニャ!
思い出したニャ!

(1)は単項式どうしの
除法なので，「**逆数の
乗法**」に変えます。

$$12xy \div (-3x)$$

$$= 12xy \times \left(-\frac{1}{3x}\right)$$

$-3x$ を分数にすると

$-\dfrac{3x}{1}$ ですから，逆数は

$-\dfrac{1}{3x}$ になります。

まちがえないように
注意しましょう。

続けて計算すると，
以下のようになります。

$$12xy \times \left(-\frac{1}{3x}\right)$$

1つの
分数で表す

$$= -\frac{12xy}{3x}$$

$$= -\frac{12 \times x \times y}{3 \times x}$$

←乗法の記号
× を表示する
（省略も可）

$$= -\frac{\overset{4}{\cancel{12}} \times \overset{1}{\cancel{x}} \times y}{\underset{1}{\cancel{3}} \times \underset{1}{\cancel{x}}}$$

←約分する
※約分…分数の分子
と分母を共通の約数
でわって簡単な分数
にすること。

$$= -4y \quad \boxed{答}$$

(2)も同様に解いてみましょう。

(2) $\dfrac{1}{3}ab^2 \div \dfrac{3}{5}b$

$\dfrac{3}{5}b = \dfrac{3b}{5}$

↓逆数

$\dfrac{5}{3b}$

$$= \frac{ab^2}{3} \times \frac{5}{3b}$$

$$= \frac{ab^2 \times 5}{3 \times 3b}$$

$$= \frac{a \times b \times \overset{1}{\cancel{b}} \times 5}{3 \times 3 \times \underset{1}{\cancel{b}}}$$

$$= \frac{5}{9}ab \quad \boxed{答}$$

問3 （乗法と除法の混じった計算）

次の計算をしなさい。

$$xy \times x \div x^2 y^2$$

× と ÷ が
混じってるニャ!?
どこから計算
すればいい
ニャ…!?

除法はすべて
乗法になおして
から計算すれば
いいんですよ。

$$xy \times x \div x^2 y^2$$

除法を
乗法になおす

$$= xy \times x \times \frac{1}{x^2 y^2}$$

1つの
分数で表す

$$= \frac{xy \times x}{x^2 y^2}$$

$$= \frac{x \times y \times x}{x \times x \times y \times y}$$

約分する

$$= \frac{\overset{1}{\cancel{x}} \times \overset{1}{\cancel{y}} \times \overset{1}{\cancel{x}}}{\underset{1}{\cancel{x}} \times \underset{1}{\cancel{x}} \times \underset{1}{\cancel{y}} \times y}$$

$$= \frac{1}{y} \quad \boxed{答}$$

ちなみに，慣れてきたら，一気に分数にして計算しても OK ですからね。

計算方法は 1 つではないんです！

$$xy \times x \div x^2 y^2$$

$$= \frac{x^2 y}{x^2 y^2}$$

$$= \frac{1}{y} \quad \boxed{別解}$$

なんで「除法」は必ず「乗法」になおすニャ？

乗法なら**交換法則**や**結合法則**が使えますし，分数になれば係数や文字どうしで**約分**もできます。つまり，「**計算しやすいから**」だと考えてください。

ちなみに，単項式の乗法は**図形**にも応用できるんですよ。

図形にも応用？
どーゆーことニャ？

例えば，このような直方体の各辺の長さを文字で表すと，

a cm
a cm
b cm

底面積は
$a \times a = a^2 \,(\text{cm}^2)$
体積は
$a \times a \times b = a^2 b \,(\text{cm}^3)$
と文字で表せますよね。

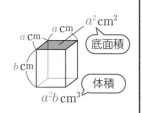

a cm
a cm
$a^2 \text{cm}^2$
b cm
底面積
体積
$a^2 b \,\text{cm}^3$

また，展開図で**表面積**を考えると，
底面積 $= a \times a = a^2 \,(\text{cm}^2)$ が 2 つあって，
側面積 $= a \times b = ab \,(\text{cm}^2)$ が 4 つあるので，
表面積 $= 2a^2 + 4ab \,(\text{cm}^2)$
と多項式で表せますよね。

考えて

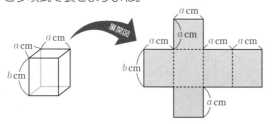

a cm
a cm
b cm
展開図
a cm
a cm
a cm
a cm
a cm
b cm
a cm

このように，図形の面積や体積も，単項式や多項式で表すことができるわけですね。
しっかり応用できるようになりましょうね。

ニャるほど…

END

4 文字式の利用

3つの続いた整数の和は3の倍数になる。
このわけを，文字を使って説明しなさい。
ただし，中央の整数を n としなさい。

…ふぁ!?
わけを説明しなさい?
えらそうに
何をいってるニャ!?

知らんがニャ!

中1の「式が表す数量」で，整数※を n とすると，すべての偶数・奇数・倍数は n を使った文字式1つで表すことができる，と学習しましたよね。

n	-2	-1	0	1	2	3	→整数
$2n$	-4	-2	0	2	4	6	→偶数
$2n+1$	-3	-1	1	3	5	7	→奇数
$3n$	-6	-3	0	3	6	9	→3の倍数

※整数…「正の整数（＝自然数）」と「0」と「負の整数」すべてのこと。2でわり切れる整数（2，4，6，8など）を**偶数**といい，2でわり切れない整数（1，3，5，7など）を**奇数**という。

今回は，**文字を使った式による説明**の仕方を学習します。
まずは問題文をしっかり読んで，その内容を**文字で表す**ところから始めましょう。

「3つの続いた整数」があります。

（整数），（整数），（整数）

「中央の整数を n」とすると，

（整数），n，（整数）

「3つの続いた整数」は，
このように表すことができます。

$$(n-1), \ n, \ (n+1)$$

1小さい数　1大きい数

「3つの続いた整数の**和**」なので，
加法（＋）の記号で結びます。

$$(n-1)+n+(n+1)$$

「3つの続いた整数の和」を計算すると，

$$(n-1) + n + (n+1)$$
$$= n - 1 + n + n + 1$$
$$= n + n + n - 1 + 1$$
$$= 3n$$

n は整数だから，
$3n$ は 3 の倍数に
なります。

$$= 3n \rightarrow 3 の倍数$$

つまり，問題文の内容を，
文字を使った式で
表すことができたわけです。

3つの続いた整数の

$$(n-1) + n + (n+1) = 3n$$

和は 3 の倍数になる

これを根拠として
簡潔に説明すればいいんです。
「説明しなさい」という問いなので，
次のように**文章で説明**を書いて
答えなければいけません。

※最初は難しいと思いますので，まずは読んで
「あ，なるほどね」と理解できれば OK ですよ。

ニャるほど…
難しいニャ…

【説明】答(例)

3つの続いた整数のうち，
中央の整数を n とすると，
3つの続いた整数は，
　$n-1$，n，$n+1$
と表される。

❶ 問題にある数を
文字で表す

したがって，それらの和は，
　$(n-1) + n + (n+1) = 3n$

❷ 問題にある計算方法で
計算する

n は整数だから，$3n$ は 3 の倍数である。
よって，3つの続いた整数の和は，
3 の倍数になる。

❸ 計算結果を根拠に
結論づける

問1の説明文は基本的なパターンです。
まずは「式による説明の基本手順」を覚えて，これをベースに何度も練習して慣れていきましょう。

問2 （式による説明②）

2つの奇数の和は偶数になることを説明しなさい。

「2つの奇数の　和は　偶数になる」をことばの式で表すと，

$$（奇数）＋（奇数）＝（偶数）$$

となりますよね。これを正しく文字式で表して，計算を成立させられればいいんです。

「偶数」・「奇数」に関しては，

偶数 … 2の倍数
奇数 … 2の倍数に1をたした数

と考えましょう。

そして，整数を n とすると，

偶数 … $2n$
奇数 … $2n+1$

と表すことができますよね。

$$\underbrace{(2n+1)}_{奇数} + \underbrace{(2n+1)}_{奇数} = \underbrace{2n}_{偶数}$$

わかったニャ！
こうすればいいニャ？

それだと，等号が成立しませんよね。

$$(2n+1)+(2n+1) = 2n\ \ 4n+2$$

表した計算がちゃんと成立しないと，説明の根拠にはならないんです。

あっ！
ほんとニャ！

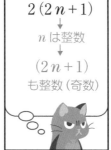

$$(2n+1)+(2n+1)$$

$$=4n+2$$

$$=2(2n+1)$$

分配法則の逆

というこ
とニャので…

$$2(2n+1)$$

n は整数

$$(2n+1)$$

も整数（奇数）

$$(2n+1)$$

という整数に 2 をかけた

$$2(2n+1)$$

は 2 の倍数なので偶数！

いけるニャ!?

$$(2n+1)+(2n+1)=2(2n+1)$$

奇数　　　　奇数　　　　偶数

わかったニャ！
この式なら正解だニャ！

う～ん

おしい！ 残念!

ニャんで!?

この式だと，「**全く同じ奇数**」を
たすという意味になるからです。

$$(2n+1)+(2n+1)$$

全く同じ奇数

※ n どうしは同じ数で，別々の数になることはない。

問題文が求めているのは，「**どんな奇数
をたしても，絶対に偶数になる**」ことの
説明なんですよ。

2 つの奇数の和は偶数になること
を説明しなさい。

ニャるほど…

こういう場合は，n と m の 2 文字を使って，
2 つの（同じでない）奇数を表せばいいんです。

$$2m+1 \quad 2n+1$$

同じでない奇数　　（m, n を整数とする）

※ここでは n に近い m を使っているが，どんな文字を使ってもよい。

$2m+1$ と $2n+1$ は
同じでない奇数（& どんな
奇数にもなれる）を表すので，
この**和が偶数**になることを
説明しましょう。

ニャるほど！

$$(2m+1)+(2n+1)$$
$$= 2m+1+2n+1$$
$$= 2m+2n+2$$
$$= 2(m+n+1)$$

m, n は整数です。
$(m+n+1)$ は**整数どうしの和**ですから，
「整数」になりますよね。

$$2\underbrace{(m+n+1)}_{整数}$$

$2(m+n+1)$ は「$2 \times (整数)$」
という形なので，2 の倍数（2 でわり
切れる整数），
つまり**偶数**になりますよね。

$$2\underbrace{(m+n+1)}_{偶数}$$

この計算結果を根拠として，
結論づければいいんです。
答えは次のように書きましょう。
（これはあくまでも答えの一例です）

【説明】答(例)

m, n を整数とすると，2 つの奇数は
  $2m+1$, $2n+1$
と表される。

                    問題にある数を
❶ **文字で表す**

したがって，それらの和は，
$$(2m+1)+(2n+1)$$
$$= 2m+1+2n+1$$
$$= 2m+2n+2$$
$$= 2(m+n+1)$$

                    問題にある計算方法で
❷ **計算する**

$m+n+1$ は整数だから，
$2(m+n+1)$ は 2 の倍数，つまり偶数になる。
よって，2 つの奇数の和は偶数になる。

                    計算結果を根拠に
❸ **結論づける**

こんな長い
説明…
書けるわけ
ないニャ…

ムチャぶりだニャ

そうですね。
まあ，まずは，
「説明のイメージ」を
固めておくといいか
もしれません。

説明しなければならない，こういっ
た文章を〈お題〉とよびましょう。

〈お題〉

> 3つの続いた整数の和は3の
> 倍数になる

〈お題〉

> 2つの奇数の和は偶数になる

3

式の計算・連立方程式

S 文字式の利用

こういった感じの
イメージで，
簡潔に説明すれば
いいわけです。

【説明のイメージ】

❶〈お題〉の内容を文字式で表したよ！
　↓
❷ 計算したら，1つの文字式が出てきたよ！
　↓
❸ この文字式は，〈お題〉の条件に合うよ！
　したがって，〈お題〉のとおりだよ！

ふーん…

また，文字式で表す数には一定のパターンがありますから，これも覚える！

文字式	表す数	備考
$2n$	偶数	（n は整数とする）
$2n+1$	奇数	偶数（$=2n$）より1大きい数。$2n-1$ でも奇数を表す。
$3n$	3の倍数	$4n$ なら4の倍数，$9n$ なら9の倍数
$10a+b$	2けたの数	$100a+10b+c$ なら3けたの数

あとはとにかく，今回やった問題
の「答え」を，ノートなどに何度も
書き写してください。
式による説明は，**答えを真似して**
書いていくうちに，必ず上達します。
がんばりましょうね！

答えを真似して
書くワン！

無駄に
うまいニャ！

答

その「答え」じゃ
ないニャ！

END

97

問1 （二元一次方程式の解①）

二元一次方程式 $x+y=6$ を成り立たせる
x, y の値の組を求め，下の表の空欄を
うめなさい。

x	0	1	2	3	4	5	6
y							

…ふぁ!?
「二元一次方程式」って
なんニャ？

x と y，文字が2つもあるニャ？

数学で使う「元」とは，
「方程式の文字（未知数）」
のことです。

POINT

「〇元□次方程式」などという名称は，
「〇元」で**文字**（未知数）の数を，「□次」で**次数**を表しているわけです。

$$\text{〇元□次方程式}$$

文字の数 ←⌐　　　└→ 次数　　※次数…単項式でかけられている文字の個数。
　　　　　　　　　　　　　　　　　　　多項式では，各項の次数のうちで最も大きいもの。

- -

例 $x+2=6$ → 一元一次**方程式**　　　$x+y=6$ → 二元一次**方程式**

　　$x^2+y=6$ → 二元二次**方程式**　　　$x^3+y^2+z=6$ → 三元三次**方程式**

問1の式
$$x+y=6$$

は，文字が x, y と2つ
ある一次方程式なので，
「二元一次方程式」
といってるんですね。

さて，問題の表は，x が 0～6 のとき，
y はそれぞれどんな値になるでしょうか，
という表です。

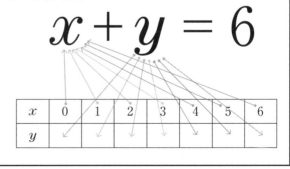

$$x+y=6$$

x	0	1	2	3	4	5	6
y							

例えば，$x=0$ のとき，
式に $x=0$ を代入すると，
$$0+y=6$$
$$y=6$$
y の値は 6 になります。

x	0	1	2
y	6		

$x=1$ のときは，
$$1+y=6$$
$$y=5$$

x	0	1	2
y	6	5	

$x=2$ のときは，
$$2+y=6$$
$$y=4$$

x	0	1	2
y	6	5	4

このように，$x+y=6$ に x の値を代入していくと，
y の値が求められ，空欄がうまりますね。

x	0	1	2	3	4	5	6
y	6	5	4	3	2	1	0

答

さて，この x と y，
文字の値の**組**に注目
してください。

組？

例えば，x，y の値の組 $(0,\ 6)$ なら，
「$x+y=6$」という二元一次方程式は，
成り立ちます*よね。

代入すると 0＋6＝6 となって計算が合いますから

x	0	1	2	3	4
y	6	5	4	3	2

同様に，$(1,\ 5)$ という組でも，
$(2,\ 4)$ という組でも，この方程式は
成り立ちます。

x	0	1	2	3	4
y	6	5	4	3	2

このような，
**方程式を成り立たせる
文字の値（の組）**を
「**解**」というんですよね。

解

貝？

3回目!!

だからその貝じゃないニャ!

表にある $(3,\ 3)$ や
$(4,\ 2)$ も「解」ニャ？

そう，もちろん，
それも「解」になります。

*成り立つ…必要な条件が満たされてできあがる。（式の計算が合うなど，おかしいところがなく）成立する。

仮に，x，y の値の組が $(2.4，3.6)$ など
の**小数**でも，$\left(\dfrac{2}{3}，\dfrac{16}{3}\right)$ などの**分数**でも，
方程式が成り立つなら，それは「**解**」に
なります。

x	2.4	$\dfrac{2}{3}$
y	3.6	$\dfrac{16}{3}$

解← 解←

解は１つだけじゃないニャ？

そう，特に条件がなければ，
解は無数にあるというわけです。

問2　（二元一次方程式の解②）

二元一次方程式 $x+2y=7$ を成り立たせる x，y の値の組を求め，
下の表の空欄をうめなさい。

x	0	1	2	3	4	5	6
y							

考えて

今度は自分で考えて，**解**を求めましょう。
答えをまとめると，下表のようになります。
※分数で答えてもかまいません。

x	0	1	2	3	4	5	6
y	3.5	3	2.5	2	1.5	1	0.5
	$\left(\dfrac{7}{2}\right)$		$\left(\dfrac{5}{2}\right)$		$\left(\dfrac{3}{2}\right)$		$\left(\dfrac{1}{2}\right)$

答

では次。
問1の $x+y=6$ と，
問2の $x+2y=7$，
この**両方**の方程式を
成り立たせる x，y
の値の組は何か。
今度はそれを考えま
しょう。

問3　（連立方程式の解）

問1，**問2**の結果を利用して，

連立方程式 $\begin{cases} x+y=6 \\ x+2y=7 \end{cases}$

を解きなさい。

ニャー !!!
ついに出たニャ
「連立方程式」！
うわさに聞く
やっかいなヤツ
だニャ !!??

大丈夫ですよ。
１つ１つ
説明して
いきましょう。

2つ（以上）の文字（未知数）をふくむ2つ（以上）の方程式の組を「連立方程式」といいます。

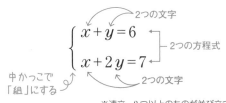

2つの文字

$$\begin{cases} x + y = 6 \\ x + 2y = 7 \end{cases}$$

2つの方程式

中かっこで「組」にする

2つの文字

※連立…2つ以上のものが並び立つこと。

そして，2つの方程式のどちらも成り立たせる文字の値（の組）を，連立方程式の「解」といいます。

POINT !

つまり，**2つの方程式に共通する解**が連立方程式の解となります。
そして，この**解を求めること**を連立方程式を「**解く**」というんです。

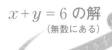

$x + y = 6$ の解
（無数にある）

$x + 2y = 7$ の解
（無数にある）

共通する解＝連立方程式の解
（1つだけ）

さて，**問1**と**問2**の結果を見比べてみましょう。
両方に共通の解はどれでしょうか？

…そう，$(5, 1)$ の組ですね。

問1

x	0	1	2	3	4	5	6
y	6	5	4	3	2	1	0

問2

x	0	1	2	3	4	5	6
y	3.5	3	2.5	2	1.5	1	0.5

$x = 5$，$y = 1$ という値の組であれば，
$x + y = 6$ と $x + 2y = 7$，
両方の方程式が同時に成り立ちます。
それ以外の値では成り立ちません。
したがって，この連立方程式の解は，

$$x = 5, \quad y = 1 \;\text{答}$$

となります。

さて，連立方程式とその解について，まずは理解できましたね。
次回からは，**連立方程式の解き方**を学んでいきます。テストによく出るところなので，がんばりましょう！

END

6 連立方程式の解き方

問 1 （加減法①）

次の連立方程式を解きなさい。

$$\begin{cases} 3x + 4y = 15 & \cdots\cdots ① \\ 3x + 2y = 9 & \cdots\cdots ② \end{cases}$$

連立方程式の解き方には，
「加減法」と「代入法」という，
2つの方法があります。

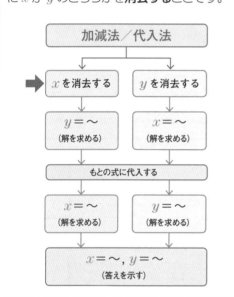

両方に共通するポイントは，まず最初に x か y のどちらかを**消去する**ことです。

POINT

加減法／代入法

x を消去する　　y を消去する

$y =$ ～
（解を求める）

$x =$ ～
（解を求める）

もとの式に代入する

$x =$ ～
（解を求める）

$y =$ ～
（解を求める）

$x =$ ～, $y =$ ～
（答えを示す）

消去する？
「消す」ってことニャ？

消去する

そうです。例えば，文字 x をふくむ連立方程式から，x をふくまない1つの方程式をつくることを，x を**「消去する」**といいます。

$$\begin{cases} \bigcirc x + \square y = \text{～} \\ \diamondsuit x + \triangle y = \text{～} \end{cases}$$

x を消去する $\longrightarrow y =$ ～

では，くわしく説明します。
まずは「加減法」からやりましょう。

これは「**等式の性質❶❷**」（☞P.64）を使った方法です。
つまり，「**等式の両辺は等しいので，両辺に同じ数（や式）をたしたりひいたりしても，等しいままである（等式は成り立つ）**」という性質を使うんです。

等式 (方程式) は,
左辺と右辺が等しい
(=同じ数とみなすことが
できる) ので,

等しい (同じ数)

$$3x+4y = 15$$

---

①の両辺から, 同じ数 (=②の両辺) をたして
も [ひいても], 等式は成り立ちますよね。

等しい (同じ数)

$$3x+4y = 15 \quad \cdots\cdots ①$$

$$3x+2y = 9 \quad \cdots\cdots ②$$

等しい (同じ数)

問1 では, ①と②の式に共通する
「$3x$」に注目。①の $3x$ から②の $3x$
をひけば, x を**消去**できますよね。

0になる
$$3x+4y=15 \quad \cdots\cdots ①$$
$$3x+2y=9 \quad \cdots\cdots ②$$

ということで, ①の式から②の式を
ひいてみましょう。

$$3x+4y = 15 \quad \cdots\cdots ①$$

$$3x+2y = 9 \quad \cdots\cdots ②$$

連立方程式の式どうしをたしたりひい
たりするときは, わかりやすいよう
に, **同類項を上下にそろえて書きます。**

$$
\begin{array}{r}
3x+4y=15 \\
-)\ 3x+2y=9 \\
\hline
\end{array}
$$

小学校の「筆算」みたいですね

---

①の左辺から②の左辺をひくと, x が
消去され, 文字は y だけになります。

$$
\begin{array}{r}
3x+4y=15 \quad \cdots\cdots ① \\
-)\ 3x+2y=9 \quad \cdots\cdots ② \\
\hline
0+2y
\end{array}
$$

$3x-3x$ が
0となって消える

※同類項どうしで
計算する

---

①の右辺から②の右辺をひくと,

$$
\begin{array}{r}
3x+4y=15 \quad \cdots\cdots ① \\
-)\ 3x+2y=9 \quad \cdots\cdots ② \\
\hline
2y=6
\end{array}
$$

これを解くと, 「$y=\sim$」の形になります。

$$
\begin{array}{r}
3x+4y=15 \quad \cdots\cdots ① \\
-)\ 3x+2y=9 \quad \cdots\cdots ② \\
\hline
2y=6 \\
y=3
\end{array}
$$

次に，この $y=3$ を①または②の式（どちらでもよい）に代入します。

$$3x+4y=15 \quad \cdots\cdots ①$$
$$3x+2y=9 \quad \cdots\cdots ②$$

②の方が計算しやすそうなので，$y=3$ を②の y に代入すると，

$$3x+2\times 3=9 \quad \cdots\cdots ②$$
$$3x+6=9$$
$$3x=3$$
$$x=1$$

ちなみに，①の方に代入しても同じ結果になります。

$$3x+4\times 3=15 \quad \cdots\cdots ①$$
$$3x+12=15$$
$$3x=3$$
$$x=1$$

したがって，求める解は，

$$x=1, \quad y=3 \quad 答$$

別解 答えはこう書いても OK！

$$\begin{cases} x=1 \\ y=3 \end{cases} \qquad (x, \ y)=(1, \ 3)$$

さて，今回は x の係数が同じだったので，x が消えましたね。

$$\begin{array}{r} 3x+4y=15 \quad \cdots\cdots ① \\ -)\ 3x+2y=9 \quad \cdots\cdots ② \\ \hline 2y=6 \end{array}$$

0 となって消える

このように，式どうしの加法や減法で，x か y のどちらかを**消去する**ことを「加減法」というんです。

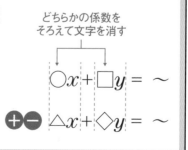

POINT 　　　　　　　　　　**加減法**

連立方程式を解くときに，文字（x か y のどちらか）の係数（の絶対値）をそろえ，左辺どうし，右辺どうしを「たす」か「ひく」かして，1 つの文字を消去する方法。

どちらかの係数をそろえて文字を消す

$$\bigcirc x + \square y = \sim$$
$$\oplus\ominus \quad \triangle x + \diamondsuit y = \sim$$

…ふぁ？
文字の係数を
そろえる？
どういう意味
ニャ！？

同類項の係数を
そろえないと，
加減法は使えません。
今度はそれをやって
いきましょう。

問2 （加減法②）

次の連立方程式を解きなさい。

$$\begin{cases} -x + 2y = 10 & \cdots\cdots ① \\ 5x + 3y = 2 & \cdots\cdots ② \end{cases}$$

例えば，①の $-x$ は，5 をかければ
「$-5x$」となって，②の係数 $5x$ と
絶対値がそろいますね。

$$\begin{cases} -x + 2y = 10 & \cdots\cdots ① \\ 5x + 3y = 2 & \cdots\cdots ② \end{cases}$$

$\times 5 \to -5x$

そこで，**等式の性質❸** を利用して，
①の**両辺**に 5 をかけます。

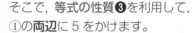

$$(-x + 2y) \times 5 = 10 \times 5$$
$$-5x + 10y = 50 \cdots\cdots ①\times5$$

そして，①×5 と②を**たす**と，
x が消去できます。

$$
\begin{array}{r}
-5x + 10y = 50 \quad \cdots\cdots ①\times5 \\
+)\ \ 5x + \ 3y = \ 2 \quad \cdots\cdots ② \\
\hline
13y = 52 \\
y = 4
\end{array}
$$

$y = 4$ を①に代入すると，

$$-x + 2 \times 4 = 10$$
$$-x + 8 = 10$$
$$x = -2$$

したがって，求める解は，

$$x = -2, \ y = 4 \ \boxed{答}$$

このように，
係数がそろっていないときは
両辺に等しい数をかけて
係数（の絶対値）をそろえる
ことで，加減法が使えるよう
になるんですね。

また，係数の符号が異なる
場合は，式を「**たす（加える）**」
ことで，文字を消去できます。
覚えておきましょう。

ニャるほど…

$$-5x$$
＋
$$+5x$$
↓
消去

次の連立方程式を解きなさい。

$$\begin{cases} x - 3y = -1 & \cdots\cdots ① \\ 3x + 2y = 19 & \cdots\cdots ② \end{cases}$$

では次に，もう一つの
連立方程式の解き方，
「代入法」をやりましょう。

代入法も加減法と同様に，**最初に１つの文字を消す**ところから始まります。

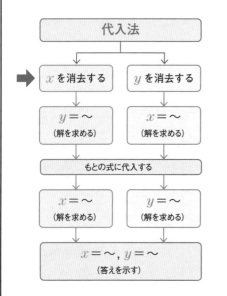

代入法

→ x を消去する ／ y を消去する

$y = \sim$（解を求める） ／ $x = \sim$（解を求める）

もとの式に代入する

$x = \sim$（解を求める） ／ $y = \sim$（解を求める）

$x = \sim , y = \sim$（答えを示す）

例えば，①の式は，変形すると，

$$x - 3y = -1 \quad \cdots\cdots ①$$

移項

$$x = 3y - 1$$

という式になりますよね。

①，②は連立方程式なので，

$$x = 3y - 1$$

ということは，②の式の x も
$3y - 1$ に等しいということです。

$\boxed{3y-1}$
$$3x + 2y = 19 \quad \cdots\cdots ②$$

したがって，$x = 3y - 1$ を，
②の式に**代入**することができます。

$3y - 1$
$$3x + 2y = 19 \quad \cdots\cdots ②$$

すると，x が消去され，
y だけの方程式になるので，
これを y について解いていきます。

$$3(3y - 1) + 2y = 19$$

※「y について解く」とは，式全体を「$y = \sim$」という形にすること。「$\sim$」には y 以外の文字や数の式が入る。

$$3(3y-1)+2y=19$$

$$9y-3+2y=19$$

$$9y+2y=19+3$$

$$11y=22$$

$$y=2$$

$y=2$ を①に代入して,

$$x-3\times2=-1$$

$$x-6=-1$$

$$x=5$$

したがって,
求める解は,

$$x=5,\ y=2\ \ \boxed{答}$$

となります。

このように，連立方程式の一方の式を
「$x=\sim$」の形（または「$y=\sim$」の形）にして，
それを他方の式の x（または y）に代入することで，
1 つの文字を消す方法を「代入法」といいます。

POINT

代入法

連立方程式を解くときに，一方の式を
（変形して）他方の式に代入することで，
1 つの文字を消去する方法。

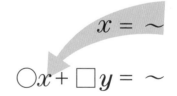

$$x=\sim$$

$$\bigcirc x+\square\, y=\sim$$

ちなみに，「$x=\sim$」の形（係数がない形）
でなくとも，等しい項であればそのま
ま代入できます。覚えておきましょう。

$$\begin{cases} 2x=3y+3 \\ 2x-4y=13 \end{cases}$$

$2x=3y+3$
なので，
$3y+3$ は
$2x$ に
代入できる。

$$(3y+3)-4y=13$$

さて，今回学んだ加減法と代入法は，
連立方程式の代表的な 2 つの解き方です。
どちらの方法でも解けるように，
がんばって練習しましょうね。

END

8 ÷ 2(2 + 2) = ?

2019年，インターネット上では，一見すると小学生でも簡単に答えを出せそうな「8 ÷ 2 (2 + 2)」の答えをめぐって，世界を巻き込んだ喧々諤々（けんけんがくがく）の大騒動が起こりました。

上の式に違和感（いわ）を覚えた人がいるかもしれません。教科書では「×」が省略できるのは「$2 \times a = 2a$」のように文字の混じったかけ算の場合だけ。その部分には目をつぶって，「8 ÷ 2 × (2 + 2)」として計算してみましょう！　君の答えはいくつになりました？

なぜかしら，答えが1つのはずの計算で答えが2つに分かれてしまいます。その理由は計算の優先順位にあります。ここで，計算の優先順位を確認します。第1位は「かっこ」，第2位は「累乗」，第3位は「乗法，除法」，第4位は「加法，減法」でした。第3位の「乗法」と「除法」に優先順位が定められていないので，答えが2つに分かれてしまうんです。

計算順序をもう少し厳格に決めている国や地域もあり，アメリカ式だと，Parentheses（かっこ），Exponents（指数〔累乗〕），Multiplication（乗法），Division（除法），Addition（加法），Subtraction（減法）の頭文字をとって，「PEMDAS（ペムダス）」の順序で計算します。この方式で乗法を優先して，かっこ→乗法→除法の順に計算すると，

$$8 \div 2 \times (2 + 2) = 8 \div 2 \times 4 = 8 \div 8 = 1$$

イギリス式だと，Brackets（かっこ），Order（累乗），Division（除法），Multiplication（乗法），Addition（加法），Subtraction（減法）の頭文字をとって，「BODMAS（ボドマス）」の順序で計算します。この方式で除法を優先して，かっこ→除法→乗法の順に計算すると，

$$8 \div 2 \times (2 + 2) = 8 \div 2 \times 4 = 4 \times 4 = 16$$

となります。アカデミックな雑誌では，省略されている乗法は除法に優先し，式の左から順に計算していくとされることが多いようです。

実はこうした問題は100年前から議論されていましたが，今もって習った場所で答えが変わるという状態です。「1」，「16」以外の答えになった人は計算の優先順位を要復習です！

（文：沖田一希）

中3
Chapter
4

多項式

この単元の位置づけ

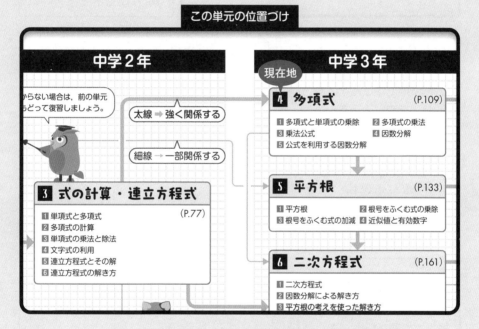

　中2では多項式の加減を学びましたが，文字式の集大成として，中3では多項式の乗法やそれらの応用にまで発展します。一番のポイントは「乗法公式」と「因数分解」の公式を完璧に覚えることです。因数分解は乗法公式による展開の「逆」の操作で，展開は公式を忘れてもなんとかなりますが，因数分解では正しく的確に公式を用いる必要があります。

Ⅰ 多項式と単項式の乗除

問1 （多項式と単項式の乗法）

次の計算をしなさい。

(1) $3x(2x-4y)$

(2) $(a+3b-5)\times(-2a)$

…これはまた，
かっこをはずして
同類項を1つに
まとめればいいニャ？

そう！「多項式の計算」
（☞P.82）と同じ手順で
解けばいいんです！

---

(1)を考えましょう。
多項式と単項式の乗法では，
分配法則でかっこをはずし，
同類項をまとめます。

(1) $3x(2x-4y)$

$= 3x\times 2x - 3x\times 4y$

$= 6x^2 - 12xy$ 答

---

(2)は，**3つの項**がある多項式と**単項式**の
乗法ですね。

(2) $\underbrace{(a+3b-5)}_{\substack{\text{多項式}\\\text{(3つの項)}}}\times\underbrace{(-2a)}_{\text{単項式}}$

※この式は ×を書かずに $(a-3b-5)(-2a)$ と書いても
よいが，そうすると $(a-3b-5)-2a$ という「減法」の式
とまぎらわしいため，後ろに負の符号がついた単項式をか
けるときは，$(a-3b-5)\times(-2a)$ のようにわかりやすく
×を書くのが通例。

単項式が多項式の前に
あっても後ろにあっても，
多項式の項が
いくつあっても，
分配法則のやり方は変わ
りません。

単項式を（　）の中の各項に順番にかけて，
たし合わせればいいんです。

(2) $(a+3b-5)\times(-2a)$

$= a\times(-2a) + 3b\times(-2a) - 5\times(-2a)$

$= -2a^2 - 6ab + 10a$ 答

このように，**単項式や多項式の積の形の式を，**かっこをはずして単項式の和の形の式（＝1つの多項式）に表すことを，**展開**といいます。

※簡単にいうと，分配法則を使ってかっこをはずすこと。

〈分配法則〉

$$c(a+b) = ca + cb$$

単項式や多項式の積　　　　単項式の和

展開

POINT !

上の式の $c(a+b)$ が $c(a-b)$ の場合，次のような公式になりますが，

$$c \times (a-b) = ca - cb$$

左辺を正確に表すと，
以下のようになります。

$$c \times \{a + (-b)\}$$

つまり，加法の記号＋とかっこが**省略されている**わけですね。

$$c \times \{a + (-b)\}$$
$$= c \times a + \{c \times (-b)\}$$
$$= ca + \{-cb\}$$

省略される ⚠
（見えないだけ）

$$= ca - cb$$

よって，この − は
減法の記号ではなく
負の符号だと
考えてください。

$$ca - cb$$

負（マイナス）の符号

※小学校の「算数」では減法の
記号と考えてきましたが，「数学」
では負の**符号**と考えましょう。

問2の答えの式も同様です。多項式では，（**負の項**）につく加法の記号「＋」と（ ）は**省略**されます。

$$-2a^2 + (-6ab) + 10a$$

省略

$$-2a^2 - 6ab + 10a$$

この − は減法の記号と考えることもできます（小学「算数」ではそう考えます）が，「数学」の多項式では**負の符号である**と考えましょう。

END

2 多項式の乗法

問1 （多項式と多項式の乗法）

次の式を展開しなさい。

(1) $(x+2)(y+3)$

(2) $(a+4)(b-5)$

(3) $(x+3)(x+3y-2)$

…ふぁ!?
ニャんか…
項が増えたニャ？

そう。今度は
多項式と多項式の
乗法なんです。

中1では，乗法は主に
「数 × 数」を学びました。

$$(+2) \times (-3)$$
$$\underbrace{}_{数} \quad \underbrace{}_{数}$$

中2では，「数×多項式」
や「単項式 × 単項式」を
学びました。

$$-2(3x-2y)$$
$$\underbrace{}_{数} \quad \underbrace{}_{多項式}$$
$$5a \times (-6\,b)$$
$$\underbrace{}_{単項式} \quad \underbrace{}_{単項式}$$

中3では，ついに
「多項式 × 多項式」を
学ぶわけです！

$$(x+2)(y+3)$$
$$\underbrace{}_{多項式} \quad \underbrace{}_{多項式}$$

「ついに」って…
別に興味があった
わけじゃないけど，
今までと
どうちがうニャ？

非常に重要な
項目ですから，
1つ1つ説明
しますね。

例えば，縦の長さが $a+b$，横の長さ
が $c+d$ の長方形があったとします。

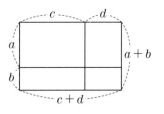

長方形の面積は
「縦 × 横」で
求められますから，
この長方形の面積は，

$(a+b)(c+d)$

と表せます。

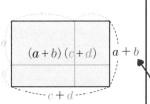

一方，これとは別の方法で，
この長方形の面積を
表すこともできるんです。

別の方法？

左上の長方形の面積は,「ac」と表せますよね。

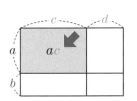

同じように,右上は「ad」,

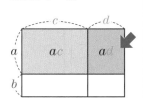

左下は「bc」,

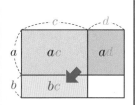

右下は「bd」と表せます。

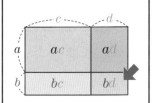

この 4 つの長方形を全部たした面積は,

$$ac + ad + bc + bd$$

となります。

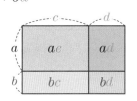

したがって,次の式が成り立つわけです。

$$(a + b)(c + d) = ac + ad + bc + bd$$

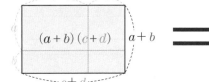 $=$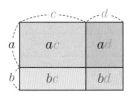

確かに…同じ面積を別の式で表してるニャ…

このイメージをもとに,発展させましょう。

「単項式 × 多項式」と同じように,「多項式 × 多項式」も,**分配法則**を使って展開することができるんです。

$$\underset{\text{多項式}}{\underline{(a + b)}}\ \underset{\text{多項式}}{\underline{(c + d)}} = ac + ad + bc + bd$$

展開

まず，「ac」の値を右辺に書きます。

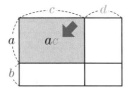

次に，「ad」の値をたします。

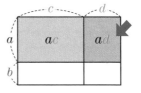

さらに，「bc」の値をたします。

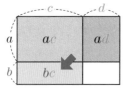

最後に，「bd」の値をたします。

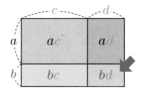

$(a+b)(c+d)$ の展開（分配法則）

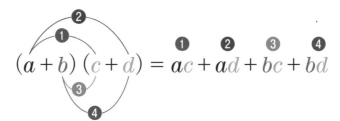

$$(a+b)(c+d) = ac + ad + bc + bd$$

「多項式 × 多項式」は，このように分配法則を使って展開することができます。

※❶〜❹の順番でなくてもよいが，かっこ内の各項をもう一方のかっこ内のすべての項にかけてたし合わせること。

これをふまえて，(1)の式を展開してみましょう。

$$(x+2)(y+3) = xy + 3x + 2y + 6 \quad 答$$

4
多項式
2 多項式の乗法

分配法則を覚えたら
簡単に展開できたニャ！

そう，概念がわかって
いれば簡単なんですよ。

(2)も，同じように展開しましょう。ただし，$-$ の符号に注意してください。

$$(a+4)(b-5) = ab + (-5a) + 4b + (-20)$$

←灰色部分は最初から
　省略して考えてよい

$$= ab - 5a + 4b - 20 \quad 答$$

(3)のように，かっこ内の項がいくら増えても，展開の方法は同じ。
左の項から順番にかけて展開し，同類項をまとめればいいんです。

$$(x+3)(x+3y-2) = x^2 + 3xy - 2x + 3x + 9y - 6$$

$$= x^2 + 3xy + x + 9y - 6 \quad 答$$

左の項から，
順番にかけて，
かっこを
はずせば
いいニャ？

そうですね。
多項式の積の式を，
単項式の和の式に
表すことを展開と
いうわけです。

ここでの学習は，多項式の乗法の
基礎となる重要なところなので，
しっかりマスターしましょう！

3 乗法公式

問1 （乗法公式による展開①）

次の式を展開しなさい。

(1) $(x+3)(x+5)$

(2) $(x+4)(x-2)$

…さっきと同じような
問題が出てきたニャ？

よく見てください。
ちょっとちがいますよ。

前回やった式は，

$$(a+b)(c+d)$$

という形でしたが，今回の式は，

$$(x+a)(x+b)$$

という形になっていますね。

---

a と c が同じ x になった形です。

前回 $(a+b)(c+d)$
別の値　　別の値

今回 $(x+a)(x+b)$
同じ値　　別の値

でも，分配法則を使った展開の仕方は変わりません。

$$(x+a)(x+b) = x^2 + bx + ax + ab$$

同類項をまとめる

$$= x^2 + (a+b)x + ab$$

同類項をまとめると，
ふつうに分配法則を
使うよりも，**もっと
簡単な計算**で展開が
できそうですね。

まず，ふつうに x と x を
かけます（2乗します）。

$$(x+a)(x+b) = x^2$$

次に注目してください！
a と b の和を，x の**係数**＊とします。

和

$$(x+a)(x+b) = x^2 + (a+b)x$$

＊係数…文字に係っている（かけられている）数のこと。$2x$ の係数は 2。$(a+b)x$ の係数は $(a+b)$。

そして最後に，a と b の積をたします。
分配法則を使うよりも，簡単に展開
できましたね。

$$(x+a)(x+b) = x^2 + (a+b)x + ab$$

積

このように，
$$(x+a)(x+b)$$
という形の乗法の場合，
次の「乗法公式」を使うと
便利なんです。

POINT **乗法公式① ～$(x+a)(x+b)$ の展開～**

和

$$(x+a)(x+b) = x^2 + (a+b)x + ab$$

積

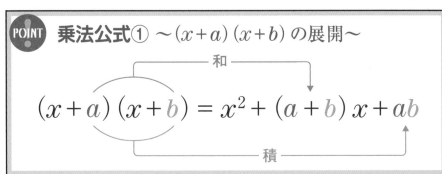

a と b の和が
x の係数になって
a と b の積が
後ろにつくニョね…

かんたんニャー

では，(1)を考えましょう。
乗法公式にあてはめると，簡単に展開できますね。

(1)　$(x+3)(x+5) = x^2 + (3+5)x + 3 \times 5$

$\qquad = x^2 + 8x + 15$ **答**

(2)も乗法公式にあてはめて展開できますね。
負（－）の数がある場合，中かっこ $\{\ \}$ をつけて考えるとよいでしょう。

(2)　$(x+4)(x-2) = (x+4)\{x+(-2)\}$

$\qquad = x^2 + \{4+(-2)\}x + 4 \times (-2)$

$\qquad = x^2 + 2x - 8$ **答**

問2 （乗法公式による展開②）

次の式を展開しなさい。

(1) $(x+4)^2$

(2) $(x-5)^2$

また新しい形の
式ニャ…
これも公式か
何かで
展開するニャ？

いえいえ,
「乗法公式①」で
展開できるん
ですよ。

例えば,
$$(x+a)^2$$
という式は,
$$= (x+a)(x+a)$$
と変形できますよね。

これを「乗法公式①」にあてはめると,
$$(x+a)(x+a)$$
$$= x^2 + (a+a)x + (a \times a)$$
$$= x^2 + 2ax + a^2$$
と展開できます。

つまり,簡単に考えると,
a を2倍した値が x の係数になり,

$$\overbrace{(x+a)^2}^{2倍} = x^2 + 2ax + a^2$$

a を2乗した値が
後ろにつくわけです。

$$(x+a)^2 = x^2 + 2ax + \underbrace{a^2}_{2乗}$$

同じように,
$$(x-a)^2$$
という式は,
$$= (x-a)(x-a)$$
と変形できますよね。

これを「乗法公式①」にあてはめると,
$$(x-a)(x-a)$$
$$= x^2 + \{(-a)+(-a)\}x + (-a) \times (-a)$$
$$= x^2 + (-2a)x + a^2$$
$$= x^2 - 2ax + a^2$$
と展開できます。

つまり，簡単に考えると，
$-a$ を 2 倍した値が
x の係数になり，

—— 2 倍 ——

$$(x-a)^2 = x^2 - 2ax$$

このように，
$(x+a)^2$ や $(x-a)^2$
という形の乗法の場合，
次の「**乗法公式②**」を
使ったすばやい展開が
可能になるんです。

$-a$ を 2 乗した値が
後ろにつく
というわけです。

プラス

$$(x-a)^2 = x^2 - 2ax + a^2$$

—— 2 乗 ——

POINT **乗法公式②** 〜 $(x+a)^2$, $(x-a)^2$ の展開〜

※「平方の公式」ともいう。

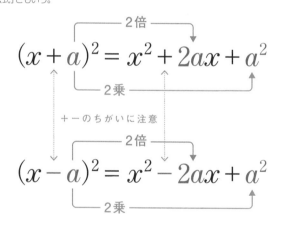

—— 2 倍 ——

$$(x+a)^2 = x^2 + 2ax + a^2$$

—— 2 乗 ——

＋ーのちがいに注意

—— 2 倍 ——

$$(x-a)^2 = x^2 - 2ax + a^2$$

—— 2 乗 ——

---

(1)を「**乗法公式②**」で展開すると，

$$(x+4)^2 = x^2 + (2 \times 4)x + 4^2$$
$$= x^2 + 8x + 16 \quad \boxed{答}$$

このように，ふつうに分配法則を
使うよりも速く展開できるんですね。

(2)も「**乗法公式②**」で展開すると，

$$(x-5)^2 = x^2 - (2 \times 5)x + (-5)^2$$
$$= x^2 - 10x + 25 \quad \boxed{答}$$

$-a$ の場合は，a の 2 倍をそのまま
ーの後ろにつける感じで OK です。

問3 (乗法公式による展開③)

次の式を展開しなさい。

(1) $(x+9)(x-9)$

(2) $(2a-3b)(2a+3b)$

(3) $(7-x)(7+x)$

これも，乗法公式を使えばいいニャ？

そうですね。1つ1つ考えていきましょう。

---

(1)の式は，

マイナス

$$\underbrace{(x+a)}_{\text{和}} \times \underbrace{(x-a)}_{\text{差}}$$

という形の，「和と差の積」ですよね。a は絶対値が**同じ値**で**異符号**であるというのがポイントです。

これを「**乗法公式①**」にあてはめると，

$(x+a)(x-a)$

$= x^2 + \{a+(-a)\}x + a\times(-a)$

$= x^2 - a^2$ ── 0（ゼロ）になるのでこの項は消える

と展開できます。

「**乗法公式②**」にある「$2ax$」の項が消え，x^2 の後ろに**負の数**の$-a^2$ がくるというわけです。

マイナス

$$(x+a)(x-a) = x^2 - a^2$$

── 積（2乗）

「多項式 × 多項式」の乗法公式，最後はこれです。覚えておくと展開が速くなりますからね！

POINT **乗法公式③** 〜$(x+a)(x-a)$ の展開〜

※「和と差の積」の公式ともいう。

和 → (消える)　　マイナス

$$(x+a)(x-a) = x^2 - a^2$$

積（2乗）

(1)を考えましょう。

$$(x+9)(x-9)$$

これは，「**和と差の積**」ですよね。

よって，「**乗法公式③**」を使って展開することができます。

$$(x+9)(x-9) = x^2 - 9^2$$
$$= x^2 - 81 \quad \text{答}$$

(2)を考えましょう。

┌── 同じ値 ──┐

$$(2a - 3b)(2a + 3b)$$

└── 同じ値 ──┘

一瞬迷いますが，よーく見ると，「**和と差の積**」ですよね。

…あれ？
$(x+a)(x-a)$
の＋と－は
左右が「逆」でも
いいニャ？

いいんです！
$(x+a)(x-a)$
でも
$(x-a)(x+a)$
でも同じです。

よって，「**乗法公式③**」を使って展開することができます。

$$(2a - 3b)(2a + 3b)$$
$$= (2a)^2 - (3b)^2$$
$$= 4a^2 - 9b^2 \quad \text{答}$$

(3)を考えましょう。

$$(7 - x)(7 + x)$$

文字と数が「逆」になっていますが，これも結局は「**和と差の積**」ですよね。

よって，「**乗法公式③**」を使って展開することができます。

$$(7 - x)(7 + x) = 7^2 - x^2$$
$$= 49 - x^2 \quad \text{答}$$

乗法公式を使うことで，「展開」のスピードは格段に上がります。
たくさん練習問題を解いて，公式を瞬時に使えるようになりましょうね。

END

4 因数分解

問1 （因数分解の方法）

次の式を因数分解しなさい。

(1) $2ax + 2ay$

(2) $12ab - 4a$

因数？　分解？

どういう意味ニャ？

1つ1つ
説明しましょう。

例えば，$2ax$ は，

$$2 \times a \times x$$

という「積の形」で
表すことが
できますよね。

このように，1つの数や式を「**積の形**」で表したときの，
その1つ1つの数や文字を「**因数**」というんです。

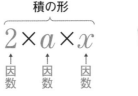

積の形

$$2 \times a \times x$$

↑因数　↑因数　↑因数

因数

飲酒？

飲むニャ〜

未成年はダメだワン…

因数 ニャ!

変な想像するニャ!

さて，(1)の多項式について，
各項を「積の形」で表してみましょう。

積の形　　積の形

$$2 \times a \times x + 2 \times a \times y$$

↑因数　↑因数　↑因数　↑因数　↑因数　↑因数

各項に共通する因数は，
2 と a ですね。

$$2 \times a \times x + 2 \times a \times y$$

↑因数　↑因数　↑**因数**　↑因数　↑因数　↑**因数**

このように，多項式の各項に共通する因数を
「**共通因数**」といいます。

$$2 \times a \times x + 2 \times a \times y$$

↑共通因数　↑共通因数　↑**因数**　↑共通因数　↑共通因数　↑**因数**

共通因数

共通因数を取り出して,

$$2ax + 2ay$$

$$2a$$

残りの因数を
かっこにまとめれば,

$$2ax + 2ay$$

$$2a\,(x+y)$$

1つの多項式が
いくつかの因数の
「積の形」になります。

$$2ax + 2ay$$

$$\|$$

$$\underbrace{2a\,(x+y)}_{積の形}$$

1つの式の「**積の形**」なので,
この $2a$ と $(x+y)$ は,
$2a\,(x+y)$ の因数なんですね。

※数や文字だけでなく,単項式や多項式も
　因数になる。

$$2ax + 2ay = \overbrace{2a}^{積の形}\underbrace{(x+y)}_{}$$
$$\underset{因数}{\underbrace{}}\quad\underset{因数}{\underbrace{}}$$

…ん？ 「展開」の
逆になってニャい？

そう！
そのとおりです！

$$2a\,(x+y) = 2ax + 2ay$$

逆

展開

因数分解

「展開」の逆の見方で, **多項式**をいくつかの**因数**の「**積の形**」に表すことを,
「因数分解」というんです。

※簡単にいうと, たし算の式をかけ算の式にすること。

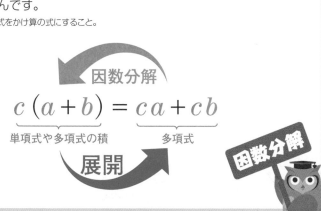

因数分解

$$c\,(a+b) = ca + cb$$

単項式や多項式の積　　　　　　多項式

展開

因数分解

ということで, (1)の式を因数分解
すると, このようになります。

(1) $2ax + 2ay = 2a(x + y)$ 答

---

(2)を考えましょう。
まず, 因数を調べます。

(2) $12ab - 4a$

⬇

$12 \times a \times b - 4 \times a$

次に, 共通因数を
取り出しましょう。

$12 \times a \times b - 4 \times a$

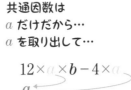

共通因数は
a だけだから…
a を取り出して…

$12 \times a \times b - 4 \times a$

a

$a(12 \times a \times b - 4 \times a)$

$= a(12b - 4)$

こうすればいいニャ?

う〜ん

おしい!

ニャんで!?

かっこの中をよく
見てください。

$= a(12b - 4)$

⬆ ⬆

よく見るワン

$= a(12b - 4)$

じゃまニャ!
見すぎニャ!!

かっこの中の 12 は,
4×3 と表すことができますよね。

$= a(12b - 4)$

4×3

↑因数 ↑因数

同様に, 4 も 4×1 と表すことが
できます。

$= a(12b - 4)$

4×3 4×1

↑因数 ↑因数 ↑因数 ↑因数

つまり，かっこ内に 4 という
共通因数が残っているんですね。

$$= a\,(12b - 4)$$

$4 \times 3 \quad 4 \times 1$

共通因数

因数分解では，原則として，
かっこの中の共通因数は
すべて取り出して，

$$= a\,(12b - 4)$$

$4 \times 3 \quad 4 \times 1$

4

かっこの外に，くくり出す※
必要があるんです。

$$= 4a\,(3b - 1)$$

4

そのほかの因数は
かっこの中に残す

※共通因数をかっこの外に取り出すことを，数学では
「くくり出す」という。

このように，因数分解では，
かっこの中に残らないように，
できる限りこまかく共通因数を
くくり出しましょう。

(2)　$12ab - 4a = 4a\,(3b - 1)$　答

---

12 は 2×6 **と**
表してもいいニャ？

そこはよく考える
必要があるんです。

12を 2×6，
4を 2×2として
表すこともできます。

$$= a\,(12b - 4)$$

$2 \times 6 \quad 2 \times 2$

この場合，共通因数は
2になります。

$$= a\,(12b - 4)$$

$2 \times 6 \quad 2 \times 2$

共通因数

ただ，2をくくり出しても，
かっこの中には，まだ共通因数が
残ってしまいますよね。

$$= 2a\,(6b - 2)$$

$2 \times 3 \quad 2 \times 1$

共通因数

ニャるほど…

因数分解では，どの数や文字を
共通因数としてくくり出すべきか，
鋭く見抜かなければなりません。
たくさん練習を重ねて，
その力を高めていきましょう。

END

公式を利用する因数分解

問 1 （公式を利用する因数分解①）

次の式を因数分解しなさい。

(1) $x^2 + 8x + 15$

(2) $x^2 - 4x - 12$

(3) $x^2 - 7x + 10$

…ふぁ？
共通因数がない項があるニャ…
因数分解できなくニャい？

そのとおり！
よく気づきましたね！

$$x^2 + 8x + 15 = \underbrace{x\,(x+8)}_{\text{「積の形」ではない}} + 15$$

各項（すべての項）に共通な因数がない場合，一部の項の共通因数をくくり出すだけでは「積の形」にならず，因数分解ができないんですね。

こんなときに使うのが，
「乗法の公式」の
左辺と右辺を逆にした
「因数分解の公式」です。

POINT 　　　　　　　　**因数分解の公式**

① $x^2 + (a + b)\,x + ab = (x + a)\,(x + b)$

② $x^2 + 2ax + a^2 = (x + a)^2$

　　$x^2 - 2ax + a^2 = (x - a)^2$

③ $x^2 - a^2 = (x + a)\,(x - a)$

…乗法の公式の左右を
「逆」にしただけニャ…!?

そう! だから「乗法の公式」
はとても大事なんですよ。

乗法公式

① $(x + a)(x + b) = x^2 + (a + b)x + ab$

② $(x + a)^2 = x^2 + 2ax + a^2$
　$(x - a)^2 = x^2 - 2ax + a^2$

③ $(x + a)(x - a) = x^2 - a^2$

4

多項式

8 公式を利用する因数分解

---

(1)を考えましょう。
x 以外の，$+8$ と $+15$
に注目してください。

(1) $x^2 + 8x + 15$
　　　⬆　　⬆

定数項である $+15$ は，
3×5 と表すことが
できますよね。

$x^2 + 8x + 15$
　　　　　　　$\wedge$
　　　　　　3×5

---

x の係数である $+8$ は，
$3 + 5$ と表すことが
できます。

$x^2 + 8x + 15$
　　　$\wedge$　　$\wedge$
　　$3 + 5$　3×5

つまり，この式は，因数分解の公式①
にあてはまるんですね。

① $x^2 + \underbrace{(a + b)}x + \underbrace{ab}$

$x^2 + 8x + 15$
　　　$\wedge$　　$\wedge$
　　$3 + 5$　3×5

したがって，このように因数分解が
できます。

$= (x + a)(x + b)$

$= (x + 3)(x + 5)$ **答**

※答えを $(x+5)(x+3)$ としてもよいが，a, b が
正の数のときは $a < b$ となるように書くのがふつう。

…でも，いわれないと
わかんなくニャいこれ？

a と b，2 数の関係に
注目してください。

$$x^2 + \triangle x + \square$$
　　　　　$\wedge$　　　$\wedge$
　　　　$a + b$　　ab

$\square$ が a, b の**積**で，$\triangle$ が a, b の**和**となる。
そういう 2 つの数 a, b の組み合わせを
見抜けるかがポイントなんですよ。

127

(2)を考えましょう。
−4と−12に注目。

(2) $x^2 - 4x - 12$

和が −4，積が−12
になる数 a, b を
考えます。

$$x^2 - 4x - 12$$
$$a+b \quad\quad ab$$

このとき，**和** $(a+b)$ の
組み合わせよりも先に，
積 (ab) の組み合わせを
考えましょう。

積が先ニャ？

積 (ab) の
組み合わせは，
このように
6 パターンに
なります。

$ab = -12$
1×-12
-1×12
2×-6
-2×6
3×-4
-3×4

※（　）は省略

和 $(a+b)$ の組み合わせ
から先に考えると，
パターンが多すぎて，
時間がかかってしまう
場合があるんですね。
だから，積から考えた
方が速いわけです。

$a+b = -4$
$1 + -5$
$-1 + -3$
$2 + -6$
$-2 + -2$
$3 + -7$
$-3 + -1$

：続く

さて，**積**の組み
合わせのうち，
和が−4になる
のは，
　　$2, -6$
だけですね。

$a+b = -4$	$ab = -12$
	1×-12
	-1×12
○	2×-6
	-2×6
	3×-4
	-3×4

したがって，次のように
因数分解できます。

$$x^2 - 4x - 12$$
$$= (x+2)(x-6) \quad 答$$

(3)に行きましょう。
和が−7，**積**が 10
になる 2 つの数は
なんでしょう？

(3) $x^2 - 7x + 10$

−2と−5の
組み合わせなら
積が 10 で**和**が−7
になるので，
次のように
因数分解できます。

$a+b = -7$	$ab = 10$
	1×10
	-1×-10
	2×5
○	-2×-5

$$= (x-2)(x-5) \quad 答$$

問2 (公式を利用する因数分解②)

次の式を因数分解しなさい。

(1) $x^2 + 8x + 16$

(2) $x^2 - 16x + 64$

これもまた「積」と「和」の組み合わせを見抜いて,公式を使うニャ?

そうですね。ちょっと(1)からやってみましょうか。

---

(1)を考えましょう。
和が 8,積が 16
になる数 a, b は,
　　　4,4
ですね。

$a+b=8$	$ab=16$
	1×16
	2×8
○	4×4

※和 $(a+b)$ と積 (ab) が共に正の数の場合,a, b 共に正の数であるため,負の数は除いて考える。

したがって,次のように因数分解できます。

(1) $x^2 + 8x + 16$

$= (x+4)(x+4)$

$= (x+4)^2$ 答

この式のように,
□が a (←何かの数)の**2乗**で,
△が a の**2倍**である場合,

$$x^2 + \underset{\underset{2a}{\uparrow}}{\triangle} x + \underset{\underset{a^2}{\uparrow}}{\square}$$

2倍

因数分解の公式②を使って,
公式①を使うよりもすばやく簡単に
因数分解することができます。

② $x^2 + 2ax + a^2 = (x+a)^2$
　 $x^2 - 2ax + a^2 = (x-a)^2$

---

(2)もまさにそういう式です。
定数項の 64 は,-8 の**2乗**で,
x の係数である -16 は -8 の
2倍であると考えられますよね。

(2) $x^2 \underset{\underset{(-8)\times 2}{\uparrow}}{-16} x + \underset{\underset{(-8)^2}{\uparrow}}{64}$

したがって,因数分解の公式②を
使って因数分解ができます。

$= (x-8)^2$ 答

（公式を利用する因数分解③）

次の式を因数分解しなさい。

(1) $x^2 - 25$

(2) $x^2 - 81$

…あれ？「$x^2 + \triangle x + \square$」の「$\triangle x$」の部分がないニャ…？

そう！
よく気づきましたね。

問3の式のように，「$\triangle x$」の項がなく，$\square$が何かの2乗である場合，

ここはマイナス

$$x^2 + \triangle x \underset{\underset{a^2}{\uparrow}}{-} \underset{}{\square}$$

ない

因数分解の公式③を使って，
簡単に因数分解する大チャンスです！

③ $x^2 - a^2 = (x+a)(x-a)$

---

(1)を考えましょう。
25に注目！

(1) $x^2 - 25$

25は5の2乗ですから，
公式③の左辺と同じ形の式ですよね。

$$x^2 - 5^2$$
$$=$$
$$③\ x^2 - a^2$$

したがって，
次のように
因数分解できます。

$$x^2 - 25$$
$$= (x+5)(x-5)\ 答$$

---

(2)も同じ形です。
81は9の2乗ですから，
公式③を使うことができます。

(2) $x^2 - 81$
$= (x+9)(x-9)$ 答

なんで81が
9の2乗だって
わかるワン？

いや…
9×9＝81
は小学校の「九九」
で覚えたニャ！

あほニャの？

130

因数分解をするときは、整数の2乗を暗記しておいた方が有利です。1〜20の2乗くらいは全部覚えておきましょう。

整数 (1〜20) の2乗			
$1 = 1^2$	$36 = 6^2$	$121 = 11^2$	$256 = 16^2$
$4 = 2^2$	$49 = 7^2$	$144 = 12^2$	$289 = 17^2$
$9 = 3^2$	$64 = 8^2$	$169 = 13^2$	$324 = 18^2$
$16 = 4^2$	$81 = 9^2$	$196 = 14^2$	$361 = 19^2$
$25 = 5^2$	$100 = 10^2$	$225 = 15^2$	$400 = 20^2$

さあ、これで因数分解の基本はマスターしました。
「因数分解しなさい」という問題が出たら、基本的には、下の図のように考えながら解いていってください。

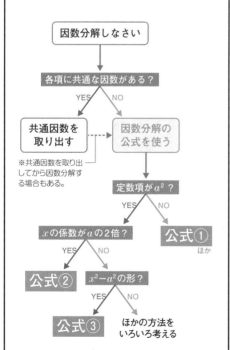

因数分解しなさい

↓

各項に共通な因数がある？

YES / NO

共通因数を取り出す

※共通因数を取り出してから因数分解する場合もある。

因数分解の公式を使う

↓

定数項が a^2 ？

YES / NO

xの係数がaの2倍？

公式① ほか

YES / NO

公式②　$x^2 - a^2$の形？

YES / NO

公式③　ほかの方法をいろいろ考える

ニャるほど…！こうやって整理するとわかりやすいニャ…！

因数分解の公式を使うときに、定数項の2乗を考えるワン？

そう。因数分解の公式を使うときは、定数項が何かの数の2乗かどうかを見極めるところから始まります。

ただ、これはあくまでも「基本」で、「必ずこのとおりに解ける」というわけでもありません。
共通因数を取り出してから、さらに因数分解の公式を使うなど、様々な応用パターンがあります。
いろいろな問題を練習しましょう！

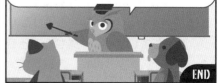

END

パスカルの三角形とフィボナッチ数列

$(x + 1)^0 = 1$ *
$(x + 1)^1 = 1x + 1$
$(x + 1)^2 = 1x^2 + 2x + 1$

$(x + 1)^3 = (x + 1)(x + 1)^2$
$= (x + 1)(x^2 + 2x + 1)$
$= x^3 + 2x^2 + x + x^2 + 2x + 1$
$= 1x^3 + 3x^2 + 3x + 1$

このようにして求めた $(x + 1)^n$ の展開式の係数を並べてみると，下図のように両端が 1 でその他の数は左上と右上の和になっています。これを「パスカルの三角形」といいます。

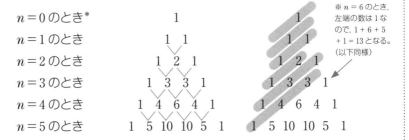

$n = 0$ のとき*　1

$n = 1$ のとき　1　1

$n = 2$ のとき　1　2　1

$n = 3$ のとき　1　3　3　1

$n = 4$ のとき　1　4　6　4　1

$n = 5$ のとき　1　5　10　10　5　1

※ $n = 6$ のとき，左端の数は 1 なので，1 + 6 + 5 + 1 = 13 となる。（以下同様）

また，パスカルの三角形に斜めに線をとり，その線上の数の和を並べると，1，1，2，3，5，8，13，21，34，55，89，…という数列（数の並び）が現れます。これはとなり合った 2 項の和が次の項の数になる数列で，これを「フィボナッチ数列」といいます。

数学者フィボナッチはウサギが増える様子を見てこの数列を見つけたそうですが，このフィボナッチ数列は自然界に数多く見られる数列です。「樹木の枝分かれ」，人体の「気管支の枝分かれ」，また，「花びらの数」は 1，2，3，5，8，13，21，34 枚が多く，「ひまわりの種」は時計回りに 34 回，反時計回りに 55 回らせん状に並んでいたりします。ほかにも，フィボナッチ数列は株や為替の取引でも活用されています。投資家たちはフィボナッチ数列から導かれるフィボナッチ比率という数式の考え方をベースにつくられた「フィボナッチ・リトレイスメント」，「フィボナッチ・タイムゾーン」などのテクニカル指標を用いて株や為替の売買をしています。意外なところで取り入れられているんですね。

*高校で学びますが，とりあえず今は「0 乗は常に 1」と覚えてください。例：$5^0 = 1$, $x^0 = 1$, $(x + 1)^0 = 1$　　　（文：沖田一希）

中3

Chapter 5

平方根

この単元の位置づけ

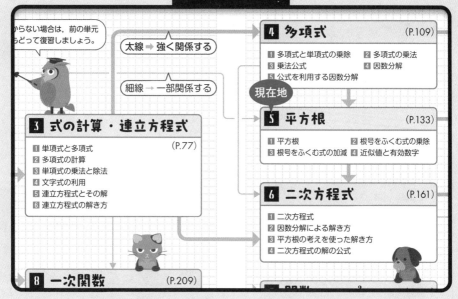

からない場合は，前の単元
らどって復習しましょう。

太線 ➡ 強く関係する

細線 ➡ 一部関係する

4 多項式 (P.109)

1 多項式と単項式の乗除　2 多項式の乗法
3 乗法公式　4 因数分解
5 公式を利用する因数分解

現在地

5 平方根 (P.133)

1 平方根　2 根号をふくむ式の乗除
3 根号をふくむ式の加減　4 近似値と有効数字

6 二次方程式 (P.161)

1 二次方程式
2 因数分解による解き方
3 平方根の考えを使った解き方
4 二次方程式の解の公式

3 式の計算・連立方程式

1 単項式と多項式　(P.77)
2 多項式の計算
3 単項式の乗法と除法
4 文字式の利用
5 連立方程式とその解
6 連立方程式の解き方

8 一次関数 (P.209)

中学数学から「負の数」を扱うようになりまし
たが，中3からはさらに扱う数の範囲を広げて，
「2乗するとaになる数（＝aの平方根）」という
新しい数の概念を学びます。

4cm²の正方形の一辺の長さは2cmですが，
3cm²の正方形の一辺の長さはいくつでしょう。
答えは，「2乗して3になる数」なので，$\sqrt{}$（ルー
ト）という記号を使って$\sqrt{3}$cmと表します。

Ⅰ 平方根

問1 （平方根①）

次の数の平方根をいいなさい。

(1) 25　　(2) $\dfrac{16}{49}$

例えば,
x という
1つの数が
あったとします。

x ← 何かの数

x を2乗すると,
a という数
になるとします。

$x^2 = a$

> **POINT**
>
> このとき, x は a の**平方根**である
> というんです。
>
> ※「2乗すると a になる数」を「a の**平方根**」という。
>
> ┌ この2は平方根にはふくまれない
>
> $$x^2 = a$$
>
> a の平方根

前回,「整数の2乗」を
覚えましたよね。

1の2乗は1,
2の2乗は4,
3の2乗は9です。

整数 (1〜20) の2乗			
$1 = 1^2$	$36 = 6^2$	$121 = 11^2$	$256 = 16^2$
$4 = 2^2$	$49 = 7^2$	$144 = 12^2$	$289 = 17^2$
$9 = 3^2$	$64 = 8^2$	$169 = 13^2$	$324 = 18^2$
$16 = 4^2$	$81 = 9^2$	$196 = 14^2$	$361 = 19^2$
$25 = 5^2$	$100 = 10^2$	$225 = 15^2$	$400 = 20^2$

ですから,
1は1の平方根である。
2は4の平方根である。
3は9の平方根である。
といえるわけです。

$$1^2 = 1 \qquad 2^2 = 4 \qquad 3^2 = 9$$

1 の平方根 4 の平方根 9 の平方根

$$5^2 = 25$$

25 の平方根

だったら, (1)は簡単ニャ!
5 を 2 乗すると 25 になるから…
25 の平方根は 5 だニャ!

おしい!

え?
ちがうニャ?

5 だけでなく,
−5 も, 2 乗すると
25 になりますよね。

$$(-5)^2 = 25$$

※「$-5^2 = -25$」とまちがえない
よう, 負の数には必ず ( ) をつ
けること。

したがって,
25 の平方根は,

5 と −5 答

の 2 つになります。
2 つ合わせて

±5 答

平方根は
正の数と負の数,
2 つある
ということニャ?

そのとおり!
平方根は,
必ず＋と−の
2 つあるんです。

絶対値が同じ
正負の数です

ただし, 0 だけは例外です。
2 乗して 0 になる数は 0 だけ
なので, **0 の平方根は 0 だけ**です。

$$0^2 = 0$$

0 の平方根

※なお, 0 以外の数は 2 乗するとすべて正の数になる
ため, 負の数に平方根はない。

---

(2)を考えましょう。
2 乗して $\dfrac{16}{49}$ になる
数はなんでしょうか。

$$x^2 = \frac{16}{49}$$

$$\left(\frac{\bigcirc}{\square} \right)^2 = \frac{16}{49}$$

4 × 4

7 × 7

負の数の場合もあるから,

答えは, $\pm\dfrac{4}{7}$ 答

そのとおり正解!

問2 （平方根②）

根号を使って，次の数の平方根を
表しなさい。

(1) 2   (2) 1.5   (3) $\dfrac{3}{11}$

ふぁ！？
根号？
ニャにそれ？

こんごうりきし
金剛力士
の仲間だワン！

いや，ちがいます！

正の数だけで考えると，
1 の平方根は 1，
4 の平方根は 2 ですから，

$\boxed{\text{1 の平方根}}$ $\boxed{\text{4 の平方根}}$

0 — 1 — 2 — 3

---

2 の平方根は，その間，
1 より大きく，2 より小さい範囲に
あるはずですよね。

$\boxed{\text{1 の平方根}}$ $\boxed{\text{4 の平方根}}$

0 — 1 — 2 — 3

$\boxed{\text{2 の平方根がある範囲}}$

ということで，ちょっと電卓を使って，
1.1^2 から 1.5^2 を計算してみましょう。

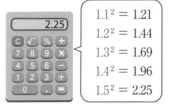

2.25

$1.1^2 = 1.21$
$1.2^2 = 1.44$
$1.3^2 = 1.69$
$1.4^2 = 1.96$
$1.5^2 = 2.25$

…あ！ 1.4^2 と 1.5^2 が
2 に近くニャい？

ですね。では，小数点第二位
まで計算してみましょう。

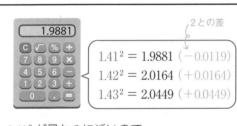

1.9881

2との差

$1.41^2 = 1.9881$ （-0.0119）
$1.42^2 = 2.0164$ （$+0.0164$）
$1.43^2 = 2.0449$ （$+0.0449$）

1.41^2 が最も 2 に近いので，
2 の平方根はおよそ 1.41 となります。

数直線で表すと，およそ
このような位置になります。

$\boxed{\text{1 の平方根}}$ $\boxed{\text{4 の平方根}}$

0 — 1 — 2 — 3

$\boxed{\text{2 の平方根}}$

なんで「およそ」ニャ？
そんなテキトーでいいニャ？

小数では正確に表すこと
ができないからです。

実は，2 の平方根（＝2 乗すると 2 になる数）を
正確に小数で表そうとすると，

$$\pm 1.41421356\cdots$$

と，**無限に続く小数**になってしまうんですね。
平方根には，こういう数が多いんです。

そこで，a の**平方根**（＝2 乗すると a になる数）は，
$\sqrt{}$ という記号を用いてシンプルに表すことにしました。
この記号を，根号というんです。
$\sqrt{a}$ と書いて「ルート a」と読みますよ。

POINT

赤い部分が
「根号」

根号

$$a \text{ の平方根} = \pm \sqrt{a}$$

※平方根は正と負の両方がある

これをふまえて，
(1)を考えましょう。
2 の平方根を「根号」
を使って表すと…？

$$(\ ? \ )^2 = 2$$

2 の平方根

かんたんだワン！
答 $\sqrt{2}$ だワン？

おしい！

え？
ちがうニョ？

平方根は，正と負の
両方があるので，

$$\pm\sqrt{2} \quad \text{答}$$

が正解になります。

そうだったニャ…

±ルート2？
なんで±が出てくるワン？

±じゃなくて ± だニャ！
うめられたいニャ？

(2)・(3)のように，**小数**や**分数**の平方
根でも，根号を使ってシンプルに
表すことができます。便利ですね。

$$(2) \ \pm\sqrt{1.5} \quad \text{答}$$

$$(3) \ \pm\sqrt{\dfrac{3}{11}} \quad \text{答}$$

(平方根③)

次の数を，根号を使わずに表しなさい。

(1) $\sqrt{9}$　　　　(2) $-\sqrt{64}$

ナゾは解けたワン！

カンタンだワン

すごい！
もうわかりましたか？

こうすればいいワン！

$\sqrt{9}$

おまえの頭が「ナゾ」ニャ！

(1)を考えましょう。
$\sqrt{9}$ は，9 の平方根（＝2 乗して 9 になる数）
の正の方ですね。

$$9 \text{ の平方根} = \sqrt{9} \text{ と } -\sqrt{9}$$

$9 = 3^2$，$9 = (-3)^2$
ですから，

$$9 \text{ の平方根} = \underset{\substack{\| \\ 3}}{\sqrt{9}} \text{ と } \underset{\substack{\| \\ -3}}{-\sqrt{9}}$$

と考えられます。

したがって，答えは
$$\sqrt{9} = \sqrt{3^2} = 3 \quad \boxed{答}$$
となります。

※根号の中の数は常に正の数でなければなら
ないので，$\sqrt{9} = \sqrt{(\pm 3)^2} = \sqrt{3^2} = 3$ となる。

(2)も同様に考えます。
$-\sqrt{64}$ は，64 の平方根の**負の方**ということです。
$64 = 8^2$，$64 = (-8)^2$
ですから，

$$64 \text{ の平方根} = \underset{\substack{\| \\ 8}}{\sqrt{64}} \text{ と } \underset{\substack{\| \\ -8}}{-\sqrt{64}}$$

答えは，
$$-\sqrt{64} = -8 \quad \boxed{答}$$
となります。

問4 (平方根④)

次の数を，根号を使わずに
表しなさい。

(1) $(\sqrt{11})^2$ (2) $(-\sqrt{5})^2$

ん？ 11と5……
根号の中の数が
「整数の 2 乗」
ではないニャ…

平方根がかっこで
くくられて 2 乗
されている場合，
次のように
考えましょう。

例えば，
a が正の整数のとき，
a の平方根はなんですか？

$\sqrt{a}$ と $-\sqrt{a}$ にゃ？

そう。つまり，次の式が成り立ちます。 法則

$$(\sqrt{a})^2 = a$$

$$(-\sqrt{a})^2 = a$$

 $\sqrt{a}$ $-\sqrt{a}$ 2乗 → a ← 平方根

この法則にあてはめて考えると，
答えが出せます。

(1) $(\sqrt{11})^2 = 11$ 答

(2) $(-\sqrt{5})^2 = 5$ 答

(2)は少しわかりづらいかもしれませ
んが，「5 の平方根 (の負の方)」を
2 乗するわけですから，当然，
答えは 5 になるわけです。

5 の平方根 $= \sqrt{5}$ と $-\sqrt{5}$

これを 2 乗

問5 (平方根の大小)

次の各組の数の大小を，不等号を使って
表しなさい。

(1) $\sqrt{17}$, $\sqrt{19}$ (2) $-\sqrt{13}$, -4

平方根の数の大小を
考えるときは，
次のことをおさえて
おきましょう。

平方根の大小

a, b が正の数で，$a < b$ ならば，$\sqrt{a} < \sqrt{b}$

※ただし，平方根が負の数の場合，$-\sqrt{a} > -\sqrt{b}$

逆になる

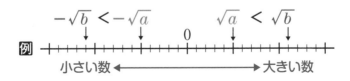

例

小さい数 ←————→ 大きい数

---

(1)を考えましょう。
根号の中の数の大小
を比べて考えます。

$\sqrt{17}$ がこの位置だと
すると，
※目盛りは適当です。

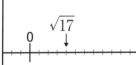

---

19 は 17 よりも大きい
ので，$\sqrt{19}$ は $\sqrt{17}$ の
右側に位置します。

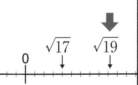

したがって，
不等号を使って表すと，

$\sqrt{17} < \sqrt{19}$ 答

となります。

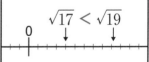

---

(2)を考えましょう。
平方根が負の数の場合
ですね。

$-\sqrt{13}$ が仮に
この位置だとすると，

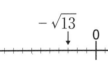

$-4 = -\sqrt{16}$
であり，16 は 13 より
大きいので，
-4 は $-\sqrt{13}$ の
左側に位置します。

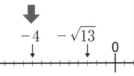

したがって，
不等号を使って表すと，

$-4 < -\sqrt{13}$ 答

となります。

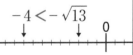

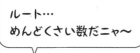

ルート…
めんどくさい数だニャ～

$\sqrt{2}$ や $\sqrt{3}$ などは,
今まで学んできた数
とは異なる,新しい
数ですからね。

数学では,ある範囲の
数の集まりのことを
「集合」といいます。

正の整数,
つまり $+1$, $+2$, $+3$, $\cdots$
などの数の集まりを
「自然数(の集合)」
といいます。

┌─ 自然数(の集合) ─┐
│ $+1$, $+2$, $+3\cdots$ │
└─────────────┘

自然数(正の整数)に負の整数
と 0 をふくめた数の集まりを
「整数(の集合)」といいます。

┌─ 整数(の集合) ────────┐
│ $\cdots-3$, -2, -1, 0 │
│ ┌─ 自然数(の集合) ─┐ │
│ │ $+1$, $+2$, $+3\cdots$ │ │
│ └─────────────┘ │
└───────────────────┘

これに,正負の**小数**や**分数**までふくめると,
数全体の集合になります。

(数全体)

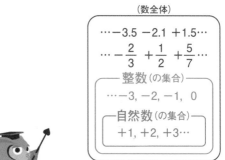

┌──────────────────────────┐
│ $\cdots-3.5$ -2.1 $+1.5\cdots$ │
│ $\cdots-\dfrac{2}{3}$ $+\dfrac{1}{2}$ $+\dfrac{5}{7}\cdots$ │
│ ┌─ 整数(の集合) ────────┐ │
│ │ $\cdots-3$, -2, -1, 0 │ │
│ │ ┌─ 自然数(の集合) ─┐ │ │
│ │ │ $+1$, $+2$, $+3\cdots$ │ │ │
│ │ └─────────────┘ │ │
│ └───────────────────┘ │
└──────────────────────────┘

これらの数全体に共通するのは,

$$\dfrac{m}{n}$$

m ← 整数
n ← 0 でない整数

という「**分数の形**」で
表すことができる点です。

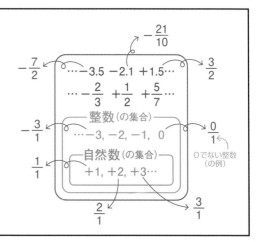

$-\dfrac{21}{10}$

$-\dfrac{7}{2}$

$\dfrac{3}{2}$

┌──────────────────────────┐
│ $\cdots-3.5$ -2.1 $+1.5\cdots$ │
│ $\cdots-\dfrac{2}{3}$ $+\dfrac{1}{2}$ $+\dfrac{5}{7}\cdots$ │
│ ┌─ 整数(の集合) ────────┐ │
│ │ $\cdots-3$, -2, -1, 0 │ │
│ │ ┌─ 自然数(の集合) ─┐ │ │
│ │ │ $+1$, $+2$, $+3\cdots$ │ │ │
│ │ └─────────────┘ │ │
│ └───────────────────┘ │
└──────────────────────────┘

$-\dfrac{3}{1}$

$\dfrac{0}{1}$
↑
0 でない整数
(の例)

$\dfrac{1}{1}$

$\dfrac{2}{1}$

$\dfrac{3}{1}$

このような
分数の形に表される
数全体のことを,
「有理数（ゆうりすう）」という
んです。

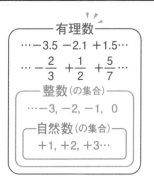

┌─ 有理数 ─┐
···−3.5 −2.1 +1.5···

···$-\dfrac{2}{3}$ $+\dfrac{1}{2}$ $+\dfrac{5}{7}$···

┌─ 整数 (の集合) ─┐
···−3, −2, −1, 0

┌─ 自然数 (の集合) ─┐
+1, +2, +3···

ユリ数？

← ユリ

「ユウリ数」だニャ！

なんで急に花の話になるニャ！？

一方，今回学んだ $\sqrt{2}$, $\sqrt{3}$, $\sqrt{5}$, $\sqrt{6}$, $\sqrt{7}$ などの平方根※は，
小数で表すと不規則な数字が無限に続き，分数に表すことができません。

〈平方根のゴロ合わせ〉

$\sqrt{2} = 1.41421356.....$ （ひと よ ひと よ に ひと み ごろ）（一夜一夜に 人見頃）

$\sqrt{3} = 1.7320508.....$ （ひと なみ に おごれ や）（人並みに おごれや）

$\sqrt{5} = 2.2360679.....$ （ふ じ さんろく おう む なく）（富士山麓 オウム鳴く）

$\sqrt{6} = 2.4494897.....$ （に よ よく よわ くな）（煮よ よく 弱くな）

$\sqrt{7} = 2.6457513.....$ （つ むじ こ な こい さ）（つむじ 粉 濃いさ）

※ $\sqrt{4}=\sqrt{2^2}$ や $\sqrt{9}=\sqrt{3^2}$ のように，根号の中の数が自然数の2乗である平方根は除く。

「人並みにおごれや」？
ゴロ合わせが
ガう悪いニャ…！

教科書にも書いてある
「定番」のゴロ合わせ
なんですよ…

これらの平方根と同じように，
円周率を表す「π」も，
小数で表すと不規則な数字が無限に続き，
分数に表すことができませんよね。

$\pi = 3.1415926535897.....$

（約3.14）

（さん い し い こく に むこう。 さんご は くな）
（産医師異国に向こう。産後吐くな）

このような，有理数では
ない数（＝**小数で表すと
不規則な数字が無限に続き，
分数に表せない数**）を
「無理数」というんです。

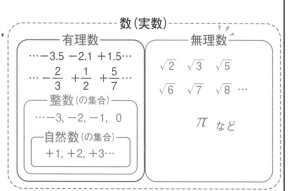

数（実数）

―― 有理数 ――
…−3.5 −2.1 ＋1.5…

…$-\dfrac{2}{3}$ $+\dfrac{1}{2}$ $+\dfrac{5}{7}$…

―― 整数（の集合）――
…−3, −2, −1, 0

―― 自然数（の集合）――
＋1, ＋2, ＋3…

―― 無理数 ――
$\sqrt{2}$ $\sqrt{3}$ $\sqrt{5}$
$\sqrt{6}$ $\sqrt{7}$ $\sqrt{8}$ …

π など

…覚えるの無理だから
「無理数」というワン？

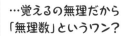

無理ッス？

「**理**（不変の法則，摂理）
が**無い数**」といった
意味でしょうね。

いくつか説があるようですが

有理数と無理数を合わせた数（＝「実数」ともいう）
は，数直線上の数を「**すべて**」表すことができるん
です。

例

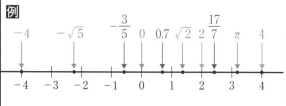

−4　　−$\sqrt{5}$　　$-\dfrac{3}{5}$　0　0.7　$\sqrt{2}$　2　$\dfrac{17}{7}$　　π　　4

−4　−3　−2　−1　0　1　2　3　4

ちなみに，電卓のキーを **2** → **√**
の順に押すと，$\sqrt{2}$ の値が求められ
ます。覚えておきましょう。

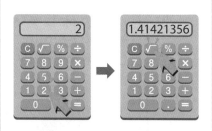

はい，今回は平方根や無理数という
新しい数を学びましたね。
これらの数の定義や概念をしっかり
おさえてから，次に進みましょう。

END

143

2 根号をふくむ式の乗除

問1 （根号をふくむ式の乗除①）

次の計算をしなさい。

(1) $\sqrt{7} \times \sqrt{3}$

(2) $\sqrt{2} \times \sqrt{18}$

(3) $\dfrac{\sqrt{15}}{\sqrt{3}}$

(4) $\sqrt{98} \div \sqrt{2}$

平方根の乗除では，
**ルート（$\sqrt{}$）の中
どうしで計算する**
ことができます。
まずはこの式を
覚えましょう。

POINT **平方根の積と商**

a, b を正の数とするとき，

① $$\sqrt{a} \times \sqrt{b} = \sqrt{ab}$$

② $$\frac{\sqrt{a}}{\sqrt{b}} = \sqrt{\frac{a}{b}}$$

★ルートの中どうしで計算する！

この式をふまえて，
(1)を計算しましょう。

(1) $\sqrt{7} \times \sqrt{3}$

$= \sqrt{7 \times 3}$

$= \sqrt{21}$ **答**

(2)も同様に，ルートの
中どうしでかけます。

(2) $\sqrt{2} \times \sqrt{18}$

$= \sqrt{2 \times 18}$

$= \sqrt{36}$

$= \sqrt{6^2}$

$= 6$ **答**

$\sqrt{36} = 6$ のように，
根号を使わずに表せる
数は，根号を使わずに
表しましょう。
平方根の計算では，
**ルートの中に「2乗」を
残さないように**
しなければいけません。

(3)を考えましょう。
ルートの中どうしで
除法をすれば
いいんですね。

(3) $\dfrac{\sqrt{15}}{\sqrt{3}} = \sqrt{\dfrac{15}{3}}$

   $= \sqrt{5}$ 答

(4)は,「分数の形」に
してから計算します。

(4) $\sqrt{98} \div \sqrt{2}$

$= \dfrac{\sqrt{98}}{\sqrt{2}}$

$= \sqrt{\dfrac{98}{2}}$

$= \sqrt{49}$

$= 7$ 答

根号の中に「2乗」を
残さないよう,
常に注意しましょう。

$2^2 = 4$
$3^2 = 9$
$4^2 = 16$
$5^2 = 25$
$6^2 = 36$
$7^2 = 49$
$8^2 = 64$
$9^2 = 81$

| 問2 | (根号のついた数の変形①) |

次の数を $\sqrt{a}$ の形に表しなさい。

(1) $2\sqrt{6}$

(2) $\dfrac{\sqrt{45}}{3}$

ルートの中の数が何かの **2乗**である
場合は,**ルートの外に出すことが
できる**んです。
まずはこの公式を覚えましょう。

2乗になったら,外に
「脱出」できるニャ…?

POINT

根号のついた数の変形

$a,\ b$ を正の数とするとき,

① $\sqrt{a^2} = a$ ② $\sqrt{a^2 b} = a\sqrt{b}$

2乗してルートの
中に入れられる！

×が省略されている
$a\sqrt{b} = a \times \sqrt{b}$

③ $\sqrt{\dfrac{a}{b^2}} = \dfrac{\sqrt{a}}{b}$

$\dfrac{\sqrt{a}}{b} = \sqrt{a} \times \dfrac{1}{b}$

ルートの中に
閉じ込められていても

見張り番 ⤷

2乗のチケットを使えば

2乗です

ルートの外に脱出できる

にげた！

出てよし 2

ルートの中の
数はこんな
イメージニャ！

脱出するとき
2乗のチケットを
わたすワン？

ワイロ
みたいだワン

…まあ，自分なりにイメージして
しっかり理解できればいいですよ。

(1)を考えましょう。
$2\sqrt{6}$ のような積は，
2 を 2 乗して $\sqrt{}$ の中に入れ，
$\sqrt{a}$ の形に変形することが
できます。

$$2\sqrt{6}$$
$$= \sqrt{2^2 \times 6}$$
$$= \sqrt{24} \text{ 答}$$

❗ $\sqrt{a^2 b} = a\sqrt{b}$

(2)は，次のように
考えましょう。

$$\frac{\sqrt{45}}{3} = \sqrt{45 \times \frac{1}{3}}$$
$$= \sqrt{45 \times \left(\frac{1}{3}\right)^2}$$
$$= \sqrt{\frac{45}{9}}$$
$$= \sqrt{5} \text{ 答}$$

別解

$\dfrac{\sqrt{a}}{b} = \sqrt{\dfrac{a}{b^2}}$ より，

$$\frac{\sqrt{45}}{3} = \sqrt{\frac{45}{3^2}}$$
$$= \sqrt{\frac{45}{9}}$$
$$= \sqrt{5} \text{ 答}$$

ルートの中の数は，
「2乗」になれば，
ルートの外に
出すことができる。
これをおさえて，
次に行きましょう。

$$\sqrt{a^2 b} = a\sqrt{b}$$

問3 （根号のついた数の変形②）

次の数を $a\sqrt{b}$ の形に表しなさい。

(1) $\sqrt{20}$ 　　(2) $\sqrt{450}$

(1)を考えましょう。
まず，20 を $\sqrt{a^2 b}$ の形にします。
素因数分解を使うなどして，
a と b はできるだけ小さい
自然数になるようにしましょう。

$$20 = \sqrt{2\times2\times5} = \sqrt{2^2\times5}$$

MEMO ✎ 素因数分解（そいんすうぶんかい）

自然数を**素因数**だけの積に分解すること。

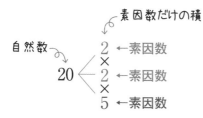

素因数だけの積

自然数 ⤷

$$20 \left< \begin{array}{l} 2 ←素因数 \\ × \\ 2 ←素因数 \\ × \\ 5 ←素因数 \end{array} \right.$$

※自然数が「いくつかの自然数の積」で表されるとき，その1つ1つの数を，もとの自然数の**因数**という。また，**素数**である因数を**素因数**という。

2乗になった数は
ルートの外に出すことが
できるので，

$$\sqrt{2^2\times5}$$

$$= 2\sqrt{5} \;\text{答}$$

(2)も同様です。
まず，すだれ算を使って
素因数分解をしましょう。

$$\begin{array}{r|r} 2 & 450 \\ \hline 3 & 225 \\ \hline 3 & 75 \\ \hline 5 & 25 \\ \hline & 5 \end{array}$$

平方根の計算では，ルートの中は
できるだけ小さい自然数にして
答えましょう。

$$\sqrt{450} = \sqrt{2\times3^2\times5^2}$$

$$= 3\times5\times\sqrt{2}$$

$$= 15\sqrt{2} \;\text{答}$$

問4 （根号をふくむ式の乗除②）

次の計算をしなさい。

(1) $\sqrt{50} \times \sqrt{27}$　　　(2) $\sqrt{2} \div \sqrt{5}$

さあ，ここからは，どんどん問題を解きながら平方根の計算に慣れていきましょう。

---

(1)を考えましょう。

平方根の計算では，計算を簡単にするため，最初に**ルートの中の数をできるだけ小さくする**ことが重要です。

$$\sqrt{50} = \sqrt{5 \times 5 \times 2} = 5\sqrt{2}$$

$$\sqrt{27} = \sqrt{3 \times 3 \times 3} = 3\sqrt{3}$$

ルートの**外**の数どうし，ルートの**中**の数どうしを計算します。

$$5\sqrt{2} \times 3\sqrt{3}$$

$$= 5 \times 3 \times \sqrt{2} \times \sqrt{3}$$

$$= 15\sqrt{6}　答$$

---

(2)は除法ですね。除法は（逆数の乗法になおして）**分数の形**にします。

(2) $\sqrt{2} \div \sqrt{5}$

※ルートの中は素数なので，素因数分解はしない（できない）。

$$= \sqrt{2} \times \frac{1}{\sqrt{5}}$$

$$= \frac{\sqrt{2}}{\sqrt{5}} \leftarrow 分数の形$$

ここで注意。平方根の計算では，基本的に，**分母**に $\sqrt{}$ をふくんだ形は「**答え**」として**最適ではない**んです。

※まちがいではないが，適切な答えとみなされない場合がある。

$$\frac{\sqrt{2}}{\sqrt{5}} = \sqrt{\frac{2}{5}}$$

どちらも最適ではない

ニャんで？

理由はいろいろありますが，例えば，$\frac{\sqrt{2}}{\sqrt{5}}$ を「筆算」で考えてみてください。

$$\sqrt{2} = 1.41421356\cdots$$

$$\sqrt{5} = 2.2360679\cdots$$

と無限に続く数なので，**筆算では計算ができません**し，数の大きさもわかりづらいですよね。

$$2.2360679\cdots \overline{)1.41421356\cdots}$$

148

したがって，
分母に $\sqrt{}$ をふくむ数は，
分母に $\sqrt{}$ をふくまない数
に変形した方が，
答えとしては適切なんです。

ということで，**分母と分子に同じ数**
（分母と同じ $\sqrt{}$ ）をかけて，
分母に $\sqrt{}$ をふくまない数に変形しましょう。

$$\frac{\sqrt{2}}{\sqrt{5}} = \frac{\sqrt{2}\times\sqrt{5}}{\sqrt{5}\times\sqrt{5}} = \frac{\sqrt{10}}{5}\ \boxed{答}$$

2乗にすれば根号が消える

※分母と分子には，同じ数をかけたりわったりしてよい。

このように，
分母に $\sqrt{}$ がない形に変形すること
を「（分母の）有理化」といいます。

ユーカリ？

「ユーリカ」ニャ!

根号をふくむ式の
除法の手順

① ルートの中をできる
だけ小さい自然数に
する（素因数分解）。

②「分数の形」にする。

③ 約分・有理化をして
答える。

ルートをふくむ式の乗除は，
★ルートの中どうしで計算する!
★2 乗の数はルートの外に出せる!
という原則をおさえつつ，いろいろ工夫
をしながら解いていきましょうね。

$$\sqrt{a}\times\sqrt{b}=\sqrt{ab} \qquad \sqrt{a^2}=a$$

$$\frac{\sqrt{a}}{\sqrt{b}}=\sqrt{\frac{a}{b}} \qquad \sqrt{a^2 b}=a\sqrt{b}$$

$$\sqrt{\frac{a}{b^2}}=\frac{\sqrt{a}}{b}$$

END

3 根号をふくむ式の加減

問1 (根号をふくむ式の加減①)

次の計算をしなさい。

(1) $\sqrt{3} + 4\sqrt{3}$

(2) $3\sqrt{2} - 5\sqrt{2}$

わかったワン!

もう
わかりましたか?

出た…

全くわかってないときの
セリフだニャ…

ルートのかけ算と同じように

$$\sqrt{a} + \sqrt{b} = \sqrt{a+b}$$

と計算するワン…

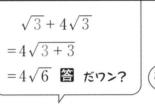

$$\sqrt{3} + 4\sqrt{3}$$

$$= 4\sqrt{3+3}$$

$$= 4\sqrt{6}$$ 答 だワン?

残念!

やっぱり…
かませ犬ニャの?

ルートの乗除とちがい,
ルートの加減では,
ルートの中の数どうし
で計算できません。

$$\sqrt{a} + \sqrt{b} = \sqrt{a+b}$$

例えば,

$$\sqrt{2} = 1.414$$

$$\sqrt{3} = 1.732$$

が近似値ですから,

※近似値…真の値が算出できない
ときに,その代わりとして使用さ
れる「真の値に近い数値」のこと。
(☞P.154)

$$\sqrt{2} + \sqrt{3}$$

$$= 1.414 + 1.732$$

$$= 3.146 \text{(近似値)}$$

となりますよね。
この数値はまちがい
ありません。

一方,

$$\sqrt{2} + \sqrt{3} = \sqrt{2+3} = \sqrt{5}$$

と考えてしまうと,

$$\sqrt{5} = 2.236 \text{(近似値)}$$

ですから,計算が合いません。

つまり,

3.146   2.236

$$\sqrt{2} + \sqrt{3} \neq \sqrt{2+3}$$

イコールではない

ということがわかります。

思い出してください。
平方根は，π と同じ**無理数**です。
平方根のそれぞれが，
何か1つの数を表しています。
つまり，π や x などと同じ，
「**1つの文字**」だと
考えていいんです。

┌─ 有理数 ─────────────┐
│ $\cdots -3.5$ -2.1 $+1.5\cdots$ │
│ $\cdots -\dfrac{2}{3}$ $+\dfrac{1}{2}$ $+\dfrac{5}{7}$ │
│ ┌─ 整数（の集合）─────┐ │
│ │ $\cdots -3, -2, -1, \ 0$ │ │
│ │ ┌─ 自然数（の集合）─┐ │ │
│ │ │ $+1, +2, +3\cdots$ │ │ │
│ │ └──────────┘ │ │
│ └─────────────┘ │
└─────────────────┘

┌─ 無理数 ──────┐
│ $\sqrt{2}$ $\sqrt{3}$ $\sqrt{5}$ │
│ $\sqrt{6}$ $\sqrt{7}$ $\sqrt{8}$ $\cdots$ │
│ π など │
└───────────┘

π や x などの文字式の計算では，
同類項をまとめました。

※同類項…文字（π や x など）の部分が全く同じ項。

$$\pi + 4\pi = (1+4)\pi = 5\pi$$

$$3x - 5x = (3-5)x = -2x$$

それと同じように，
根号をふくむ式の加法・減法では，
同類項をまとめればいいんです。

---

(1)を計算しましょう。
同類項をまとめます。

(1) $\sqrt{3} + 4\sqrt{3}$

$= (1+4)\sqrt{3}$

$= 5\sqrt{3}$ 答

(2)も同じように，
同類項をまとめます。

(2) $3\sqrt{2} - 5\sqrt{2}$

$= (3-5)\sqrt{2}$

$= -2\sqrt{2}$ 答

$4\sqrt{6}$ 答 と $5\sqrt{3}$ 答
ちょっとちがったワン…

おまえはもう「わかった」
っていうのやめるニャ！

問2 （根号をふくむ式の加減②）

次の計算をしなさい。

(1) $8\sqrt{7} - 4\sqrt{5} - 3\sqrt{7}$

(2) $9\sqrt{6} + 5\sqrt{10} - 2\sqrt{6} - 7\sqrt{10}$

これもまず，
ルートの中の
数字が同じ
「**同類項**」を
まとめましょう。

⑴を計算しましょう。
同類項をまとめます。

(1) $8\sqrt{7}-4\sqrt{5}-3\sqrt{7}$

$=8\sqrt{7}-3\sqrt{7}-4\sqrt{5}$

$=(8-3)\sqrt{7}-4\sqrt{5}$

$=5\sqrt{7}-4\sqrt{5}$ 答

⑵を計算しましょう。

(2) $9\sqrt{6}+5\sqrt{10}-2\sqrt{6}-7\sqrt{10}$

$=9\sqrt{6}-2\sqrt{6}+5\sqrt{10}-7\sqrt{10}$

$=(9-2)\sqrt{6}+(5-7)\sqrt{10}$

$=7\sqrt{6}-2\sqrt{10}$ 答

…これが答えニャ？
計算の途中じゃないニョ？

$5\sqrt{7}-4\sqrt{5}$ も，
$7\sqrt{6}-2\sqrt{10}$ も，
これ以上簡単にできない
（＝1つの数を表す）ので，
これが答えになります。

問3 （根号をふくむ式の加減③）

次の計算をしなさい。

(1) $\sqrt{24}-\sqrt{54}$

(2) $\sqrt{80}+\sqrt{50}-\sqrt{20}$

(3) $4\sqrt{3}+\dfrac{6}{\sqrt{3}}$

ルートの中の数が
大きくなったニャ…

そうですね。平方根の計算では，
最初に，（素因数分解などを使って）
ルートの中の数をできるだけ小さい
自然数にするんですよね。

根号をふくむ式の
加法・減法の手順

① **ルートの中をできるだけ**
小さい自然数にする。

② **分数は約分・有理化する。**

③ **同類項をまとめる。**

(1)を計算しましょう。

(1) $\sqrt{24} - \sqrt{54}$

$= \sqrt{2^2 \times 2 \times 3} - \sqrt{2 \times 3^2 \times 3}$

| 2) 24 |
| 2) 12 |
| 2) 6 |
| 3 |

| 2) 54 |
| 3) 27 |
| 3) 9 |
| 3 |

(すだれ算による素因数分解)

ルートの中をできるだけ小さい自然数にしてから，同類項をまとめます。

$= 2\sqrt{6} - 3\sqrt{6}$

$= (2-3)\sqrt{6}$

$= -\sqrt{6}$ 答

(2)を計算しましょう。

(2) $\sqrt{80} + \sqrt{50} - \sqrt{20}$

$= \sqrt{2^2 \times 2^2 \times 5} + \sqrt{2 \times 5^2} - \sqrt{2^2 \times 5}$

$= 4\sqrt{5} + 5\sqrt{2} - 2\sqrt{5}$

$= (4-2)\sqrt{5} + 5\sqrt{2}$

$= 2\sqrt{5} + 5\sqrt{2}$ 答

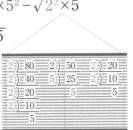

| 2) 80 |
| 2) 40 |
| 2) 20 |
| 2) 10 |
| 5 |

| 2) 50 |
| 5) 25 |
| 5 |

| 2) 20 |
| 2) 10 |
| 5 |

(3)のように分数がある場合は，約分・有理化を考えましょう。

(3) $4\sqrt{3} + \dfrac{6}{\sqrt{3}}$

$= 4\sqrt{3} + \dfrac{6 \times \sqrt{3}}{\sqrt{3} \times \sqrt{3}}$

有理化

$= 4\sqrt{3} + \dfrac{6\sqrt{3}}{3}$

約分をして，同類項をまとめましょう。

$= 4\sqrt{3} + \dfrac{\overset{2}{6}\sqrt{3}}{\underset{1}{3}}$

約分

$= 4\sqrt{3} + 2\sqrt{3}$

$= (4+2)\sqrt{3}$

$= 6\sqrt{3}$ 答

分数がある場合，
有理化と**約分**はどちらが先か，
順番は決まっていません。
やわらかい頭で考えましょうね。

ユーカリ？

END

153

4 近似値と有効数字

突然ですが,
この消しゴムの
長さは何mmか
わかりますか？

ふぁ？
ニャんだ
急に？

定規で測れば
簡単にわかるニャ！

…32mm だワン！

おしい！

ブー!!

ふぁ!?
ちがうニョ？

よーく見ると,
32mmに届い
ていません。
「真の値」は
31.758621mm
なんです！

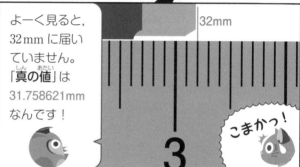

32mm

こまかっ！

そんなこまかい数字は
定規じゃ測れないニャ！

無理ダー
だニャ!!

まさにそのとおり
なんです！

本当のリアルな値,
つまり「真の値」は,
超高性能な精密機器
類を使って,
それこそ原子レベル
で測定しないと得ら
れないかもしれませ
んよね。

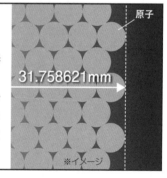

原子

31.758621mm

※イメージ

つまり,長さ・重さ・時間など,
ふだん私たちが測定している値は,

実はすべて「真の値」ではない

ということです。

全部ニセモノ
だったニョ…!?

実は,私たちはふだん
「真の値ではないが,真の値に近い値」
を資料などに用いているんです。
これを「近似値」といいます。
※近似…よく似かよっていること。

近似値

「ニセモノの値」という
意味ではありませんよ

近似値を求めるときは，ふつう「四捨五入」を使います。
「四捨五入」とは，四以下（＝五未満）のときは切り捨て，
五以上のときは切り上げる（上の位にくり入れる）ことですよね。

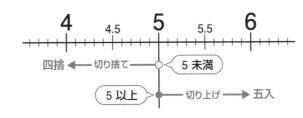

例えば，31.758621 mm は，
小数第2位を四捨五入すると
31.8mm という**近似値**になります。

また，$\sqrt{2}$（≒1.41421356…）は，
小数第3位を四捨五入すると
1.41 という**近似値**になります。

また，近似値は真の値
を四捨五入した値です
から，真の値とは少し
差がありますね。
この差のことを，
誤差といいます。

近似値**から真の値**をひいた差が
誤差になります。

（近似値）－（真の値）＝（誤差）

（例）$31.8 - 31.7 = 0.1$
　　　近似値　　真の値　　誤差

（例）$780 - 780.4 = -0.4$
　　　近似値　　真の値　　　誤差

（近似値）と
（真の値）を
逆にしないように！

問1 （有効数字）

10 g 未満を四捨五入して，測定値 140 g を得ました。この測定値の有効数字とそのけた数をいいなさい。

測定値とは近似値の一種で，定規やはかりなどの計器で測定して得られた数値のことです。

例えば，りんごの重さを量るときを考えてください。

一の位はよくわからないけど，140 g 前後なので，四捨五入して測定値を 140 g としました。

問 1 はこういう状況です。「10 g 未満を四捨五入」というのは，つまり「1 g の位（一の位）を四捨五入」するということですね。

ニャるほど…

さて，この測定値 140 の 1 と 4 は，測定の結果，確かな根拠にもとづいて得られた，**意味のある信頼できる数字**です。これを有効数字といいます。

1 4 0

※例えば 135 の一の位を四捨五入して 140 になった可能性もあるので，十の位の 4 は絶対に 4 であるとはいえないが，一の位の四捨五入によって決まるという点で確かな根拠にもとづいているので，4 も意味のある信頼できる数字である。

それに対して，一の位の 0 は，四捨五入されたあとに，単に「一の位」として残っただけ（真の値は 0 〜 9 のどれなのか不明）の，**意味のない信頼できない数字**なんです。

1 4 0

「有効」の逆だから「無効数字」ニャ！？

「無効数字」ということばはありませんね…

156

有効数字の「けた数」は，一番左にある
（0以外の）有効数字から順に１つずつ
数えるので，答えは以下のとおりです。

```
１       ２  …
けた     けた
▼        ▼
┌──┬──┬──┐
│ 1│ 4│ 0│   （有効数字）1，4
└──┴──┴──┘   （けた数）2 けた 答
```

※有効数字を並べて書くときは，1，4，0，…のように
カンマ（,）で区切って並べる。

人が目もりで測定したり四捨
五入したりして，**真の値とは
少し誤差がある**かもしれない
けど，それでも「**この数字は
真の値と同等だと信頼してい
い正確な数字だよ**」という数
字が，「有効数字」なんです。

また，例えば何の説明もなく
測定値を「250 g」と書いても，
このままではどこまでが有効数字なのか
わかりませんよね。

250 g

そこで，「どこからどこまでが
有効数字なのか」をはっきり
表したいときには，基本的に
次のような形で表示すること
になっているんです。

有効数字の表示法　POINT

（整数部分が１けたの数）×（10 の累乗）

ここを「有効数字」とする

㋑ 測定値 140 g → 1.4×10² g

整数部分が１けた

有効数字 2 けた

例えば，近似値 5600 g
の有効数字が 5，6
（2けた）の場合，次の
ように表示します。

5600 g
　4321

→ 5.6 × 10³g
有効数字2けた

近似値 89000 ℓ の有効
数字が 8, 9, 0（3けた）
の場合，次のように表
示します。

89000 ℓ
　4321

→ 8.90 × 10⁴ ℓ
有効数字3けた

近似値 201000 km の有
効数字が 2, 0, 1, 0
（4けた）の場合，次の
ように表示します。

201000 km
　54321

→ 2.010 × 10⁵ km
有効数字4けた

…んニャ？
0 も有効数字
になる場合
があるニャ？

0 であっても，
**意味のある信頼でき
る数字**であれば，
もちろん**有効数字**に
なりえます。

例えば，近似値 89000 が，
89012 の十の位を
四捨五入した数値だった場合，

89012→（四捨五入）→89000

この百の位の 0 は，
値として 0 であることを
はっきりと示すという点で，
意味のある数字ですよね。
こういう 0 は有効数字になるんです。

問2 （近似値の範囲）

$\sqrt{2} < n < \sqrt{7}$ を満たす自然数 n を
求めよ。

$\sqrt{2}$ より大きくて
$\sqrt{7}$ より小さい自然数は
何かってことニャ？

そう，ルートはゴロ合わせ*で
覚えましたよね（☞P.142）。

*$\sqrt{2}$ = 1.41421356……（一夜一夜に 人見頃），$\sqrt{7}$ = 2.6457513……（つむじ 粉 濃いさ）

$\sqrt{2} = 1.414$ （近似値）で，
$\sqrt{7} = 2.645$ （近似値）なので，

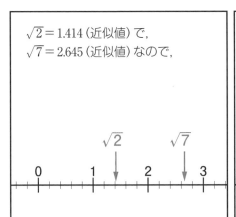

この範囲にある**自然数**は
2 だけです。

$n = 2$ **答**

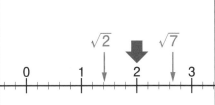

ルートのゴロ合わせを
忘れてたワン…

そういう場合は，
不等式を解きましょう。

$\sqrt{2} < n < \sqrt{7}$

の各辺を 2 乗すると，
根号が消えて

$2 < n^2 < 7$

となります。

n は「自然数」なので，
$1^2 = 1$,
$2^2 = 4$,
$3^2 = 9 \cdots$
と考えると，
$n = 2$ だけが
あてはまることが
わかりますね。

$n = 2$ **答**

不等式は
各辺を
2 乗しても
いいニャ…!!?

知らんかったニャ…

各辺を同じように
何乗にしても何倍に
しても，大小関係は
変わらないので
OK なんですよ。

覚えておいて
ください!

はい，これで平方根は終わりですが，
平方根とはどんな数なのか，
近似値とはどのような数字なのか，
その概念からしっかりと
理解しておきましょうね。

ルート長方形

　紙の大きさには，A判とB判という2つの規格があることを知っていますか。A判はドイツの物理学者オズワルドによって提案されたドイツの規格（現在は国際規格）で，B判は江戸時代に公用紙であった美濃和紙をルーツとした日本独自の規格です。共にJIS規格によって正確な寸法が定められています。

　中学教科書の縦・横の長さを測ってみてください。正確に測れていれば，縦が257mm，横が182mmになるはず。この大きさがB5判です。次に，縦の長さを横の長さでわってみてください。257 ÷ 182 ＝ 1.412…ですよね。この値，見覚えありませんか。小数第3位以下の数字はちょっとちがいますが，$\sqrt{2}$ ＝ 1.41421356（一夜一夜に人見頃）ですよね。

　「判」は紙や本などの大きさの規格を示す語です。1030mm × 1456mmの大きさを「B0判」として，B0判を半分に裁断したのがB1判，B1判を半分に裁断したのがB2判，B2判を半分に裁断したのがB3判，…のようにサイズが決められています。B0判の縦横の比率は，1030:1456 ＝ 1: $\sqrt{2}$ ですから，半分に裁断されてつくられるB判はすべてこの比率*になります。A判も，大きさこそちがえど（B判より小さい），この比率です。これらは「ルート長方形」とよばれています。ルート長方形の「1: $\sqrt{2}$ 」の比率は，「白銀比」として古来より美しい比として好まれてきました。実は，国民的キャラクターのドラ○もんやキ○ィちゃんなどにも応用されていたりします。

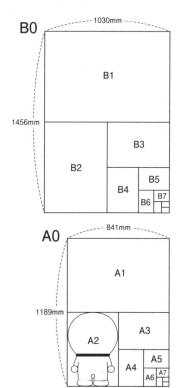

*同じ比率になる理由は，本書 Chapter 5「相似な図形」を参照。　　　　　　　（文：沖田一希）

二次方程式

この単元の位置づけ

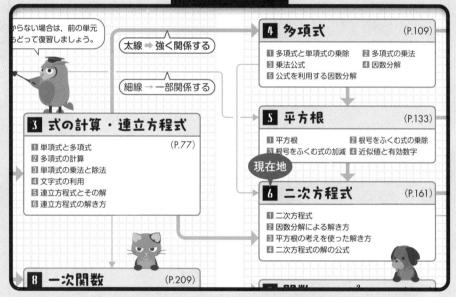

からない場合は，前の単元
らどって復習しましょう。

太線 ➡ 強く関係する

細線 ➡ 一部関係する

3 式の計算・連立方程式

1 単項式と多項式 (P.77)
2 多項式の計算
3 単項式の乗法と除法
4 文字式の利用
5 連立方程式とその解
6 連立方程式の解き方

8 一次関数 (P.209)

4 多項式 (P.109)

1 多項式と単項式の乗除　　2 多項式の乗法
3 乗法公式　　　　　　　　4 因数分解
5 公式を利用する因数分解

5 平方根 (P.133)

1 平方根　　　　　　　2 根号をふくむ式の乗除
3 根号をふくむ式の加減　4 近似値と有効数字

現在地

6 二次方程式 (P.161)

1 二次方程式
2 因数分解による解き方
3 平方根の考えを使った解き方
4 二次方程式の解の公式

　中１では「一次方程式」，中２では「連立方程
式」，中３では二次の項をふくむ「二次方程式」を
学びます。二次方程式は，すばやく正確に解く力
を養成することが重要です。解き方には，「①因
数分解，②平方根の考え方，③解の公式」の３つ
のうちどれかを利用しますが，どれを使おうか
迷っているようでは返りうちにあいます。瞬発的
な判断力と強固な計算力を身につけてください。

Ⅰ 二次方程式

（二次方程式の解）

二次方程式 $x^2 - 10x + 24 = 0$ について，次の問いに答えなさい。

(1) 左辺の二次式 $x^2 - 10x + 24$ の x に，2 から 8 までの数を代入し，
式の値の変化を下の表にまとめなさい。

（ただし，$x = 2$，8 はすでに計算済みとします）

x の値	2	3	4	5	6	7	8
式の値	8						8

(2) 二次方程式 $x^2 - 10x + 24 = 0$ の解を求めなさい。

…ふぁ!?
二次方程式…
…って
ニャんだっけ？

「□次方程式」の
□の数字は，
多項式の次数を
表しています。

MEMO ▶ **次数**（じすう）

単項式で**かけられている**文字の個数。多項式
では，各項の次数のうちで最も大きいもの。

例 $x + 3 = 0$ → 一次方程式
$x + y + 3 = 0$ → 一次方程式
$x^2 + y + 3 = 0$ → 二次方程式
$x^3 + y^2 + 3 = 0$ → 三次方程式

二次方程式

二次方程式（にじほうていしき）とは，「移項して整理すると，（二次式）＝0 という形に変形できる
方程式」のことで，一般に次の形の式で表されます。

（二次式）

右辺を0に
変形できる

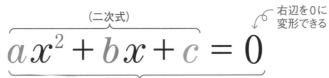

$$ax^2 + bx + c = 0$$

（xについての）二次方程式

（ただし，$a \neq 0$）

問1の式も，「二次方程式の形」に
なっていますよね。

$$x^2 - 10x + 24 = 0$$

$$1 \times x^2 + (-10x) + 24 = 0$$

$$ax^2 + bx + c = 0$$

また，例えば，

$$x^2 - 13 = 0$$

という式も，（二次式）＝0 という形
なので「二次方程式」といえます。

※ b が0で， bx が消えていると考えてもよい。

また，例えば，

$$(2x - 1)^2 = 7$$

という式も，一見する
と「二次方程式」には
見えませんが，

展開して移項すると，

$$(2x - 1)^2 = 7$$

$$4x^2 - 4x + 1 = 7$$

$$4x^2 - 4x - 6 = 0$$

というように，

$$（二次式）= 0$$

という形に変形できる
ので「二次方程式」と
いえます。

どんな式であっても，最終的に（二次式）＝0
という形に変形できれば，「二次方程式」と
いえるわけです。

（二次式）

$$a x^2 + \underbrace{b x + c}_{\text{この項はあってもなくてもよい}} = 0$$

（ただし， $a \neq 0$）

この**二次方程式**はどのよう
に解けばいいのでしょうか。
まずは(1)を考えましょう。

$x = 2$ のとき，式に
$x = 2$ を代入すると，

$$x^2 - 10x + 24$$

$$= 2^2 - 10 \times 2 + 24$$

$$= 4 - 20 + 24$$

$$= 8$$

なるほど， $x = 2$ のとき,
式の値（＝代入して計
算した結果）は 8 にな
るわけですね。

x の値	2	3
式の値	8	

これと同じように，
$x = 3$ から $x = 7$ まで
を代入して計算し，
式の値を表に書いて
いきましょう。

結果はこのようになります。
これが(1)の答えですね。

x の値	2	3	4	5	6	7	8
式の値	8	3	0	-1	0	3	8

 答

さて，式の値が 0 になっているところに
注目してください。

x の値	2	3	4	5	6	7
式の値	8	3	0	-1	0	3

これは，
$x=4$ のときや
$x=6$ のときは，

$$x^2-10x+24=0$$

になる (式の値が 0 に
なる) ということです。

つまり，
$x=4$ のときや $x=6$ のときは，

$$x^2-10x+24=0$$

という二次方程式が**成り立つ**
ということなんですね。

このような，
方程式を成り立たせる文字の値
を「解(かい)」というんですよね。
※方程式の解をすべて求めることを，方程式を**解く**という。

貝(かい)?

だからその貝じゃないニャ!

ということで，(2)を考えましょう。
二次方程式 $x^2-10x+24=0$
が成り立つ x の値は $x=4$ と $x=6$ なので，
この 2 つが「解」になります。

$x=4$ と $x=6$ 答

164

ふぁ!?
解が「2つ」あるニャ?

ふつう、**二次方程式の解は2つある**んです。

ただし、「解が1つだけのとき」や、「解をもたないとき」もたまにあるので、ここで一応紹介していきましょう。今はちょっと難しいかもしれないので、いったん目を通しておくだけでいいですよ。

解が1つだけのとき

$$x^2 + 6x + 9 = 0$$

因数分解

$$(x+3)^2 = 0$$

0の平方根は0

$$x + 3 = 0$$

$$x = -3 \quad \Longleftarrow \text{解が1つ}$$

解をもたないとき

$$x^2 + 3 = 0$$

$x^2 > 0$, $3 > 0$ なので、左辺は正の数になり、右辺の0になることはありえない。このような場合、「**この方程式は解をもたない**」という。

さて、二次方程式の形や「解」はわかりましたね。
次に、二次方程式の解き方をやりますが、
主に次の3つの解き方があります。

二次方程式の解き方

①
因数分解
を利用する

②
平方根
の考えを利用する

③
解の公式
を利用する

この**①**・**②**・**③**のどれかを使って解くんです。
①が一番簡単に速く解ける方法で、その次が**②**、
最後の切り札が**③**の方法です。

※二次方程式の解は、**問1**のように必ず「整数」になるわけではないため、表を書く方法では解けない場合が多く、また時間もかかる。

まずは**①**を使えるかを
考えればいいニャ?

そうですね。
①がダメなら**②**です。

ということで、次回から
二次方程式の解き方を
やっていきましょう!

END

165

2 因数分解による解き方

問1 （因数分解による解き方①）

次の方程式を解きなさい。

(1) $x^2 - 7x + 12 = 0$

(2) $x^2 + 3x - 10 = 0$

この二次方程式は，因数分解を使って解けるものです。わかりますか？

…あれ？ 因数分解ってどんな公式だったニャ…？

ではまず，因数分解の公式を思い出しましょう。

因数分解の公式

① $x^2 + (a+b)x + ab = (x+a)(x+b)$

② $x^2 + 2ax + a^2 = (x+a)^2$
  $x^2 - 2ax + a^2 = (x-a)^2$

③ $x^2 - a^2 = (x+a)(x-a)$

じっくり見て

では，(1)を考えましょう。**定数項**が何かの数の2乗（a^2）でなければ，**公式①**を考えます。

(1) $x^2 - 7x + 12 = 0$

定数項

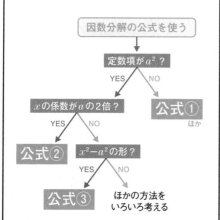

因数分解の公式を使う

定数項が a^2 ？
　YES　　NO

x の係数が a の2倍？
　YES　　NO

公式①
ほか

公式②　$x^2 - a^2$ の形？
　　　　　YES　　NO

公式③　ほかの方法をいろいろ考える

積（ab）が 12 になる組み合わせは，このように 6 パターンになります。

$ab = 12$
1×12
-1×-12
2×6
-2×-6
3×4
-3×-4

このうち，**和**（$a+b$）が -7 になるのは，

$-3, -4$

の組み合わせだけですね。

$ab = 12$
1×12
-1×-12
2×6
-2×-6
3×4
-3×-4

したがって，左辺は次のように因数分解できます。

$$x^2 - 7x + 12 = 0$$

$$(x-3)(x-4) = 0$$

ここで，ちょっと考えてみてください。

$$4 \times \square = 0$$

この□に入る数は何か，わかりますか？

…ふつーに 0 が入るんじゃないニョ？

そのとおり正解！

では，この式ではどうでしょう？

$$\bigcirc \times \square = 0$$

この○と□，どちらに 0 が入るか，わかりますか？

$\bigcirc \times \square = 0$ ゼロはここだワン！

…いや，話聞いてるニャ？
あほニャの？

○と□，どちらかに必ず 0 が入るニャ！
どっちにも入る可能性があるニャ!

そのとおり正解！

つまり，2 つの数を A，B とするとき，

法則

$$AB = 0 \quad ならば$$

$$A = 0 \quad または \quad B = 0$$

といえるわけです。

これをふまえて，先程の式を見てみましょう。答えが見えてきませんか？

$$(x-3)(x-4) = 0$$

そう，$(x-3) = 0$ または $(x-4) = 0$ ということになりますよね。

$$\underbrace{(x-3)}\underbrace{(x-4)} = 0$$

どちらかが 0 ならば成立する

$(x-3)=0$ が成り立つのは
x が 3 のとき,
$(x-4)=0$ が成り立つのは
x が 4 のときですよね。

$$(x-3)(x-4)=0$$

↑   ↑
3   4

したがって,
解は $x=3$, $x=4$
となります。

$$x=3, \quad x=4 \quad \boxed{答}$$

※「$x=3$, 4」と書いてもよい。

(2)を考えましょう。
(1)と同様に左辺を因数分解して
から, 答えを出しましょう。

$$x^2+3x-10=0$$

$5+(-2)$ $5\times(-2)$

$$x^2+3x-10=0$$
$$(x+5)(x-2)=0$$
$$x+5=0 \quad または \quad x-2=0$$

したがって,

$$x=-5, \quad x=2 \quad \boxed{答}$$

問2　（因数分解による解き方②）

次の方程式を解きなさい。

(1) $x^2+8x+16=0$

(2) $x^2-10x+25=0$

(3) $x^2-121=0$

(4) $x^2=-7x$

あ, これも左辺を
因数分解すればいいニャ？

そう。今度は公式②や公式③
などを使って考えましょう。

(1)は因数分解の公式②を使います。

$$x^2+8x+16=0$$
$$(x+4)^2=0$$

2 乗して 0 になるということは,
$x+4$ は 0 の平方根で,
$x+4=0$ ということですよね。

※0 の平方根は 0 だけである。

よって, (1)の解はこうなります。

$$x^2 + 8x + 16 = 0$$

$$(x+4)^2 = 0$$

$$x+4 = 0$$

$$x = -4 \quad 答$$

このように, 二次方程式でも
「解が 1 つ」の場合はあるんですね。

(2)を解きましょう。

$$x^2 - 10x + 25 = 0$$

$$(x-5)^2 = 0$$

$$x-5 = 0$$

$$x = 5 \quad 答$$

(3)は, 因数分解の公式③を使って

$$x^2 - 121 = 0$$

$$(x+11)(x-11) = 0$$

$$x = -11 \ \text{または} \ x = 11$$

したがって,

$$x = \pm 11 \quad 答$$

(4)は, 移項して, 共通因数 x でくくってから考えます。

$$x^2 = -7x$$

$$x^2 + 7x = 0$$

$$x(x+7) = 0$$

$$x = 0 \ \text{または} \ x + 7 = 0$$

したがって,

$$x = 0, \ x = -7 \quad 答$$

**共通因数でくくってから
解く場合もあるニョね…**

そういうパターンもあ
ります。因数分解の基
本と応用, 両方使える
ようにしましょうね。

二次方程式を解くときは, この**因数分解による解法**
が圧倒的に簡単で速いんです。ただし, どんな場合
でも使えるわけではないので, まずは「因数分解が
できないか？」を考えて, ダメそうなら別の方法を
考える, という感じで解いていきましょう。

3 平方根の考えを使った解き方

問1 （平方根の考えを使った解き方①）

次の方程式を解きなさい。

$$2x^2 - 54 = 0$$

ん〜…これは因数分解が
できなさそうだニャ…

そうですね。因数分解が使えな
い場合は，**平方根**の考えを使っ
た解き方を考えましょう。

平方根
<ruby>平<rt>たいらの</rt></ruby> <ruby>方<rt>かた</rt></ruby> <ruby>根<rt>ね</rt></ruby>

の考えを聞けばいいワン？

「へいほうこん」ニャ!
そんな平氏いないニャ!

「2 乗すると a になる数」を
「a の**平方根**」というんです。
まずはこれをおさえてください。

$$\left(\boxed{} \right)^2 = a$$

$\boxed{}$は a の**平方根**

この 3 つの形をした
二次方程式は，
平方根の考え方を
利用して解くことが
できるんです。

平方根の考え方で解ける二次方程式の形

① $a\,x^2 + c = 0$

② $(x + m)^2 = n$

③ $x^2 + b\,x + c = 0$

問1の二次方程式は，①の形ですね。

$$2x^2 - 54 = 0$$

① $ax^2 + c = 0$

この形では，まず-54を右辺に移項します。

$$2x^2 - 54 = 0$$
$$2x^2 = 54$$

移項

両辺を 2 でわります。

$$2x^2 = 54$$
$$x^2 = 27$$

$\div 2$

この形は，x は 27 の**平方根**であることを示していますよね。

$$x^2 = 27$$

27 の**平方根**

したがって，

$$x = \pm\sqrt{27}$$
$$x = \pm\sqrt{3^2 \times 3}$$
$$x = \pm 3\sqrt{3} \quad \text{答}$$

※ルートの中はできるだけ小さい自然数にして答えること。

このように，平方根の考え方で，解が求められるんですね。

問2 （平方根の考えを使った解き方②）

次の方程式を解きなさい。

$$(x + 3)^2 = 25$$

問2の二次方程式は，②の形ですね。

$$(x + 3)^2 = 25$$

② $(x + m)^2 = n$

この形では，$x+3$ の部分を「ひとまとまり」のもの（≒1 つの文字）として見てください。

$$(x + 3)^2 = 25$$

…あ，$x+3$ が 25 の**平方根**になってるニャ？

$$(\blacksquare)^2 = 25$$

そのとおりですね！

したがって，

$$x + 3 = \pm\sqrt{25}$$
$$x + 3 = \pm 5$$
$$x = -3 \pm 5$$

これは，

$$x = -3 + 5$$
$$x = -3 - 5$$

の両方を示した式である（どちらも解になる）ので，両方を計算すると，

$$x = 2, \ x = -8 \ \text{答}$$

このように，$(\square)^2 = n$ という形は，かっこの中の$\square$を「ひとまとまり」のものとして見る。すると，平方根の考え方で解が求められるんですね。

…結局，ニャんでもかんでも $(\square)^2 = \bigcirc$ という形にすればいいニャ？

お…！ものすごく鋭い気づきですね！そのとおりです。

ときには，強引にでも，方程式を

$$(\square)^2 = \bigcirc$$

という平方の形に変えて，平方根の考え方で解くこともできるんですよ。

問3 （平方根の考えを使った解き方③）

次の方程式を解きなさい。

$$x^2 + 4x - 2 = 0$$

問3の二次方程式は，③の形ですね。

$$x^2 + 4x - 2 = 0$$

③ $x^2 + bx + c = 0$

この形でも，左辺を $(\square)^2$ の形にしたいわけですが，どうすればいいでしょうか？

❶ 因数分解の公式②…
$x^2 + 2ax + a^2 = (x+a)^2$
$x^2 - 2ax + a^2 = (x-a)^2$

-2 が $+4$ になれば，因数分解で左辺を $(\square)^2$ の形にできますよね。

$$\underbrace{x^2 + 4x + 4}_{} = 0$$

$$(x+2)^2$$

そのために，両辺に 6 を加えます。

$$x^2 + 4x - 2 + 6 = 0 + 6$$

$$x^2 + 4x + 4 = 6$$

$$(x + 2)^2 = 6$$

左辺を $(\square)^2$ の形にできましたね。

続けて計算すると，解が求められます。

$$(x + 2)^2 = 6$$

$$x + 2 = \pm\sqrt{6}$$

$$x = -2 \pm\sqrt{6} \quad \boxed{答}$$

いわれればわかるけど…
「両辺に 6 を加える」とか
思いつかなくニャい？

ネコを
ニャめんニャ？

その発想が
少し高度です
よね。

一般に，

$$x^2 + bx + c$$

という式を，

$$(x + \blacktriangle)^2$$

のような形にするためには，
c はどんな値であれば
いいでしょうか。

因数分解の公式②もよく見て，
法則を考えてみてください。

$$x^2 + 2ax + a^2 = 0$$

因数分解の公式②をよく見ると，
x の係数の $\dfrac{1}{2}$ を，

$$x^2 + \underset{\underset{\frac{1}{2}}{\underbrace{\qquad}}}{2a}x + a = 0$$

2 乗した値を加えている形
になっていますよね。

$$x^2 + 2ax + \overset{\cdot\prime\prime}{a^2} = 0$$

つまり，x の係数 b の $\dfrac{1}{2}$ を **2 乗**した値，
すなわち $\left(\dfrac{b}{2}\right)^2$ が c であればいいわけです。

$$x^2 + bx + \underset{\underset{\left(\frac{b}{2}\right)^2}{\uparrow}}{c} = 0$$

$$x^2 + bx + c = 0 \text{ の形をした}$$
二次方程式の解き方

$$x^2 + bx + \left(\frac{b}{2}\right)^2 = \left(x + \frac{b}{2}\right)^2$$

b の $\frac{1}{2}$ の 2 乗

左辺を平方の形にして
から平方根の考え方で解く

問4　（平方根の考えを使った解き方④）

次の方程式を解きなさい。

(1) $x^2 - 12x = -27$

(2) $x^2 + 5x + 5 = 0$

では, さっそく
この法則を使って,
問題を解いて
みましょう!

---

(1)を考えましょう。
x の係数は -12 なので, まず,
-12 の $\frac{1}{2}$ の 2 乗を計算します。

$$\left(-12 \times \frac{1}{2}\right)^2 = 36$$

---

(1)の式の両辺に 36 を加え, 計算し
ていくと解が求められます。

$$x^2 - 12x + 36 = -27 + 36$$
$$(x - 6)^2 = 9$$
$$x - 6 = \pm\sqrt{9}$$
$$x = 6 \pm 3$$
$$x = 3, \quad x = 9 \quad 答$$

(2)を考えましょう。
まず, 左辺の $+5$ を
右辺に移項します。

$$x^2 + 5x + 5 = 0$$
$$x^2 + 5x = -5$$

x の係数は 5 なので, 5 の $\frac{1}{2}$ の 2 乗を
計算します。

$$\left(5 \times \frac{1}{2}\right)^2 = \left(\frac{5}{2}\right)^2$$

両辺に $\left(\frac{5}{2}\right)^2$ を加えます。

$$x^2 + 5x + \left(\frac{5}{2}\right)^2 = -5 + \left(\frac{5}{2}\right)^2$$

左辺を平方の形にして, 計算を続けます。

$$\left(x + \frac{5}{2}\right)^2 = -\frac{20}{4} + \frac{25}{4}$$
$$\left(x + \frac{5}{2}\right)^2 = \frac{5}{4}$$
$$x + \frac{5}{2} = \pm \sqrt{\frac{5}{4}}$$
$$x = -\frac{5}{2} \pm \frac{\sqrt{5}}{2}$$

分母の数字が共通してい
るときには, 1 つの分数
で表すのがふつうです。
したがって, 解は,

$$x = \frac{-5 \pm \sqrt{5}}{2} \quad 答$$

となります。

平方根の考えを使った解き方では,
とにかく式をこの形に変形すること
がポイントなんですね。

「多項式」の
場合もあり

$$(\boxed{})^2 = \bigcirc$$

何かの数字

二次方程式を解くときは,
まずは「因数分解」を考え,
ダメなら「平方根」で考えます。
それでもダメなら, いよいよ
「最終奥義」を使うことになります。
次回, それをやっていきましょう。

4 二次方程式の解の公式

問1 （二次方程式の解の公式）

次の方程式を解きなさい。

$$3x^2 + 5x + 1 = 0$$

……う〜ん……
因数分解も平方根も
使えなそうだニャ…

ふつうに考えると
そうですよね。

平方根で解く③が一番近い形ですが，

平方根の考え方で解ける二次方程式の形

① $ax^2 + c = 0$

② $(x + m)^2 = n$

➡ ③ $x^2 + bx + c = 0$

問1の式には，x^2 に係数 3 がついているので，このままでは平方根の考え方で解くことはできません。

$3x^2 + 5x + 1 = 0$

係数がじゃま

③ $x^2 + bx + c = 0$

ただ，そこは工夫次第です。
両辺を 3 でわれば，
x^2 の係数 3 は消えますよね。

$$\frac{3x^2}{3} + \frac{bx}{3} + \frac{c}{3} = \frac{0}{3}$$

⬇

$$x^2 + \frac{b}{3}x + \frac{c}{3} = 0$$

…あ，ニャるほど…!!
これなら平方根の考え方が使えそうだニャ…!

そう，計算は複雑になりますが，平方根の考え方で解けるようになるんです。
（x についての）二次方程式の形
「$ax^2 + bx + c = 0$」（☞P.162）と比べながら，実際に計算していきましょう。

「解の公式」の成り立ち

【問1の式】	【二次方程式の形】
$3x^2 + 5x + 1 = 0$	$ax^2 + bx + c = 0$ $(a \neq 0)$

$$\frac{\cancel{3}x^2}{\cancel{3}} + \frac{5x}{3} + \frac{1}{3} = \frac{0}{3}$$

$$\frac{\cancel{a}x^2}{\cancel{a}} + \frac{bx}{a} + \frac{c}{a} = \frac{0}{a}$$

x^2 の係数を1にするため，両辺を x^2 の係数でわる

$$x^2 + \frac{5}{3}x + \frac{1}{3} = 0$$

$$x^2 + \frac{b}{a}x + \frac{c}{a} = 0$$

数のみの項（＝定数項）を右辺に移行する

$$x^2 + \frac{5}{3}x = -\frac{1}{3}$$

$$x^2 + \frac{b}{a}x = -\frac{c}{a}$$

両辺に x の係数の $\frac{1}{2}$ の2乗を加える

$$\left(\frac{5}{3} \times \frac{1}{2}\right)^2 = \left(\frac{5}{6}\right)^2$$

$$\left(\frac{b}{a} \times \frac{1}{2}\right)^2 = \left(\frac{b}{2a}\right)^2$$

$$x^2 + \frac{5}{3}x + \left(\frac{5}{6}\right)^2 = -\frac{1}{3} + \left(\frac{5}{6}\right)^2$$

$$x^2 + \frac{b}{a}x + \left(\frac{b}{2a}\right)^2 = -\frac{c}{a} + \left(\frac{b}{2a}\right)^2$$

左辺を平方の形にして，右辺を整理する

$$\left(x + \frac{5}{6}\right)^2 = -\frac{12}{36} + \frac{25}{36}$$

$$\left(x + \frac{b}{2a}\right)^2 = -\frac{4ac}{4a^2} + \frac{b^2}{4a^2}$$

$$\left(x + \frac{5}{6}\right)^2 = \frac{13}{36}$$

$$\left(x + \frac{b}{2a}\right)^2 = \frac{b^2 - 4ac}{4a^2}$$

（次頁に続く）

6

二次方程式

4 二次方程式の解の公式

（前頁の続き）

$$\left(x + \frac{5}{6}\right)^2 = \frac{13}{36}$$

$$\left(x + \frac{b}{2a}\right)^2 = \frac{b^2 - 4ac}{4a^2}$$

平方根の考えを使って式を簡単にしていく

$$x + \frac{5}{6} = \pm\sqrt{\frac{13}{36}}$$

$$x + \frac{b}{2a} = \pm\sqrt{\frac{b^2 - 4ac}{4a^2}}$$

$$x + \frac{5}{6} = \pm\sqrt{\frac{13}{6^2}}$$

$$x + \frac{b}{2a} = \pm\sqrt{\frac{b^2 - 4ac}{(2a)^2}}$$

$$x + \frac{5}{6} = \pm\frac{\sqrt{13}}{6}$$

$$x + \frac{b}{2a} = \pm\frac{\sqrt{b^2 - 4ac}}{2a}$$

$$x = -\frac{5}{6} \pm \frac{\sqrt{13}}{6}$$

$$x = -\frac{b}{2a} \pm \frac{\sqrt{b^2 - 4ac}}{2a}$$

すなわち，解は

$$x = \frac{-5 \pm \sqrt{13}}{6}$$ 答

$$x = \frac{-b \pm \sqrt{b^2 - 4ac}}{2a}$$

このように，計算は少し面倒ですが，
$$ax^2 + bx + c = 0$$
という x^2 に係数 a がついた形でも，
平方根の考えで解けるんですね。

右下の変な公式みたい
なのはなんニャの？

この公式は，二次方程式の解を求め
るときの「最終奥義」なんです。
$$ax^2 + bx + c = 0$$
という形なら，どんな二次方程式で
も解けてしまう，魔法のような公式。
これを「解の公式」といいます。

二次方程式の解の公式

二次方程式 $ax^2 + bx + c = 0$ の解は,

$$x = \frac{-b \pm \sqrt{b^2 - 4ac}}{2a}$$

$(a \neq 0)$

※読み方…「x イコール $2a$ ぶんの マイナス b プラスマイナス ルート b の2乗 マイナス $4ac$」
⇒ a→b→b→a→c の順。移項によるマイナスが多い点にも注意。

二次方程式は
これだけで
解けるワン？

これだけを教えて
くれればよかったニャ！
因数分解とか平方根とか
いらんかったニャ…！

いや，これは最後の切り札に
使う「最終奥義」ですから，
これだけだと困るんです。

何が困るのかというと，
とにかく**計算が複雑**なんです。
公式の形も計算も複雑だから，
計算ミスも起こりやすい。

だから，本当はあまり使いたくない
けど，最後の手段として使わざるを
えない場合もある。
それが「最終奥義」とよぶ理由です。

ウルトラマンの
スペシウム光線
みたいなものです

ふーん…。確かに，計算は
めんどくさそうだニャ…

解の公式を使いこなせるようになる
ためには，まずは公式自体を目で
見て何度も書いて覚えること。
次に，問題をたくさん解いて慣れる
ことが大切です。
ということで，「解の公式」を使って
実際に問題を解いてみましょう。

（二次方程式を解の公式で解く）

次の方程式を解きなさい。

(1) $2x^2 - 6x + 1 = 0$　　　(2) $3x^2 + 5x - 2 = 0$

(3) $x(x-4) = 5x - 8$

---

(1)を考えましょう。
$$2x^2 - 6x + 1 = 0$$
この式は，
$$ax^2 + bx + c = 0$$
の形なので，解の公式が使えます。

解の公式に，$a = 2$，$b = -6$，$c = 1$
を代入しましょう。

$$2x^2 - 6x + 1 = 0$$

$$x = \frac{-b \pm \sqrt{b^2 - 4ac}}{2a}$$

計算を進めると，解が出ます。

$$x = \frac{-(-6) \pm \sqrt{(-6)^2 - 4 \times 2 \times 1}}{2 \times 2}$$

$$x = \frac{6 \pm \sqrt{36 - 8}}{4}$$

$$x = \frac{6 \pm \sqrt{28}}{4}$$

$$x = \frac{6 \pm \sqrt{2^2 \times 7}}{4}$$

$$x = \frac{6 \pm 2\sqrt{7}}{4}$$

（2で約分）
$$\frac{\overset{3}{\cancel{6}} \pm \overset{1}{\cancel{2}}\sqrt{7}}{\underset{2}{\cancel{4}}} = \frac{3 \pm \sqrt{7}}{2}$$

$$x = \frac{3 \pm \sqrt{7}}{2} \quad \boxed{答}$$

ニャるほど…！
ちょっと計算が面倒だけど
ちゃんと解が出るニャ…！

すごいニャ

負の数を代入するときは，
(-6)のように**かっこ**を
つけて代入しないと計算
ミスにつながりますから，
注意しましょうね。

(2)も同じように解きましょう。

$$3x^2 + 5x - 2 = 0$$

解の公式に, $a = 3$, $b = 5$, $c = -2$
を代入すると,

$$x = \frac{-5 \pm \sqrt{5^2 - 4 \times 3 \times (-2)}}{2 \times 3}$$

$$x = \frac{-5 \pm \sqrt{25 + 24}}{6}$$

$$x = \frac{-5 \pm \sqrt{49}}{6}$$

$$x = \frac{-5 \pm 7}{6} \quad \begin{cases} \dfrac{-5+7}{6} = \dfrac{2}{6} = \dfrac{1}{3} \\[2mm] \dfrac{-5-7}{6} = \dfrac{-12}{6} = -2 \end{cases}$$

したがって,

$$x = \frac{1}{3}, \ x = -2 \quad 答$$

(3)は, 式を $ax^2 + bx + c = 0$ の形に
してから, 解の公式を使います。

$$x(x-4) = 5x - 8$$

$$x^2 - 4x = 5x - 8$$

$$x^2 - 4x - 5x + 8 = 0$$

$$x^2 - 9x + 8 = 0$$

解の公式に, $a = 1$, $b = -9$, $c = 8$
を代入すると,

$$x = \frac{-(-9) \pm \sqrt{(-9)^2 - 4 \times 1 \times 8}}{2 \times 1}$$

$$x = \frac{9 \pm \sqrt{81 - 32}}{2}$$

$$x = \frac{9 \pm \sqrt{49}}{2}$$

$$x = \frac{9 \pm 7}{2} \quad \begin{cases} \dfrac{9+7}{2} = \dfrac{16}{2} = 8 \\[2mm] \dfrac{9-7}{2} = \dfrac{2}{2} = 1 \end{cases}$$

したがって,

$$x = 1, \ x = 8 \quad 答$$

あ… 左上は $-b$ で, 右上が $-4ac$ か…
どこが $-$ なのか $+$ なのか
わからなくなるニャ…

$$x = \frac{\overset{\text{マイナス}}{-} b \overset{\text{プラスマイナス}}{\pm} \sqrt{b^{\overset{\text{2乗}}{2}} - 4ac}}{2a}$$

真ん中が $\pm$, 左右が $-$ です。
下が $2a$, 上が $4a$ という点にも注意！

二次方程式は, 因数分解か
平方根の考え方で解けるか
をまず考え, ダメそうなら
解の公式を使いましょう。
とっておきの「最終奥義」
ですから, 完璧に覚えて
おいてくださいね。

181

COLUMN-6

二次方程式の歴史

　代数方程式の歴史は，メソポタミア文明のバビロニアの時代までさかのぼることができます。大英博物館が所蔵するバビロニアの粘土板には，今なら二次方程式や三次方程式で解くような問題がいくつもしるされています。現存する最古の記録は約4000年前の粘土板に記載されています。シュメール人はこれらの問題を解くための一般的な解法はもっていたようですが，この時代に文字式はなく日常言語で表現されていました。

　古代のエジプト人が解いていた現実世界に関わる数学の問題にも今なら一次方程式や二次方程式で表せるものがありましたが，やはりその表現方法は記号に頼ることのない方法で，方程式であるという認識さえもっていなかったようです。

　バビロニアの代数はほとんどそのまま古代ギリシャに受け継がれます。ギリシャ人は数学を実用性を超越した哲学と考え，計算よりも論証を重視し方程式の解法の進化はありませんでした。文字式が最初に登場するのは3世紀の中頃，ギリシャのディオファントスの「算術」においてです。彼は今なら一次方程式や二次方程式で表す問題の新たな解法を考案しましたが，それを一般的な解法に発展させることはありませんでした。彼は負の解は認めず，2つ以上解がある場合には1つ目の解を得た時点で計算を打ち切りました。

　紀元前2世紀〜前1世紀に書かれた中国の数学書「九章算術」には，未知数が2から7個ある連立一次方程式の解法についてしるした章があります。それらの方程式には負の数もふくまれており，負の数の使用例としてはこれが最も古いものです。

　私たちがよく知る方程式が現れたのは16世紀後半です。すでに中1，中2のときに方程式の解をグラフの交点として求める方法を学習しましたが，これを発見したのは近代哲学の父とよばれるルネ・デカルトです。これにより図形や空間の性質について研究する「幾何学」と，文字を用いて方程式の解法を研究する「代数学」は統合されました。

（文：沖田一希）

比例・反比例

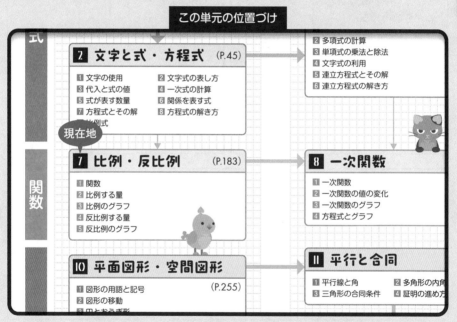

この単元の位置づけ

　変数 x の値を決めると，それにともなって変数 y の値もただ1つに決まるとき，「y は x の関数である」といいます。関数は，自動販売機にお金を入れてジュースを買うときのようなイメージで覚えましょう。中1では，関数として「比例」と「反比例」を学び，それらのグラフのかき方も学びます。関数は高校受験で超重要な分野となりますから，ここでしっかり基礎を固めましょう。

I 関数

問1 (関数)

空の水そうに，水を一定の割合で入れ続けると，深さも一定の割合で増えていきます。水を入れ始めてから4分後には，60 cm の深さまで水が入りました。水の深さを 90 cm にするには，あと何分間水を入れればよいでしょうか。

60 cm

これはやってみないとわからないワン

ホウ…

そう，考えてもわからないときは実際にやってみるのが一番ニャ!

さあ，身をもって体験するニャ!

?

ホ…?

1分

2分

3分

おぼれるワン〜!

60 cm

4分

深さを 90 cm にするには，あと何分間 入れればいいかニャ〜?

早くかんねんするニャ!

やめなさい!!
悪の組織か!!

やってることは最低ですけど，まあ，イメージをつかむにはよかったかもしれません。

よくないワン!

フフフ…

水の深さは,
時間にともなって,
一定の割合で
増えていきます。

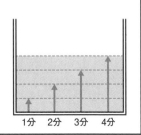

4分間で
60cmの深さになった
ということは,

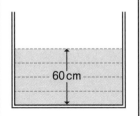

1分間に
$60 \div 4 = 15\,\mathrm{cm}$ **ずつ,**
水がたまる
ということですよね。

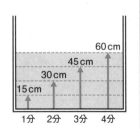

このように,まずは,
**単位時間※あたり(ここでは1分間あたり)
にどれくらいの水の量(深さ)が増える**かを
考えます。

※単位時間…1秒あたり,1分あたり,1時間あたりなど,物事
の基準となる時間の長さのこと。「5年あたり」「60分あたり」
など,単位となる数値は様々である(自由に決めてよい)が,
主に「1」が使われる。

さて,x分後の水の深さを
$y\,\mathrm{cm}$として考えましょう。

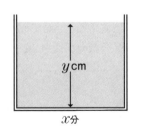

1分間に15cmずつ深くなるので,1分後,2分後,3分後…というように,
xの値に対応するyの値を求め,表にまとめてみましょう。

x	0	1	2	3	4	5	6	7	8	9	10	(分)
y	0	15	30	45	60	75	90	105	120	135	150	(cm)

水の深さが「90cm」になるのは,$x = 6$のところですね。
このような,水の深さと時間の関係を,xとyを使って式にすると,

$$y = 15x \,(\mathrm{cm})$$

と表すことができます。

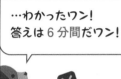

…わかったワン！
答えは 6 分間だワン！

残念！

え？
ちがうニョ？

水の深さが 90 cm になるのは，
水を入れ始めてから 6 分後ですが，問題文では，
「**4 分後**」の時点から，「**あと何分間水を入れれば
よいか**」が問われています。

x	0	1	2	3	4	5	6
y	0	15	30	45	60	75	90

したがって，
6－4＝2（分）で，答えは

2 分間 **答**

となります。
求められている答えは何か，
問題に答えるときは，しっかり
問題文を読みましょうね。

ちょいちょい
だまされる
ニャ〜

ところで，**問 1** の x，y は，
表のとおりいろいろな値をとりますよね。
この x，y のように，
いろいろな値をとる文字
（いろいろな数値に変化しうる文字） を
「変数」といいます。

変数

x　y

変数

POINT

そして，変数 x の値を決めると，
それにともなって変数 y の値もただ 1 つに決まるとき，
「**y は x の関数である**」といいます。

x	0	1	2	3	4	5	6
y	0	15	30	45	60	75	90

変数 x が決まれば，変数 y も決まる

関数

※問1の「$y＝15x$」は，y が決まれば x も 1 つに決まるので，「x は y の関数である」
とも考えることができるが，混乱するので最初は考えなくてよい。

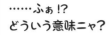

……ふぁ!?
どういう意味ニャ?

まずは変数と関数の
「イメージ」を
説明しましょうか。

x という変数があります。

変数なので，いろいろな
値をとります。

この変数 x と
強く結びついている，

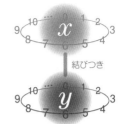

結びつき

もう1つの変数 y が
あるわけです。

y もいろいろな値になりえますが，

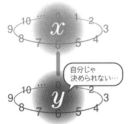

自分じゃ
決められない…

x が決まらないと，
どの値になるかは決まりません。

変数 x が決まると，

決まった!

6

じゃあこっちも
決まった!

90

それにともなって
変数 y の値も「1つだけ」に決まります。

こういう関係のとき，
「y は x の関数である」
というわけなんです。

ニャるほど…

「優柔不断」というか，
「いいなり」というか，
「一途」というか…

自分じゃ決められニャいのね…?

つまり，「変な数」だから
「変数」っていうワン?

ちがうニャ!
何を聞いてたニャ!?

変なのはおまえニャ!

問2 （変域）

変数 x が次の範囲の値をとるとき，x の変域を不等号を使って
表しなさい。

(1) 7 以下

(2) −3 より大きく 5 より小さい

(3) 0 以上 6 未満

…また意味不明なことを
きいてきたニャ～…
「変域」って何ニャ？

「変な域」のことかワン？

例えば，問1のような水そう
を考えてみてください。
水そうの深さが 100 cm の
場合，水の深さを表す
変数 y は 0～100 cm の間の
値をとりますよね。
−15 とか 120 とかには
ならないんです。

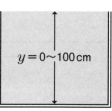
$y = 0～100\,\mathrm{cm}$

このように，
「**変数のとりうる値の範囲**」を，
その変数の「**変域**」といいます。
※域…物事の範囲のこと。

変域

「変な域」では
ないですよ

変数の変域は，ふつう**不等号**を使って，
以下のように表します。
基本，真ん中に変数をおくんです。
大きい数ほど右に書きます。

変域と不等号の対応　 POINT

① **変数 x の範囲が a 以上 b 以下である**　　→ $a \leqq x \leqq b$

▶端の数（a と b）を**ふくむ**。

② **変数 x の範囲が a より大きく b より小さい**　→ $a < x < b$

▶端の数（a と b）を**ふくまない**。「**未満**」は「**より小さい**」と同じ意味。

※範囲を示す「端の数（a と b）」が片方しかない場合もあるので注意（例「a 以上」→ $a \leqq x$，「b 未満」→ $x < b$）

(1)の「7以下」を数直線上に表すと、このようになります。

7

変域を数直線上で表すとき、端の数を**ふくむ**場合は●で表します。

7以下は、端の数をふくむので、不等号は ≦ を使って表します。

$$x \leqq 7 \quad 答$$

※「7 ≧ x」と逆に書いてもまちがいではありませんが、**大きい方を右辺に書く**のが基本です。

---

(2)の「−3より大きく5より小さい」を数直線上に表すと、このようになります。

−3　　　　　5

変域を数直線上で表すとき、端の数を**ふくまない**場合は〇で表します。

−3と5、どちらの端の数もふくまないので、不等号は < を使います。

$$-3 < x < 5 \quad 答$$

なお、範囲を表すときは原則、「5 > x > −3」と逆にはしません。**大きい方を右に書く**のが基本です。

---

(3)の「0以上6未満」を数直線上に表すと、このようになります。

0　　　　　6

ふくむ場合はぬりのある●で、**ふくまない**場合はぬりのない〇で表すんです。

0以上6未満は、左端の数0をふくみ、右端の数6はふくまないので、不等号は ≦ と< を使って表します。

$$0 \leqq x < 6 \quad 答$$

「中学生以上」は、中学生もふくむニョ？

ふくみます！　「小学生」はふくみません！

「18歳未満禁止」は、18歳ならいいワン？

何の話だニャ…

18歳（以上）ならOKです。17歳（以下）はダメです。

端の数をふくむのかふくまないのか、しっかり整理して、正しい不等号を使えるようになりましょうね。

END

【参考】日本語として使う「a 以内」は a を**ふくむ**が、「a 以外」は a を**ふくまない**。まぎらわしいので注意！

2 比例する量

問1 （比例する量）

縦 2cm，横 x cm の長方形の面積を y cm^2
とするとき，y が x に比例することを示し
なさい。また，比例定数をいいなさい。

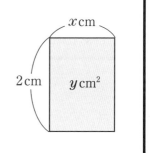

このような問題では，
まず，x と y の関係を
式で表してみましょう。

長方形の面積は
　（縦）×（横）
ですから，関係式は

$$y = 2 \times x = 2x \, (\text{cm}^2)$$

になりますね。

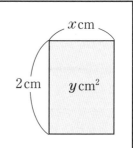

x と y の関係を見るため，
この式に，
$x=1$，$x=2$，$x=3$…
を代入してみましょう。

$$y = 2x$$

x	1	2	3	4	5	
y	2	4	6	8	10	…

表を見ると，x が 2 倍，3 倍…になるとき，
それにともなって y も 2 倍，3 倍…
になりますよね。

比例の式

このように，変数 y が変数 x の関数であり，x と y の関係が

$$y = ax$$

という式で表されるとき，「y は x に比例する」というんです。

※ a は 0 ではなく，変数でもない数。

そういえば，比例は
小学校で習ったニャ〜…
この a は何なニョ？

a は「比例定数」です。

MEMO 比例定数（ひれいていすう）

決まった数（変化しない数）やそれを表す文字のことを「**定数**」という。「**変数の反対**」と考えてよい。比例の式 $y=ax$ の a は定数であり，比例関係における定数なので**比例定数**という。

y が x に比例し，$x \neq 0$ のとき，$\dfrac{y}{x}$ の値は一定で，比例定数に等しい。

$$y=ax \Leftrightarrow \dfrac{y}{x}=a$$

比例定数

$$y=ax$$

実際は，
整数・分数・小数
などの数値が入る。

問1の x と y の関係式
「$y=2x$」は「$y=ax$」の形なので，
y は x に比例するといえます。

$$y=ax \text{ の形}$$
↓
$$\text{比例する}$$

あ…この
$y=2x$ の 2 が
「比例定数」
なニョね？

そうです。これは，
長方形の縦の長さです。
「定数」なので，
この問題の中では
変化しません。ずっと2のままです

ちなみに，前回やった
$y=15x$ という式も，
$y=ax$ の形なので，
比例の式（比例定数は 15）
だったんですよ。

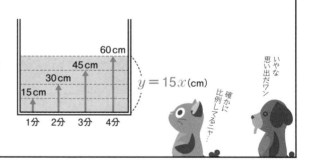

60 cm
45 cm
30 cm
15 cm

$y=15x$ (cm)

1分 2分 3分 4分

確かに
比例してるニャ…

いやな
思い出だワン

答えをまとめると，こうなります。

x, y が変数で，関係式が
$y=2x$ となり，$y=ax$ の形で
表されるから，y は x に比例する
といえる。また，比例定数は 2。

問1のような比例を示す問題は，
① 問題文から x と y についての
　関係を式で表す。
② その式が $y=ax$ の形で表される
　ことを示す。
という手順で解きましょう。

※逆に，$y=ax$ の形の式に変形できないときは，
y は x に比例しないことを表します。

問2 （比例の関係①）

$y = 10x$ について，x の値に対応する y の値を求め，下の表の空欄をうめなさい。

x	…	-4	-3	-2	-1	0	1	2	3	4	…
y	…					0					…

$y = 10x$ の x に $-4 \sim 4$ の値を順に代入すれば，y の値が求められますよね。

例 $x = -4$ を代入 → $y = 10 \times (-4) = -40$
  ⋮
  $x = 4$ を代入 → $y = 10 \times 4 = 40$

x	…	-4	-3	-2	-1	0	1	2	3	4	…
y	…	-40	-30	-20	-10	0	10	20	30	40	…

答

変数 x が正の数でも負の数でも，**x の値が2倍，3倍，4倍になると，それに対応する y の値もそれぞれ2倍，3倍，4倍になる**点に注意しましょう。

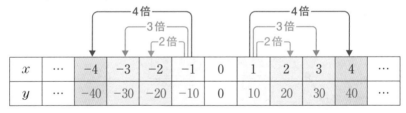

「y は x に比例する」というのは，こういうことなんです。
x の値が「負の数」でも，正の数のときと同じように比例関係が成り立ちます。

問3 （比例の式の求め方）

y は x に比例し，$x = 3$ のとき $y = 12$ です。

(1) y を x の式で表しなさい。

(2) $x = -5$ のときの y の値を求めなさい。

…ふぁ!?
y を x の式で
表しなさい?
どういう
ことニャ? むちゃぶり?

変数の x, y が
わかっている場合の,
y を x の式で表す
問題ですね。

(1)を考えましょう。
「**y を x の式で表しなさい**」とは,
最後の答えを, x をふくんだ式

$$y = \sim$$

という形にしなさい
ということです。

問題文には,
「y は x に比例し」とあるので,
比例定数を a とすると,
求める式は, 比例の式

$$y = ax$$

の形だとわかります。

また, 問題文には
「$x = 3$ のとき $y = 12$ です」とあるので,
この式に $x = 3$, $y = 12$ を代入すれば,
比例定数の a がわかります。

$$y = ax$$

$$y = ax$$
$$12 = a \times 3$$
$$3a = 12$$
$$\frac{3}{3}a = \frac{12}{3}$$
$$a = 4$$

比例定数 a は
4 だとわかったので,
求める式は,
$$y = 4x \quad 答$$
となります。

(2)を考えましょう。
(1)で求めた式
「$y = 4x$」で,
x が -5 のとき,
y の値は何に
なりますか,
という問題ですね。

$y = 4x$ に
$x = -5$ を代入すればいいので,

$$y = 4 \times (-5)$$
$$y = -20 \quad 答$$

が答えとなります。

関係式が「$y = ax$」になる場合,
「y は x に比例する」といえます。
逆に,「y は x に比例する」場合,
関係式は「$y = ax$」になります。
しっかり覚えておきましょう。

END

3 比例のグラフ

問1 （座標①）

右の図で，
点 A，B の座標を
いいなさい。

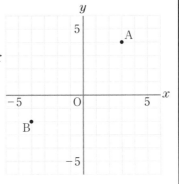

座標？
…なんのことニャ？

まずは**座標**とは何か。
1つ1つ説明していき
ましょう。

まずはじめに，横にの
びる数直線があります。
これを x 軸（**横軸**）と
よびます。

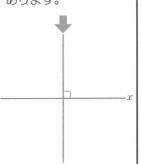

x 軸に**垂直**に交わり，
縦にのびる数直線が
あります。

これを y 軸（**縦軸**）と
よびます。

※ y 軸は上に行くほど大きい数に
なる。

---

x 軸と y 軸を合わせて
座標軸といいます。

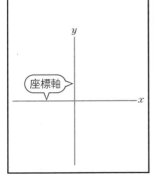

座標軸が交わる点 $\overset{\text{オー}}{\text{O}}$
を**原点**といいます。

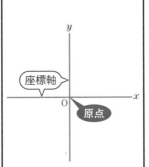

え？ アルファベットの
O（オー）なニョ？
原点は数字の 0（ゼロ）
じゃないニョ？

まぎらわしいんですけど
座標軸の原点（交点）は
$\overset{\text{オー}}{\text{O}}$ で表すんです。*

---

*Origin（原点）の頭文字より。

座標軸を書いたら，
わかりやすいように，
x 軸に目盛りを入れて，

y 軸に目盛りを入れる。
こうしてできたのが，
問 1 の平面図です。

y 軸では，原点 O より
上が正の数，下が負の
数となります。

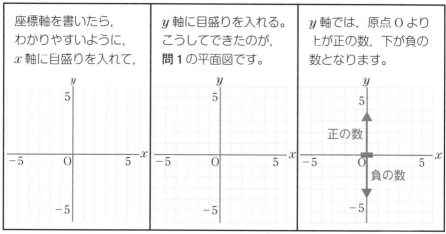

この座標軸からなる平面上に，
「点 A」があるわけですね。

この点 A は
どこにありますか？
正確にいってください。

ふぁ？
正確に？
右上…？
（てきとう）

!?

実は，こういった
平面上の**点の位置**を
数（の組）で正確に示す
のが「**座標**」なんです。

点 A から，x 軸と y 軸にそれぞれ
垂直に線をおろしてみましょう。

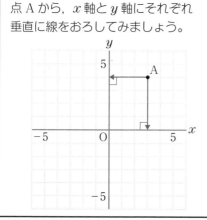

点 A は，x 軸では 3 の位置，
y 軸では 4 の位置にありますよね。

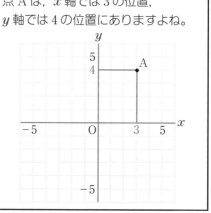

この 3 を点 A の x **座標**といい,
この 4 を点 A の y **座標**といいます。

点 A の**座標**は, x 座標, y 座標の順に,
(3, 4) と示すんです。

y

(3, 4)

5
4 ・A

x

-5 O 3 5

-5

(4, 3) と逆に書いたら
ダメなニョ? y を先にして

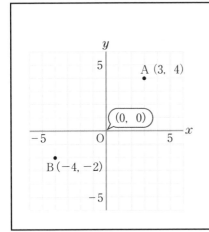

ダメです。**座標は必ず**
(x 座標, y 座標) **の順で**
書くと決まってるんです。

点 A の座標は

(3, 4) **答**

ですね。
同様に, 点 B の
x 座標は-4,
y 座標は-2なので
点 B の座標は

(-4, -2) **答**

となります。

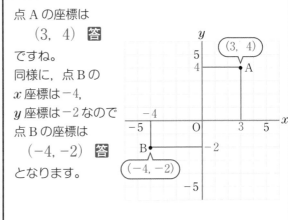

なお, **座標もふくめて点を示すとき**は,
点 (•) の近くに記号 (A や B など) を
かき, その記号の右側に座標を書きます。

ちなみに, **原点** (座標軸の交点 O) の座標
は (0, 0) です。覚えておきましょう。

A (3, 4)
•

(0, 0)

B (-4, -2)
•

y

5

-5 O 5 x

-5

オーだかゼロだか
まぎらわしいニャ〜

196

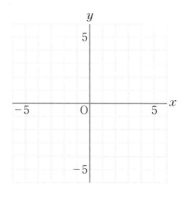

問3 （比例のグラフ①）

$y=2x$ のグラフを，次の手順で右の図にかき入れなさい。

(1) x の値に対応する y の値を求め，下の表の空欄をうめなさい。

(2) 下の表の x，y の値の組を座標とする点を，右の図にかき入れなさい。

(3) 点を線で結び，グラフにしなさい。

x	…	-3	-2	-1	0	1	2	3	…
y	…				0				…

7

比例・反比例

3 比例のグラフ

$y=2x$ は
$y=ax$ の形なので，
比例の式ですよね。
これをグラフにしよう
という問題です。

---

(1)では，$y=2x$ の x に $-3 \sim 3$ の値を代入して，y の値を求めましょう。

x	…	-3	-2	-1	0	1	2	3	…
y	…	-6	-4	-2	0	2	4	6	…

答

---

(2)を考えましょう。
「x，y の値の組を座標とする点」
というのは，例えば，$x=-3$ のとき
$y=-6$ なので，この $(-3, -6)$ の組
を座標とする点という意味です。

x	…	-3
y	…	-6

$(-3, -6)$

この $(-3, -6)$ を座標とする点を
図にかくと，このようになります。

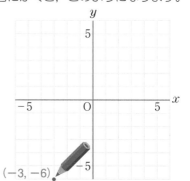

$(-3, -6)$

同じように，残り6つの点を
かき入れると，答えになります。

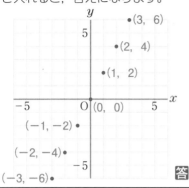

(3)では，点を線で結びます。すると，
$y = 2x$ のグラフができます。

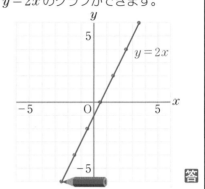

比例のグラフは，つまり
「直線」になるわけニャ

そのとおりです！
ただ，ある特徴のある
直線になるんです。

比例の式は $y = ax$ の形なので，
x が0のときは当然，y も0になりますよね。

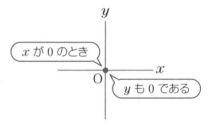

x が0のとき

y も0である

つまり，**比例のグラフは必ず原点を通る直線に
なる**ということです。

POINT

比例のグラフ＝原点を通る直線

比例のグラフは**原点を通る直線**になり
ますが，「直線」とは「**2点を最短距離で
結ぶまっすぐな線**」のことです。
比例のグラフは必ず原点を通るという
ことは，**原点以外のもう1点（合わせて
2点）がわかれば，かくことができる**
というわけですね。

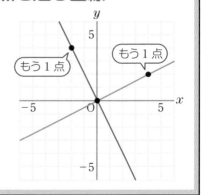

もう1点

もう1点

ちなみに，$y = -2x$ という，比例定数が
負の数の場合，グラフは右のようになります。
これも**原点を通る直線**になっていますね。

x	…	-3	-2	-1	0	1	2	3	…
y	…	6	4	2	0	-2	-4	-6	…

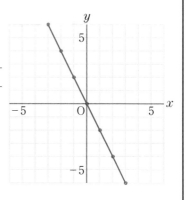

比例の式 $y = ax$ のグラフは，
a が**正の数**なら「**右上がり ↗**」になり，
a が**負の数**なら「**右下がり ↘**」になる
ことも覚えておきましょう。

問4 （グラフから式を求める）

右図は比例の
グラフである。
y を x の式で
表しなさい。

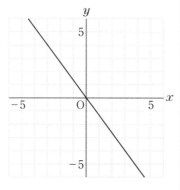

グラフを見て，
比例の式 $y = ax$ を
求める問題ですね。
こういう問題は，
まずはじめに，
x 座標，y 座標ともに
整数の点を1つ
見つけましょう。

よく見ると，
座標が $(3, -4)$ の
点は x 座標，
y 座標ともに
整数です。
この x，y を
$y = ax$ に
代入すれば，
a がわかります。

※$(-3, 4)$ の点でも可。

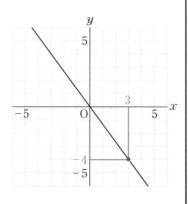

グラフは点 $(3, -4)$ を
通るから，
$y = ax$ に $x = 3$，
$y = -4$ を代入して，

$$-4 = a \times 3$$

$$a = -\frac{4}{3}$$

したがって，
求める答えは

$$y = -\frac{4}{3}x \quad 答$$

END

反比例する量

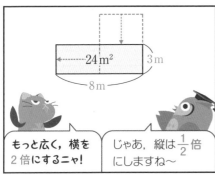

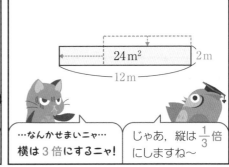

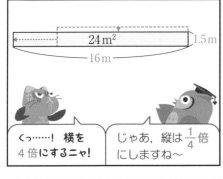

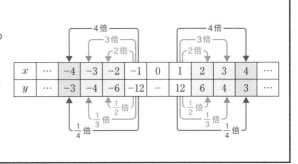

x の値が2倍，3倍，4倍
になると，それに対応する
y の値はそれぞれ
$\frac{1}{2}$ 倍，$\frac{1}{3}$ 倍，$\frac{1}{4}$ 倍になる。
これが「**反比例**」の
イメージです。

x	...	-4	-3	-2	-1	0	1	2	3	4	...
y	...	-3	-4	-6	-12	-	12	6	4	3	...

この長方形,
横 x m, 縦 y m,
面積を a m² だとすると,

a m² y m

x m

面積を表す式は,

$$xy = a \,(\mathrm{m}^2)$$

となりますよね。

これを変形して,
y を x の式で表すと,

$$y = \frac{a}{x}$$

となります。

そして,
この式で表されるとき,
「y は x に反比例する」
というんです。

反比例

y が x の関数で, x と y の関係が $y = \dfrac{a}{x}$ となるとき,
「y は x に**反比例する**」という。(a は比例定数)

POINT

反比例の式

$$y = \frac{a}{x}$$ ⟨比例定数⟩

x の値 (=a をわる数) が増えると,
当然, y の値も小さくなる。

比例の式

$$y = ax$$

※ a は比例定数 (0 ではなく, 変数でもない
決まった数) (☞P.191)。

「y は x に**反比例する**」という
反比例の関係を表す例としては,
もう1つ,「道のり・速さ・時間」の
関係があげられます。

道のり
(距離)

速さ ✕ 時間

道のはじ などと覚えよう!

例えば,
「10 km の道のりを時速 x km で歩く
と y 時間かかる」という場合,

時間 = $\dfrac{道のり}{速さ}$ なので, $y = \dfrac{10}{x}$

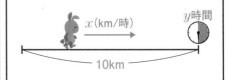

x (km/時) y 時間

10km

この $y = \dfrac{10}{x}$ という式は,
$y = \dfrac{a}{x}$ という形なので,
「y は x に反比例する」と
いえるんです。(比例定数は 10)

※「速さ」が増すごとに「時間」は減るという関係。

「道のり」は変わらない(=定数)ので,
「速さ」が上がれば, その分「時間」
は短くなる。あたりまえですけど,
この反比例のイメージをしっかり
もっておいてくださいね。

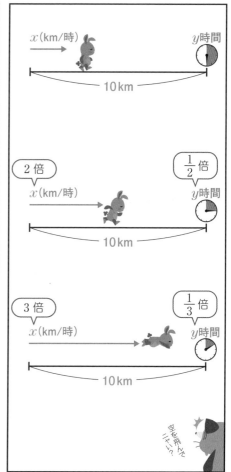

問 1 （反比例の式の求め方）

y は x に反比例し, $x = 2$ のとき $y = 8$ です。

(1) y を x の式で表しなさい。

(2) $x = -4$ のときの y の値を求めなさい。

(1)を考えましょう。

「**y を x の式で表しなさい**」とは，

最後の答えを，

x をふくんだ式
↓
$$y = \sim$$

という形にしなさいということです。

問題文には，

「y は x に **反比例し**」とあるので，

比例定数を a とすると，

求める式は，

$$y = \frac{a}{x}$$

の形だとわかります。

また，問題文には「$x = 2$ のとき $y = 8$」とあるので，

この式に $x = 2$，$y = 8$ を代入すれば，

比例定数の a がわかりますよね。

$$8 \searrow \quad y = \frac{a}{x} \quad \swarrow 2$$

$$y = \frac{a}{x}$$

$$8 = \frac{a}{2}$$

$$a = 16$$

比例定数 a は 16 なので，

$$y = \frac{16}{x} \quad 答$$

---

x，y，a…
**文字が３つもあるけど，
そのうち２つの文字の
値がわかれば，残った
１文字の値もわかる
わけニャ…**

ニャる
ほどね…

そう！　文字は
１人になると，
その正体が
あばかれるという
わけですね。

ちなみに，

$$y = \frac{a}{x} \iff xy = a$$

なので，

(1)のように比例定数を求めた
いときは，$xy = a$ の式を
使って計算しても OK です。

$8 \times 2 = a$ より，$a = 16$

---

(2)を考えましょう。

(1)で，

$y = \dfrac{16}{x}$ という式が

求められたので，

この式に

$x = -4$ を代入すると，

$$y = \frac{16}{x}$$

$$y = \frac{16}{-4}$$

$$y = -4 \quad 答$$

このように，

y の値がわかります。

反比例の式で，

変数 x が「負の数」の

場合もありますので，

注意しましょう。

END

反比例のグラフ

問1 （反比例のグラフ①）

$y = \dfrac{6}{x}$ のグラフを，次の手順で右の図に
かき入れなさい。

(1) x の値に対応する y の値を求め，
　　下の表の空欄をうめなさい。

(2) 下の表の x，y の値の組を座標とする
　　点を，右の図にかき入れなさい。

(3) 点を線で結び，グラフにしなさい。

x	…	−6	−5	−4	−3	−2	−1	0	1	2	3	4	5	6	…
y	…							−							…

$y = \dfrac{6}{x}$ は，$y = \dfrac{a}{x}$ の形なので
反比例の式ですよね。

(1)は，$y = \dfrac{6}{x}$ の x に
−6 〜 6 の値を代入して，
y の値を求めましょう。

(2)は，(1)の表を使って，
「x，y の値の組を座標とする点」を
すべて図にかく問題ですね。

「比例のグラフ」と
同様に，表とグラフに
かき入れると，答えに
なります。

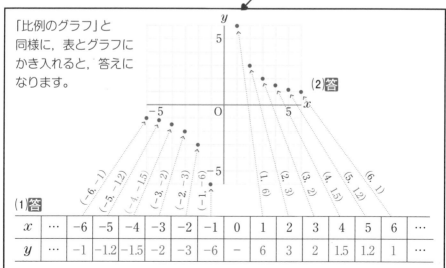

(2)答

(1)答

x	…	−6	−5	−4	−3	−2	−1	0	1	2	3	4	5	6	…
y	…	−1	−1.2	−1.5	−2	−3	−6	−	6	3	2	1.5	1.2	1	…

204

(3)は，点を結んでグラフにする
問題ですが，「反比例」のグラフは，
近くにある点と点を
「なめらかな曲線」で
結ぶように注意してください。

なめらかな曲線

このような感じですね。

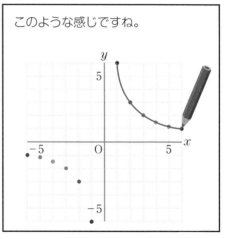

もう一方も同様に，曲線で結べば，
反比例のグラフの完成です。

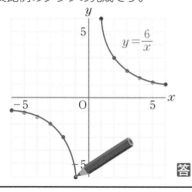

$$y = \frac{6}{x}$$

答

ニャんで「曲線」ニャ？
直線じゃダメニャ？

この反比例の式は $y = \dfrac{6}{x}$ ですよね。
例えば，$x = 1.1,\ 1.2,\ 1.3\cdots$
といった感じで，点をたくさん
増やしていくとしましょう。

すると，たくさんの点の集まりが
「なめらかな曲線」のようになるんです。

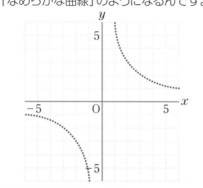

ですから，点と点を**直線**で結ぶのは
まちがいになります。注意しましょう。

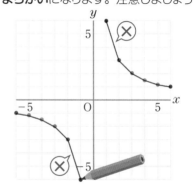

7

比例・反比例

反比例のグラフ

205

反比例のグラフ＝双曲線

反比例のグラフは，**なめらかな２つの曲線**になり，これを「**双曲線**」といいます。

【双曲線の特徴】

❶ x 軸，y 軸と交わらない。

　※ $x=0$ のときは考えない（0 でわることはできない）ため

❷ 原点について**対称**になっている。

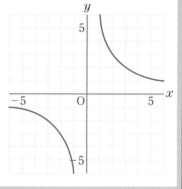

座標軸の右上と左下に曲線ができるニョね…

比例定数が「正の数」のときはそうですね。

例えば，比例定数 a が負の数（$a < 0$）の場合，

$y = -\dfrac{6}{x}$ 　←比例定数は－6

という式の反比例のグラフを，

問1と同じようにかいてみてください。

$$y = -\frac{6}{x}$$

考えて

$y = -\dfrac{6}{x}$ の x に $-6 \sim 6$ の値を代入して y の値を求め，各組の座標をかくと，こうなります。

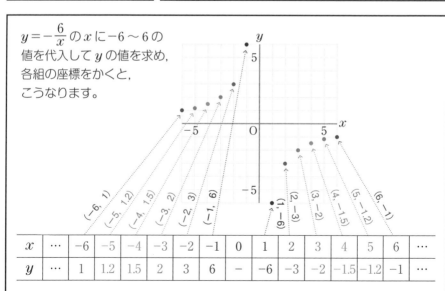

x	…	-6	-5	-4	-3	-2	-1	0	1	2	3	4	5	6	…
y	…	1	1.2	1.5	2	3	6	－	-6	-3	-2	-1.5	-1.2	-1	…

点をなめらかな曲線で結ぶと，
このようなグラフになります。

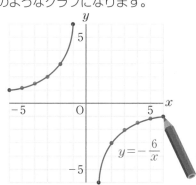

$y = \dfrac{6}{x}$ と $y = -\dfrac{6}{x}$ を比べると，
x の値に対する y の値の＋－が
反対になっているんです。

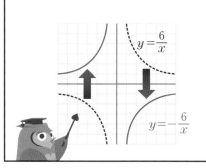

POINT 双曲線の位置（$y = \dfrac{a}{x}$ のグラフ）

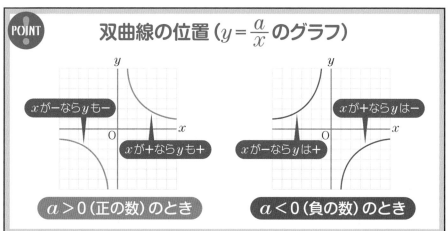

x が－なら y も－
x が＋なら y も＋
$a > 0$（正の数）のとき

x が＋なら y は－
x が－なら y は＋
$a < 0$（負の数）のとき

反比例のグラフをかいたり
読み取ったりする問題は
テストにもよく出ます！
疑問点は残さないようにしましょうね！

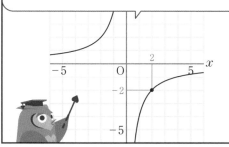

「ヌヌ曲線」はなんで
「ヌヌ」っていうワン？

変な
名前だワン

そうきょくせん
「双曲線」ニャ !!!
今まで何を聞いてたニャ !?　**END**

比例・反比例は関数の基本

　比例・反比例は理解できたでしょうか。比例・反比例の式の意味はもちろんのこと，比例定数（反比例定数はない！），変域，座標，座標軸，原点，…などの新しいことばをしっかり覚えてください。負の数の登場で，グラフは小学校で習ったグラフの４倍の面積になりました。あっぷあっぷの状態の人もいるかもしれません。

　この分野に苦手意識をもつ人は小学算数で習った「割合」の分野でつまずいている印象を受けます。小学校で習った「割合」は大人になってからもあたりまえのように使われます。ぜひ，この機会にパラパラとでいいので小学校の教科書をめくり返してみることをおすすめします。比例は比較的理解できるけど，反比例が苦手っていう人もいます。実際，「比例じゃない関係」のことを「反比例」とのたまう大人はたくさんいます。みなさんは決してそんな大人にならないでくださいね。

　比例や反比例は大きくとらえると「関数」というジャンルになります。中１で習う比例は，中２で習う一次関数の基本形です。さらに中３で二次関数，高校で三次関数・四次関数へと発展していきます。比例は一次関数の仲間ですが，反比例は一次関数の仲間でないことは大事なインプット事項です。実は反比例は中学ではここでしか登場しません。次回の登場はなんと高校での後半！　分数関数という名前で再登場します。しかもこの分数関数は医・歯・薬学部，理・工学部，農・水産学部などを志望する理系の生徒さんのみが扱う分野です。

　硬貨を自動販売機に入れて缶ジュースが出てくる。そんなイメージで比例をとらえるとわかりやすいかと思います。xという硬貨を比例の式という自動販売機に入れると，自動的にyという缶ジュースが出てくる。そんなイメージです。日常生活には（厳密には比例・反比例ではないが）比例や反比例とみなせるものがたくさんあります。校則やルール，わずらわしい制約や制限も，私たちの日常生活自体に「変域」があるからだと考えることもできます。数学は，日常生活の考え方においてもいろいろと役立つのです。

（文：沖田一希）

中2
Chapter

8

一次関数

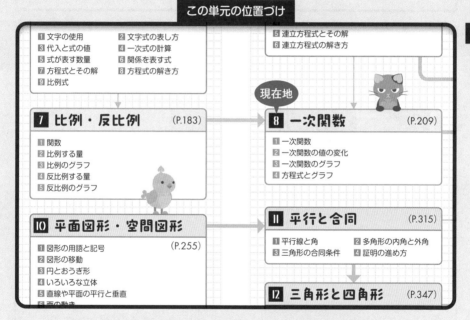

この単元の位置づけ

1 文字の使用　　2 文字式の表し方
3 代入と式の値　　4 一次式の計算
5 式が表す数量　　6 関係を表す式
7 方程式とその解　8 方程式の解き方
9 比例式

5 連立方程式とその解
6 連立方程式の解き方

8

一次関数

現在地

7 **比例・反比例**　　　　　(P.183)

1 関数
2 比例する量
3 比例のグラフ
4 反比例する量
5 反比例のグラフ

8 **一次関数**　　　　　(P.209)

1 一次関数
2 一次関数の値の変化
3 一次関数のグラフ
4 方程式とグラフ

10 **平面図形・空間図形**

1 図形の用語と記号　　　　　(P.255)
2 図形の移動
3 円とおうぎ形
4 いろいろな立体
5 直線や平面の平行と垂直
6 点の動き

11 **平行と合同**　　　　　(P.315)

1 平行線と角　　2 多角形の内角と外角
3 三角形の合同条件　4 証明の進め方

12 **三角形と四角形**　　　　　(P.347)

　　中1では，関数の関係にある2つの数量に着目
して，比例・反比例を学びました。中2では，そ
こから発展し，比例の式に定数項（b）がついた一
次関数を学びます。連立方程式の解が2つの直線
の交点となるなど，前章とも関連する分野です。
一次関数の意味や式を理解したら，日本語の文章
から直線の式をすばやくグラフ化できるよう，演
習をくり返しましょう。

Ⅰ 一次関数

問1 （一次関数①）

直方体の形をしている水そうに，はじめに
8cmの深さまで水が入っています。

この水そうに1分間に3cmの割合で水を
入れ続けます。水を入れ始めてからx分
後の水の深さを$y$cmとするとき，yをx
の式で表しなさい。

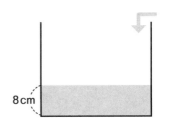

8cm

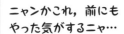

**ニャンかこれ，前にも
やった気がするニャ…**

そう！「関数」(☞P.184)の
ところで同じような問題を
やりましたよね。

はじめに8cmあって，
1分ごとに3cmずつ増えていくので，
図にするとこのようになります。

直方体

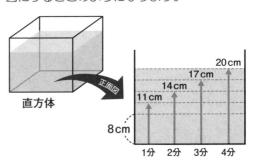

20cm
17cm
14cm
11cm

8cm

1分　2分　3分　4分

1分間に3cmずつ深さが増すので，
1分後，2分後，3分後，4分後…
というように，
xの値に対応するyの値を求め，
表にまとめると，こうなります。

x	0	1	2	3	4	…	(分)
y	8	11	14	17	20	…	(cm)

1分間で3cm増えるので，
x分間では$3x$cm増えます。
よって，x分後に増える
水の深さは，

$$3x$$

と表せますが，この$3x$に
はじめの8cmをたさなけ
ればいけませんよね。

したがって, x 分後の水の深さを y cm とすると,

$$y = 3x + 8 \quad \boxed{答}$$

という関係式になります。

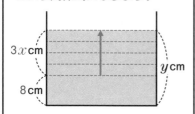

3x cm

8 cm

y cm

このように, 変数 x の値を決めると, それにともなって変数 y の値もただ1つ決まるとき, 「y は x の関数である」というんでしたね。

x	0	1	2	3	4
y	8	11	14	17	20

変数 x が決まれば, 変数 y も決まる

こういう関係のとき, 「y は x の関数である」というわけですよね。

関数は「優柔不断」ニャ…

そして, $y = 3x + 8$ のように, y が x の**一次式**で表されるとき, 「y は x の一次関数（いちじかんすう）である」といいます。
一次関数は, 一般的に次のような形の式で表されます。

一次関数

POINT 一次関数の式

一次式

$$y = \overbrace{ax + b}$$

一次の項
（x に比例する部分）

定数の部分

MEMO 一次式（いちじしき）

「一次の項（かけられている文字が1つの項）だけの式」または「一次の項と数の項の和で表される式」のこと。

例 　$3x$, $3x+8$ 　　 $3x^2$, $3xy+8$
　　 ↑一次式↑ 　　 ↑二次式↑

※項…加法だけの式「○＋□＋△＋◇」の, ○ □ △ ◇ の部分のこと。

MEMO 定数（ていすう）

問1の式 $y = 3x + 8$ の3や8のように, すでに**決まった数（変わらない数）**のこと。公式としては a, b の文字で表しているが, 実際には整数・分数・小数などの数値が入る。なお, 多項式や方程式で, 変数（x, y などの文字）をふくまない項を「**定数項**」という。

「$y = ax + b$」
という形の式なら
全部「一次関数」ニャ？

そうなんです！

簡単にいうと，
x と y の関係が「$y = ax + b$」で表せる場合は，
「y は x の一次関数である」といえるんです。

$$y = ax + b$$

y は x の一次関数である

以下のような式はすべて一次関数です。
「$y = ax + b$」の a や b には，
様々な定数が入るわけですね。

（例）　$y = 3x + 8$
　　　　$y = 0.4x$　　すべて一次関数
　　　　$y = \dfrac{x}{3} - 5$

ちなみに，$y = \dfrac{x}{3} - 5$ のように
$$y = ax - b$$
という形も一次関数です。

$$y = ax + (-b)$$
$$\rightarrow y = ax - b$$
と変形しているんですね。

問2　（一次関数②）

長さ 18 cm のろうそくに火をつけると，
1 分間に 0.3 cm ずつ短くなりました。
火をつけてから x 分後のろうそくの
長さを y cm とするとき，y を x の式
で表しなさい。

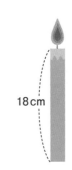

18cm

1分間に 0.3 cm ずつ短くなるから，x 分後は，$0.3 \times x = 0.3x$ (cm) だけ短くなります。

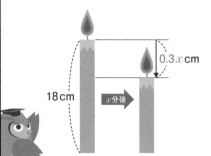

残ったろうそくの長さ（＝y cm）は，もとの長さから減った分をひけばいいので，$y = 18 - 0.3x$ (cm)

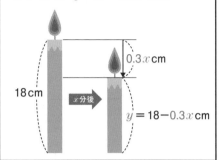

「y を x の式で表す」というのは，つまり，

$$y = ax + b$$

という形の式で表すということです。

※文字をふくむ項 ax が先，文字のない定数項 b が後ろ。

$y = 18 - 0.3x$ を $y = ax + b$ の形に整理すると，

$$y = -0.3x + 18 \quad \boxed{答}$$

となります。

これは，$y = ax + b$ の形なので，y は x の一次関数であるといえます。

別解

減った分（$0.3x$ cm）と残った分（y cm）をたすと，もとの長さ（18 cm）になるので，

$$0.3x + y = 18$$

の式を変形して，

$$y = -0.3x + 18 \quad \boxed{答}$$

ちなみに，**比例の式** $y = ax$ (☞P.190) は，一次関数の式 $y = ax + b$ の b が 0 になっている場合の式なんです。つまり，**比例は一次関数（の特別な場合）である**といえるんですよ。

ふーん…

さあ，一次関数とは何なのか，わかったでしょうか。テストでも一次関数は超頻出。重要な柱となる項目なので，完璧に理解してから次に行きましょう。

To be continued

END

2 一次関数の値の変化

問1 （変化の割合）

一次関数 $y = 3x + 4$ で，x の値が次のように増加したときの，変化の割合を求めなさい。

(1) 2 から 4 まで増加

(2) −1 から 3 まで増加

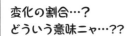

変化の割合…？
どういう意味ニャ…？？

はい，1つ1つ整理
していきましょう。

POINT **変化の割合**

x の増加量に対する y の増加量の割合（x の増加量に対して y が何倍増加するのかを表したもの）を「変化の割合」といいます。

y が上

$$\text{変化の割合} = \frac{y \text{の増加量}}{x \text{の増加量}}$$

まず(1)を考えましょう。$y = 3x + 4$ で，x の値が 2 から 4 に増加したとき（増加量は 2），y の値はどうなるでしょうか。

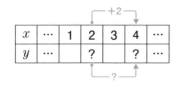

x の値を $y = 3x + 4$ に代入すれば，y の値が求められます。

$x = 2$ のとき，
$$y = 3 \times 2 + 4 = 10$$

$x = 4$ のとき，
$$y = 3 \times 4 + 4 = 16$$

---

x の値が 2 から 4 に増加したとき（増加量は 2），y の値は 10 から 16 に増加することがわかりました（増加量は 6）。

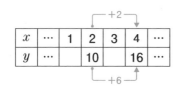

変化の割合は，
$$\frac{y \text{の増加量}}{x \text{の増加量}}$$
で求められますから，
(1)の変化の割合は，

$$\frac{6}{2} = 3 \quad \text{答}$$

一次関数 $y=3x+4$ では，x が 1 増加すると y は 3 増加する。
つまり，y の増加量は，x の増加量の 3 倍※であるということなんです。

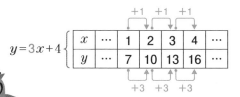

$$y=3x+4\left\{\begin{array}{c|ccccccc} x & \cdots & 1 & 2 & 3 & 4 & \cdots \\ \hline y & \cdots & 7 & 10 & 13 & 16 & \cdots \end{array}\right.$$

※**増加量**が3倍なので
あって，**値**が3倍である
わけではないので注意。

---

(2)も同様に考えます。$y=3x+4$ に，x の値を−1 から 3 まで代入すると，y の値は次のようになりますよね。

x	$\cdots$	−1	0	1	2	3	4	$\cdots$
y	$\cdots$	1	4	7	10	13	16	$\cdots$

x の値が−1 から 3 に増加したとき（増加量は 4），y の値は 1 から 13 に増加しています（増加量は 12）。

x	$\cdots$	−1	0	1	2	3	4	$\cdots$
y	$\cdots$	1	4	7	10	13	16	$\cdots$

変化の割合は，
$$\frac{y \text{の増加量}}{x \text{の増加量}}$$
で求められますから，
(2)の変化の割合は，
$$\frac{12}{4}=3 \quad 答$$

…ん？
(1)と(2)で，
答えが
同じ3だニャ…？

そう！ 実は，
同じ一次関数の式では，
変化の割合は常に一定で，
変わらないんですよ。

POINT

一次関数の変化の割合

一次関数 $y=ax+b$ では，変化の割合**は一定**であり，a に等しい。

$$変化の割合 = \frac{y \text{の増加量}}{x \text{の増加量}} = a$$

〈一次関数の式〉
$$y = ax + b$$
‖
変化の割合

（*y* の増加量の求め方）

次の一次関数で，x の増加量が 5 のときの
y の増加量をそれぞれ求めなさい。

(1) $y = 8x - 7$

(2) $y = -6x + 12$

変化の割合の式，

$$\frac{y \text{の増加量}}{x \text{の増加量}} = a$$

を変形すると，

　y の増加量 $= a \times x$ の増加量

となります。

---

(1)では，x の増加量が 5 で，
a（$=$ 変化の割合）が 8 なので，
これらの値を左の式に代入すると，

　y の増加量 $= 8 \times 5 = 40$ 答

となります。

---

(2)では，x の増加量が 5 で，
a（$=$ 変化の割合）が -6 なので，

　y の増加量 $= (-6) \times 5 = -30$ 答

となります。

---

a が負の数である
$y = -6x + 12$ は，
x が 1 増加するごとに
y は -6 となる
（6 減少する）わけです。

したがって，一次関数 $y = ax + b$ では，次のことがいえるんです。
「あたりまえ」のことですが，おさえておきましょう。

　　$a > 0$ のとき，x の値が増加すると，y の値は増加する。

　　$a < 0$ のとき，x の値が増加すると，y の値は減少する。

問3 （反比例の関係の変化の割合）

反比例の式 $y = \dfrac{18}{x}$ で，x の値が次のように増加したときの変化の割合をそれぞれ求めなさい。

(1) 2 から 3 まで増加

(2) 6 から 9 まで増加

「反比例」の式の場合，変化の割合はどうなるのか，という問題です。一次関数と同じなのでしょうか。

MEMO 反比例

y が x の関数で，x が 2 倍，3 倍…になると，y は $\dfrac{1}{2}$ 倍，$\dfrac{1}{3}$ 倍…となる関係。x と y が $y = \dfrac{a}{x}$ という関係式で表される（a は比例定数）。

〈反比例の式〉 $y = \dfrac{a}{x}$

まず，問題にある x の値を $y = \dfrac{18}{x}$ に代入して，y の値を調べてみましょう。

x	…	2	3	4	5	6	7	8	9	…
y	…	9	6			3			2	…

x が 2 から 3 に増加したとき（増加量は 1），y は 9 から 6 に減っています（増加量は -3）。

+1

x	…	2	3	4
y	…	9	6	

-3

x が 6 から 9 に増加したとき（増加量は 3），y は 3 から 2 に減っています（増加量は -1）。

+3

x	…	2	3	4	5	6	7	8	9	…
y	…	9	6			3			2	…

-1

変化の割合は，

$\dfrac{y \text{の増加量}}{x \text{の増加量}}$

で求められますから，
答えは以下のとおりになります。

(1) $\dfrac{-3}{1} = -3$ (2) $\dfrac{-1}{3} = -\dfrac{1}{3}$

答

このように，**反比例の関係では変化の割合は一定ではない**ことがわかりますね。一次関数（$y = ax + b$）だから，変化の割合が一定になるのです。覚えておきましょう。

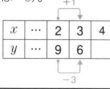

END

問1 （比例と一次関数のグラフ①）

次の一次関数のグラフを，右の図に
かきなさい。

① $y = 2x$

② $y = 2x + 3$

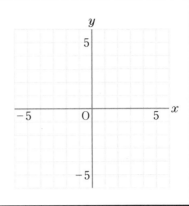

あ…，①は「比例」の
グラフかニャ？
中1でやったニャ！

そう，「比例」も一次関数※
です。まずは比例のグラフ
から復習しましょう。

例えば，$y = 2x$ に $x = 1$ を代入すると，y の値は
2 になりますね。この点の座標は $(1, 2)$ になります。

※座標は必ず（x 座標，y 座標）の順に書く！

x	…	-3	-2	-1	0	1	2	3	…
y	…	-6	-4	-2	0	2	4	6	…

座標 $(1, 2)$

座標 $(1, 2)$ の点をかき入れて，

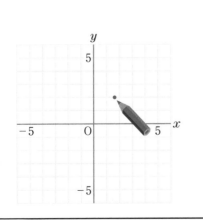

この点と原点 $(0, 0)$ を直線で結ぶと，
①の $y = 2x$ のグラフができます。

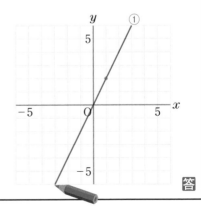

答

※一次関数の式 $y = ax + b$ の b が 0 の場合，**比例**の式 $(y = ax)$ になる。

比例のグラフは原点を通る**直線**になるので，**原点以外のもう1点がわかれば，かくことができる**んですよね。

「**原点以外のもう1点**」は，どの点でもいいニャ？

(2, 4)とか
(3, 6)とか…

もちろん，そこは自由です。
ただし，x 座標と y 座標の値がともに「**整数**」にならないと正確なグラフがかきづらいので，注意しましょう。

そうだったニャ…

さて，②の $y = 2x + 3$ のグラフを考えましょう。まずは，この式の x に -3 ～ 3 の値を代入して，対応する y の値を表にまとめてみます。

$y = 2x$ と比べると，y の値が全部「+3」になってるニャ！

x	…	-3	-2	-1	0	1	2	3	…
y	…	-3	-1	1	3	5	7	9	…

そのとおりですね！

この x，y の組を座標とする点をグラフにかきましょう。
$(2, 7)$ と $(3, 9)$ は図に入らないので省略します。

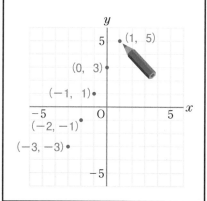

これらの点をすべて結ぶと，②の $y = 2x + 3$ のグラフができます。
一次関数のグラフは**直線**になるんです。

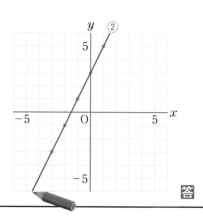

答

219

実は、① $y=2x$ のグラフを，各点で
3 だけ**上**に**平行移動**させたのが，

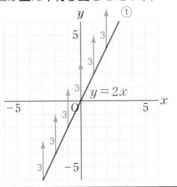

② $y=2x+3$ のグラフなんです。

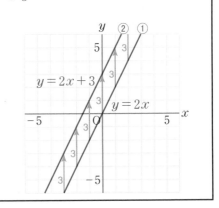

① $y=2x$
に「**+3**」した
② $y=2x+3$
という式だから，
上に **3** 移動する
ニャ？

そう。y 軸は，
上が「**正（+）の
方向**」で，下が
「**負（−）の方向**」
ですからね。

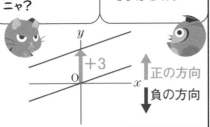

逆に，$y=2x-3$ であれば，①より
3 だけ**下**に**平行移動**するわけです。

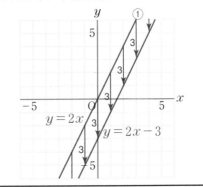

POINT **比例のグラフと一次関数のグラフの関係**

一次関数 $y=ax+b$ のグラフは，比例のグラフ $y=ax$ を y 軸上で b だけ
平行移動させた**直線**となる。

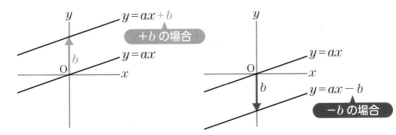

※ $y=ax+(-b)$ が $y=ax-b$ となる。

ところで，一次関数 $y = ax + b$ の b は，$x = 0$ のとき，

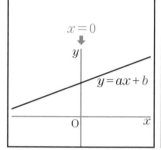

グラフが y 軸と交わる点 $(0,\ b)$ の y 座標になっていますよね。

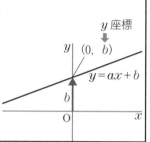

この b のことを，一次関数のグラフの「切片（せっぺん）」といいます。

せっぺん？ ニャんで？

---

8 一次関数 3 一次関数のグラフ

MEMO ┉ 切片（せっぺん）

切れはし。数学ではグラフと座標軸の**交点**のこと。グラフが座標軸を遮断する（区切る）ことから，その交点が英語で intercept（＝遮断する，区切るなどの意味）と名づけられ，この intercept が日本語では「切片」と訳された。

※**グラフ**では，点 $(0,\ b)$ の y 座標 b を**切片**という。

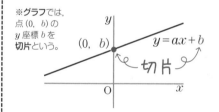

あれ？ この「b」は「ろく」じゃないワン？

ずっと「ろく」だと思ってたワン…

今まで何を聞いてたニャ？

b は数字の「6」ではないニャ！

ちょっと似てるけど!!

さあ，一次関数 $y = ax + b$ では，b の部分を「切片」といいますが，実は a の部分にも特別な名前がついているんですよ。

$$y = ax + b$$

? 切片

とくべつななまえ？

例えば，$y = 2x + 3$ のグラフの場合，右へ 1 進む（＝x が 1 増える）と，上へ 2 進み（＝y が 2 増え）ます。

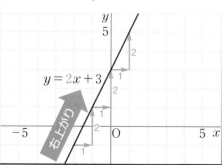

$y = 2x + 3$

右上がり

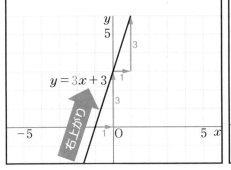

$y = 3x + 3$ のグラフなら，
右へ1進む（＝ x が1増える）と，
上へ3進み（＝ y が3増え）ます。

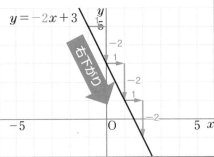

$a < 0$ の場合，$y = -2x + 3$ なら，
右へ1進む（＝ x が1増える）と，
下へ2進み（＝ y が2減り）ます。

つまり，一次関数
$y = ax + b$ のグラフの
「傾きぐあい」は，
a の値によって
決まっていますよね。

確かに…

そのため，一次関数のグラフでは，
この a の部分のことを「傾き」というんです。

$$y = ax + b$$

傾き　切片

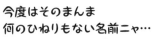

今度はそのまんま
何のひねりもない名前ニャ…

なぞのネーミングセンスだニャ…

POINT　　　　　**一次関数のグラフ**

❶ 一次関数 $y = ax + b$ のグラフは，
　傾きが a，切片が b の**直線**である。
　※「**直線** $y = ax + b$」などという場合もある。

❷ $a > 0$ →「**右上がり**」の直線になる。
　$a < 0$ →「**右下がり**」の直線になる。

❸ 傾きの a は**変化の割合**に等しい。

　変化の割合 ＝ $\dfrac{y \text{の増加量}}{x \text{の増加量}}$ ＝ a

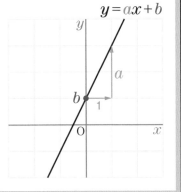

問2 （比例と一次関数のグラフ②）

一次関数 $y=2x-3$ のグラフを，右の図にかきなさい。

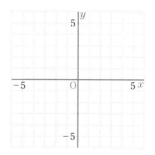

一次関数のグラフは**直線**です。**直線**とは，**2つの点**を通るまっすぐな線のことですから，「**2つの点**」がわかれば**直線**のグラフはかけますよね。

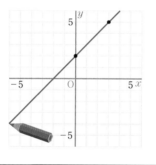

$y=2x-3$ は，
$x=0$ のとき，$y=-3$ となるので，点 $(0, -3)$ がとれますね。

※ $x=0$ を式に代入して（暗算で）y を求めましょう!

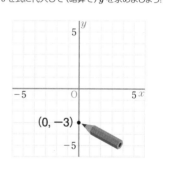

$x=1$ のときは，$y=-1$ となるので，点 $(1, -1)$ がとれます。

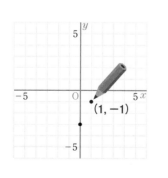

2点を結ぶ直線をかけば，$y=2x-3$ のグラフが完成です。

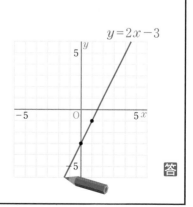

答

問3 （一次関数のグラフと変域）

右のグラフの一次関数 $y = 2x - 1$ について，次の問いに答えなさい。

(1) x の変域が $1 < x < 4$ のときの y の変域を求めなさい。

(2) x の変域が $-1 \leqq x \leqq 3$ のときの y の変域を求めなさい。

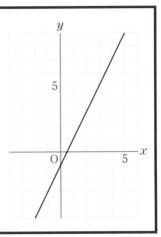

「**変数のとりうる値の範囲**」を，その変数の「**変域**」といいます。

中1でやりましたよね！

(1)は，x の**変域**が
1 より大きく
4 より小さい
ということなので，

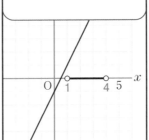

変数 x は，この範囲の**いずれかの値になりえる**ということです。

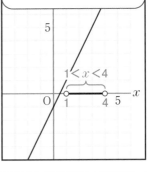

このxの変域の中で，変数 y の変域はどこからどこまでか（y はどんな値をとりうるのか），というのがこの問題なんです。

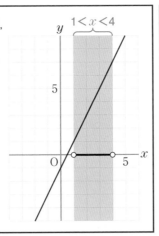

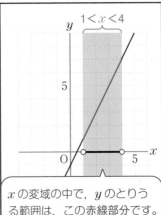

x の変域の中で，y のとりうる範囲は，この赤線部分です。

※変域を数直線上で表すとき，端の数を**ふくむ**場合は●で表し，**ふくまない**場合は○で表す。

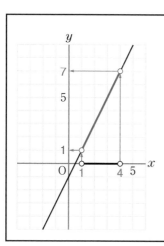

x が 1 のとき y は 1，
x が 4 のとき y は 7。

したがって，
(1)の y の変域は，

$$1 < y < 7 \quad \text{答}$$

となります。

※ x の値は 1 より大きいので，
y の値も 1 より大きくなる。
また，x の値は 4 より小さいので，
y の値も 7 より小さくなる。

要するに，y の値は
「2〜6」ってことニャ？

整数ではそうですね。
ただ，1.1 や 6.9 などの
小数かもしれませんし，
分数の $\frac{3}{2}$ かもしれま
せん。
　　　　様々な値に
　　　　なりえるわけです

(2)は，x の変域が
−1 以上，3 以下
なので，

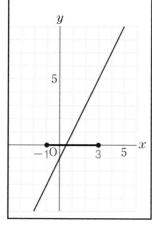

y のとりうる範囲は，
この**赤線**部分です。

$-1 \leqq x \leqq 3$

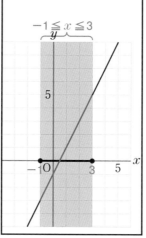

x が −1 のとき y は −3，
x が 3 のとき y は 5。

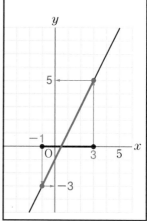

したがって，
(2)の y の変域は，

$$-3 \leqq y \leqq 5 \quad \text{答}$$

となります。

※ x の値は −1 **以上**なので，y の値も
−3 **以上**になる。また，x の値は 3 **以下**
なので，y の値も 5 **以下**となる。

さあ，一次関数のグラフの特徴やかき方，
変域の求め方などがわかりましたね。
計算だけでなく，しっかり**グラフ**のイメージ
をもちながら，一次関数を理解しましょう。

END

4 方程式とグラフ

問1 （二元一次方程式のグラフ）

方程式 $x-2y=4$ のグラフを，下の図にかきなさい。

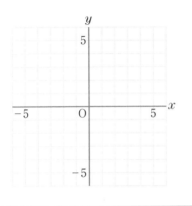

…ふぁ？
方程式のグラフ？
一次関数のグラフ
じゃないニャ？

「一次関数」だけ
ではなく，
「二元一次方程式」
もグラフにできる
んですよ。

MEMO ► 二元一次方程式

二つの文字（x, y など）をふくむ，
一次の（＝次数が１の）方程式のこと。

例 $x+y=6$ $\qquad 2x-3y=12$

$\qquad \dfrac{2}{3}x+\dfrac{y}{2}=5$ $\qquad 0.5a-3b=4$

※次数…単項式でかけられている**文字の個数**。多項式
では，各項の次数のうちで最も大きいもの。「一次」の
式は，x や y のみで，x^2, x^3, y^2, y^3 などはふくまない。

問1 の方程式 $x-2y=4$ に，$x=-5 \sim 5$ を代入し，
それに対応する y の値を表にまとめてみましょう。

x	…	-5	-4	-3	-2	-1	0	1	2	3	4	5	…
y	…	-4.5	-4	-3.5	-3	-2.5	-2	-1.5	-1	-0.5	0	0.5	…

次に，x, y の値の組
を座標とする点を
図にかき入れます。

この点１つ１つは
方程式の「解」でも
ありますよね。

方程式の「解」の１つ ＞ $(-5, -4.5)$

$(5, 0.5)$

$(0, -2)$

…ん？
点が「まっすぐ」に
並んでニャい？

そう！ 座標点がすべて
まっすぐに並ぶんですよ。

仮に, x の値をもっと細かくきざむと, 座標の点はこのようになります。

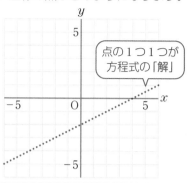

点の1つ1つが方程式の「解」

もっともっと細か〜くきざむと, 最後は「直線」のグラフになるんです。

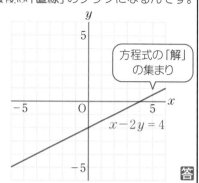

方程式の「解」の集まり

$x - 2y = 4$

答

「直線」ということは「一次関数」のグラフと同じニャ?

方程式ニャのに…

そのとおりです!

二元一次方程式 $x - 2y = 4$ を y について解く(「$y = \sim$」の形にする)と,

$x - 2y = 4$
$\quad -2y = -x + 4$
$\qquad y = \dfrac{1}{2}x - 2$

となり, つまり

一次関数のグラフ
(傾き $\dfrac{1}{2}$, 切片 -2)

になるわけですね。

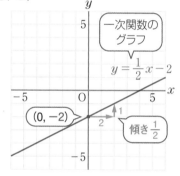

一次関数のグラフ

$y = \dfrac{1}{2}x - 2$

$(0, -2)$

傾き $\dfrac{1}{2}$

POINT

方程式のグラフ = 一次関数のグラフ

二元一次方程式 $ax + by = c$

※方程式 $ax + by = c$ のグラフは, この方程式を成り立たせる x, y の値の組, すなわち「解」を座標にもつ点の集まりとなる。

↕ 同じ

一次関数 $y = -\dfrac{a}{b}x + \dfrac{c}{b}$

傾き   切片

（二元一次方程式のグラフをかく方法）

次の方程式のグラフをかきなさい。

(1) $3x + y = -1$

(2) $2x + 3y = 6$

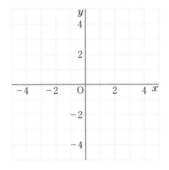

二元一次方程式のグラフをかく方法
は，主に「2つ」あるんです。
これは一次関数のグラフも同じです。
どんな方法でしょうか？

わかったワン！
カンタンだワン

え？　もう
わかったニャ？

「鉛筆」と「定規」でかくワン！

その「方法」じゃないニャ！

…さっきやったように
方程式を「$y = ax + b$」
という一次関数の形に
なおせばいいニャ？

そう，1つめはそれです。
もう1つは「2点」を求め
てかくという方法ですね。

 POINT

「直線」グラフのかき方
（一次関数と二元一次方程式のグラフに共通）

❶「傾き」と「切片」からかく

※「二元一次方程式」は「一次関数」の形（$y = ax + b$）になおす。
※「切片」の代わりにほかの「1点」を求めてもよい。

❷「2点」を求めてかく

※「直線」は「2点」を結べばかける。
※xやyに0を代入するのが最も簡単（文字が1つ消えるため）。

(1)を考えましょう。

二元一次方程式 $3x + y = -1$ を y について解くと，

$$3x + y = -1$$
$$y = -3x - 1$$

<small>↑傾き　↑切片</small>

一次関数のグラフになりますね。
❶のとおり，**傾き**と**切片**がわかれば
一次関数のグラフはかけますから，

(1)のグラフは，このようになります。

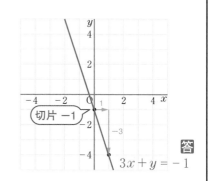

切片 -1

$3x + y = -1$

答

(2)は，❷の方法で
かいてみましょう。
方程式 $2x + 3y = 6$ の
「2点」を求めるのに
最も簡単な方法は，

$$x = 0$$
$$y = 0$$

を代入することです。

$2x + 3y = 6$ に，
$x = 0$ を代入すると，

$$2 \times 0 + 3y = 6$$
$$3y = 6$$
$$y = 2$$

$x = 0$（←y軸との交点）のとき，$y = 2$に
なるということです。

$2x + 3y = 6$ に，
$y = 0$ を代入すると，

$$2x + 3 \times 0 = 6$$
$$2x = 6$$
$$x = 3$$

$y = 0$（←x軸との交点）のとき，$x = 3$に
なるということです。

2点 $(0, 2)$，$(3, 0)$ を通るので，
(2)のグラフは，こうなります。

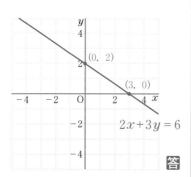

$(0, 2)$

$(3, 0)$

$2x + 3y = 6$

答

二元一次方程式で，x や y に 0 を代入
するというのは，つまり**座標軸との
交点**を求めるということですね。
ただし，**座標軸との交点が常に「整数」
になるわけではない**ので要注意です。

※座標軸との交点の値が「整数」にならない場合は，
ほかの適当な値を代入しましょう。

問3 （x軸・y軸に平行なグラフ）

次の方程式のグラフをかきなさい。

(1) $4y = -8$

(2) $3x = 9$

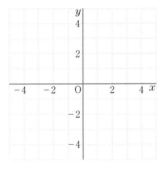

…ニャ？ 式の中の文字が1つだけニャ…？？ 二元一次方程式になってないニャ？

これは，**特別な場合の**「二元一次方程式」だと考えてください。

つまり，二元一次方程式 $ax + by = c$ の，a や b が「0」である場合と考えるわけです。

※ a, b, c を定数とする。

$$0x + by = c$$
$$\uparrow$$
二元一次方程式 $ax + by = c$
$$\downarrow$$
$$ax + 0y = c$$

(1)も，$0x + 4y = -8$ という「二元一次方程式」だと考えて，y について解くと，

$$0x + 4y = -8$$
$$4y = -0x - 8$$
$$y = -0x - 2$$

となります。

※(1)の式は x の項が見えない状態だと考える。

これは，x にどんな値を入れても，**常に $y = -2$ である***ということです。

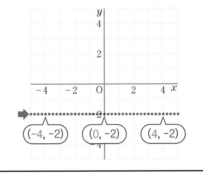

230

*$-0x$ は x がどんな値でも常に 0 になるため。

よって，グラフは，点 $(0, -2)$ を通る，x **軸に平行**な直線になります。

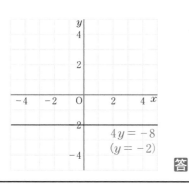

$4y = -8$
$(y = -2)$

答

(2)も同様に，$3x + 0y = 9$ という「二元　次方程式」だと考えて，x について解くと，

$$3x + 0y = 9$$
$$3x = -0y + 9$$
$$x = -0y + 3$$

となります。

※(2)の式は y の項が見えない状態だと考える。

これは，y にどんな値を入れても，常に $x = 3$ であるということですね。

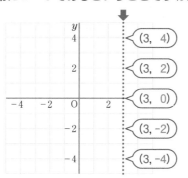

$(3, 4)$
$(3, 2)$
$(3, 0)$
$(3, -2)$
$(3, -4)$

よって，グラフは，点 $(3, 0)$ を通る，y **軸に平行**な直線になります。

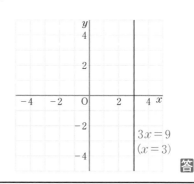

$3x = 9$
$(x = 3)$

答

このように，方程式 $ax + by = c$ のグラフは，

$a = 0$ ($\rightarrow ax = 0$) の場合は x **軸に平行**な直線に，

$b = 0$ ($\rightarrow by = 0$) の場合は y **軸に平行**な直線になるわけです。

POINT

$ax = 0$ の場合

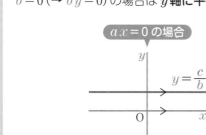

$y = \dfrac{c}{b}$

$by = 0$ の場合

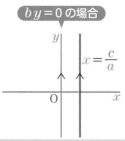

$x = \dfrac{c}{a}$

（連立方程式とグラフ）

連立方程式 $\begin{cases} 2x - y = -1 \\ x + y = 4 \end{cases}$ の解を,

下の図にグラフをかいて求めなさい。

ふぁ!?
連立方程式の**解**を
グラフにかく?
どういうことニャ?

「**解**」を
グラフに
かくワン?
簡単だワン!

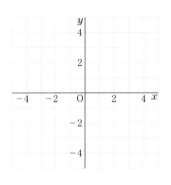

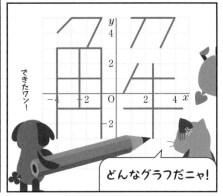
できたワン!

どんなグラフだニャ!

連立方程式といっても,
ただの「二元一次方程式」
が2つあるだけです。
まずはこれをグラフに
してみましょう。

$2x - y = -1$
を y について解くと,

$-y = -2x - 1$

$y = 2x + 1$

$x + y = 4$
を y について解くと,

$y = -x + 4$

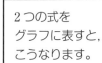
2つの式を
グラフに表すと,
こうなります。

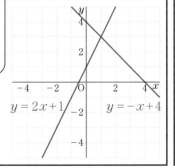
$y = 2x + 1$　　$y = -x + 4$

この「直線」は, 方程式の
「解」を座標とする点が無数
に集まったものですよね。

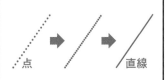
点　　　直線

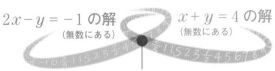

「連立方程式の解」というのは，
2つの方程式に**共通する解**のことです。

$2x - y = -1$ の解
（無数にある）

$x + y = 4$ の解
（無数にある）

共通する解＝連立方程式の解
（1つだけ）

2つの直線で「共通する」
部分というと…？

あ，「交点」ニャ!?

そう！　2直線のグラフの「交点」
が，「**連立方程式の解**」になるんです。
図を読み取ると，交点の座標は
(1, 3)なので，これが答えです。

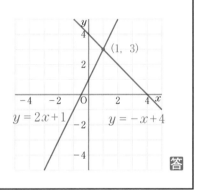

$y = 2x + 1$　　$y = -x + 4$

答

ちなみに，この連立方程式をふつう
に解くと，その解はグラフの「交点」
の座標と一致します。

$$\begin{cases} 2x - y = -1 & \cdots\cdots ① \\ x + y = 4 & \cdots\cdots ② \end{cases}$$

①＋②より，　$3x = 3$
　　　　　　　　$x = 1$
$x = 1$ を②に代入して，
　　　　　　$1 + y = 4$
　　　　　　　　$y = 3$

答　$x = 1,\ y = 3$

↓

(1, 3)

連立方程式の解 ＝ グラフの交点

POINT

連立方程式 $\begin{cases} ax + by = c & \cdots ① \\ a'x + b'y = c' & \cdots ② \end{cases}$ の解は，

直線①，②の「交点」の座標と一致する。

※交点の座標が「整数」でない（＝グラフから読み取りづらい）場合は，連立方程式を解き，
その解を交点の座標とする方法が有効。

END

COLUMN-8

傾きと近似値

　ガソリンスタンドに自家用車で灯油を買いにきた3人のお話です。彼らはポリタンクに灯油を入れて、車にレギュラーガソリンを入れて代金を払って帰りました。右の表は、灯油の購入量とガソリンの購入量、その合計金額を表したものです。ただし、合計金額は正確な値ですが、灯油とガソリンの購入量は小数第一位を四捨五入した値です。

	灯油の購入量	ガソリンの購入量	合計金額
①	10 ℓ	46 ℓ	7,083 円
②	8 ℓ	46 ℓ	6,975 円
③	63 ℓ	11 ℓ	7,101 円

　①～③のそれぞれに対して、灯油1ℓあたりの価格をx円、ガソリン1ℓあたりの価格をy円として合計金額に関する式をつくってみます。

$$10x + 46y = 7083 \quad \cdots\cdots ①$$
$$8x + 46y = 6975 \quad \cdots\cdots ②$$
$$63x + 11y = 7101 \quad \cdots\cdots ③$$

　未知数はx、yの2つなので、3つの式のうち2つの式の連立方程式を解けば、おおよその価格を求めることができるはずです。前回のコラムの要領で解を求めると、①と②の解はQ$(x, y) = (54, 142.23\cdots)$、②と③の解はR$(x, y) = (88.93\cdots, 136.16\cdots)$となります。近似値であるはずの2つの解には大きなへだたりがありますね。なぜでしょうか。

　連立方程式の解は2つの一次関数のグラフの交点なので、①と②、②と③のグラフをかいて、QとRを視覚的に確認してみましょう。さらに、真の値であるP$(x, y) = (90, 135)$をグラフにかき入れてみます。

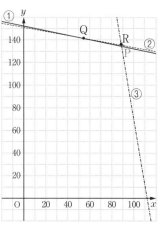

　この例から、2つの直線の傾きが似ているときよりも、2つの直線の傾きが異なるときの方が、（近似値を使った）解の値は真の値に近いということがわかります。

（文：沖田一希）

中3
Chapter
9

関数 $y=ax^2$

この単元の位置づけ

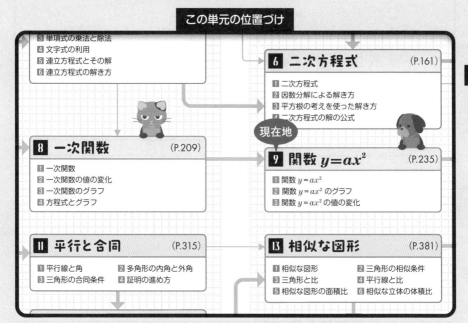

3 単項式の乗法と除法
4 文字式の利用
5 連立方程式とその解
6 連立方程式の解き方

6 二次方程式 (P.161)

1 二次方程式
2 因数分解による解き方
3 平方根の考えを使った解き方
4 二次方程式の解の公式

現在地

8 一次関数 (P.209)

1 一次関数
2 一次関数の値の変化
3 一次関数のグラフ
4 方程式とグラフ

9 関数 $y=ax^2$ (P.235)

1 関数 $y=ax^2$
2 関数 $y=ax^2$ のグラフ
3 関数 $y=ax^2$ の値の変化

11 平行と合同 (P.315)

1 平行線と角　　2 多角形の内角と外角
3 三角形の合同条件　4 証明の進め方

13 相似な図形 (P.381)

1 相似な図形　　　2 三角形の相似条件
3 三角形と比　　　4 平行線と比
5 相似な図形の面積比　6 相似な立体の体積比

9

関数 $y=ax^2$

　中1では比例・反比例を学び，中2では一次関数 $(y=ax+b)$ を学びましたが，中3ではそれらとは異なる新しい関数 $y=ax^2$ を学びます。これは二次関数 $y=ax^2+bx+c$ の特別な形です。

　関数 $y=ax^2$ のグラフは，原点を頂点として y 軸に対称な「放物線」になります。物体の落下速度など日常生活とも深く関わる関数なので，身のまわりの現象をイメージしながら学びましょう。

I 関数 $y=ax^2$

問1 （xの2乗に比例する関数）

図のような斜面で球を転がした。球
が転がり始めてから x 秒間に転がる
距離を y m とすると，球の位置は下
表のようになった。このとき，次の
問いに答えなさい。

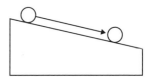

(1) x の値が2倍，3倍になると，対応する y の値はそれぞれ何倍
になるか。

(2) 球が転がり始めてから4秒間で，球は何 m 転がると考えられ
るか。表中の**ア**の値を求めなさい。

x	0	1	2	3	4
y	0	4	16	36	**ア**

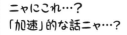

ニャにこれ…？
「加速」的な話ニャ…？

図の様子を1つ1つ
考えていきましょう。

斜面から球を転がしま
す。転がる距離を y m
としますよ。

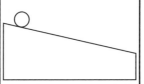

1秒後には，
4m 転がります。

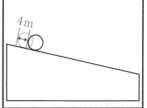

2秒後には，
16m 転がります。

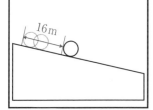

3秒後には，
36m 転がります。

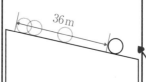

4秒後には，
何 m 転がりますか？
という問題です。

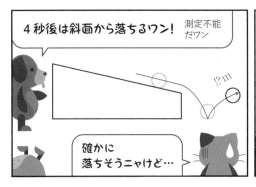

4秒後は斜面から落ちるワン！ 測定不能だワン

!? m

確かに
落ちそうニャけど…

こういった数学の図は「イメージ」ですから，斜面は無限に続いているものと考えてください。

暗黙のルールですよ

斜面以外は無視

さて，(1)を考えましょう。

x の値が 1 から 2 へ 2 倍になるとき，y の値は何倍になっていますか？

x	0	1	2	3	4
y	0	4	16	36	ア

表を見ると，4 から 16 へ，つまり 4 倍 $(16÷4=4)$ になっていますね。

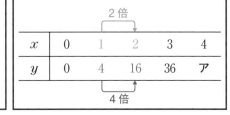

2倍

x	0	1	2	3	4
y	0	4	16	36	ア

4倍

---

x の値が 1 から 3 へ 3 倍になるとき，y の値は 9 倍 $(36÷4=9)$ になっています。

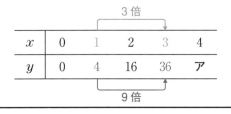

3倍

x	0	1	2	3	4
y	0	4	16	36	ア

9倍

これより，(1)の答えは次のようになります。

（x の値が 2 倍，3 倍になると）対応する y の値はそれぞれ 4 倍，9 倍になる。 答

では，(2)を考えましょう。

これは「ナゾ解きクイズ」です。問題の中から何かしら「法則」を見つけて，答えを導き出すんですよ。

何かの法則を見つけ出すニャ…？

x　2倍　3倍

y　4倍　9倍

考えて

ナゾは
解けたニャ！

y の変化は x の変化の
「2乗」になってるニャ！

そのとおり正解！

---

x の値が 1 から 4 へ，4 倍になるとき，
y の値は，$4^2 = 16$ より，16 倍になると考えられます。

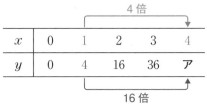

x	0	1	2	3	4
y	0	4	16	36	**ア**

4倍

16倍

したがって，
表中の**ア**に入る
答えは，

$4 × 16 = 64$ 答

となります。

斜面を転がる球の問題では，変数 x の値が決まる
と，変数 y の値がただ1つに決まりました。

x	0	1	2	3	4
y	0	4	16	36	64

x が決まれば，y もただ1つに決まる

よって，
y は x の**関数**※である
といえます。

※関数…2つの変数 x，y があって，
x の値が決まると，それに対応し
て y の値が1つに決まるとき，y
は x の関数であるという。

さて，この表に「x^2」の行を追加して
みましょう。

x	0	1	2	3	4
y	0	4	16	36	64
x^2	0	1	4	9	16

x^2 が4倍，9倍…になると，
y も4倍，9倍…になっていますね。

x	0	1	2	3	4
y	0	4	16	36	64
x^2	0	1	4	9	16

4倍　　9倍

2乗に比例する関数の式

つまり，y は x^2（x の2乗）に「比例」しているので，
y と x^2 の関係は次の式で表されます（a は比例定数）。

$$y = ax^2$$

（比例定数）

この形のとき，
「y は x^2 に比例する」といいます。

MEMO▶ 比例定数（ひれいていすう）

変化しない数やそれを表す文字のことを
「**定数**」といい，比例関係における定数を
「**比例定数**」という。
y が x^2 に比例し，$x \neq 0$ のとき，$\frac{y}{x^2}$ の値
は一定で，比例定数 a に等しい。

（比例定数）

$$y = ax^2 \Leftrightarrow \frac{y}{x^2} = a$$

こっちの式にも変換可能 ↗

比例定数を調べるために，$\dfrac{y}{x^2}$（$=y \div x^2$）
の計算結果を書いてみましょう。

x	0	1	2	3	4
y	0	4	16	36	64
x^2	0	1	4	9	16
$\dfrac{y}{x^2}$ ➡		4	4	4	4

9
関数 $y=ax^2$
1 関数 $y=ax^2$

…あれ?
$\frac{y}{x^2}$ は
全部 4 に
なるニャ?

そう，比例定数は 4 である，
もっというと，
y は x^2 の「4倍」である
ということなんです。

したがって，
x と y の関係を式で表すと，

$$y = 4x^2$$

となります。
いいですか？
ここまでしっかり理解したら，
次に行きましょう。

y は x の2乗に比例し，$x=3$ のとき $y=45$ である。このとき，次の問いに答えなさい。

(1)　y を x の式で表しなさい。

(2)　$x=-2$ のときの y の値を求めなさい。

「y が x の2乗に比例」
するということは，

$$y = ax^2$$

という関数の式になる
ということです。

式の形がわかっている
場合，y と x に値を
代入すると，

45　　3

$$y = ax^2$$

比例定数 a の値が
求められるので，

$$a = (値)$$

$$y = ax^2$$

その値を $y=ax^2$ の a
に代入すれば，2乗に
比例する関数の式が完
成するというわけです。

---

(1)を考えましょう。
$x=3$ のとき $y=45$
なので，これを
$y=ax^2$ に代入します。

$$45 = a \times 3^2$$
$$45 = 9a$$
$$a = 5$$

したがって，
$$y = 5x^2 \quad 答$$

---

(2)を考えましょう。
式は $y=5x^2$ なので，
x に -2 を代入すれば，
残った y の値がわかり
ますよね。

-2

$$y = 5x^2$$

計算しましょう。

$$y = 5 \times (-2)^2$$
$$y = 5 \times 4$$
$$y = 20$$

$$y = 20 \quad 答$$

では，まとめましょう。
y が x の一次式で表せる関数を
「一次関数」といいますよね。

中2でやりましたよ

一次関数の式

$$y = \underbrace{ax + b}_{\text{一次式}}$$
（b は定数項）

(a は比例定数〔以下同様〕)

一次関数のうち，定数項の b がない
場合は「比例」の式になります。

一次関数の式

$$y = ax + b$$

↓ 特別な形

$$\underbrace{y = ax}_{\text{比例の式}}$$

また，一次関数ではありません※が，
y が x の関数で，$y = \dfrac{a}{x}$ という形の場合は，
「反比例」の式になります。

$$\underbrace{y = ax}_{\text{比例の式}} \Longleftrightarrow \underbrace{y = \dfrac{a}{x}}_{\text{反比例の式}}$$

一次関数ではない

※「一次」は x を 1 回かけるといった意味だが，反比例の式では
x でわっているので，一次関数ではない。

一方，y が x の関数で，

二次関数の式

$$y = \underbrace{ax^2 + bx + c}_{\text{二次式}}$$

という**二次式**※の形で表される
とき，「y は x の二次関数であ
る」といいます。

※二次式…「二次の項 ax^2（＋一次の項 bx ＋
定数の項 c）」という形で表される式。

二次関数のうち，二次の項 ax^2 しかない（一次の
項 bx や定数項 c がない）場合が，今回勉強した
関数 $y=ax^2$ の式なんです。

二次関数の式

$$y = ax^2 + bx + c$$

↓ 特別な形

$$\underbrace{y = ax^2}_{\text{2乗に比例する関数の式}}$$

ニャるほど…

中1・中2の内容を
復習しながら，関数に
ついてまとめました。
しっかり理解してから
次に行きましょうね。

END

2 関数 $y=ax^2$ のグラフ

問 1 （関数 $y=ax^2$ のグラフ①）

関数 $y=x^2$ について，次の問いに答えなさい。

(1) 下の表の x の値に対応する y の値を求めて，表の空欄をうめなさい。

(2) 関数 $y=x^2$ のグラフをかきなさい。

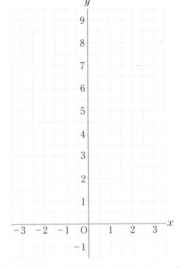

x	-3	-2.5	-2	-1.5	-1	-0.5	0	0.5	1	1.5	2	2.5	3
y													

$y=x^2$ に
表の x の値を代入していけば，
y がわかる
パターンニャ？

そのとおり！
では，計算してみましょう。

(1)を考えましょう。
$x=-3$ のときを考えます。
$y=x^2$ に $x=-3$ を代入すると，

$$y=(-3)^2=9$$

$x=-3$ のとき，
$y=9$ なので，
表に書き入れます。

x	-3	-2.5	-2
y	9		

同様に計算しましょう。
$x=-2.5$ のとき，
$y=(-2.5)^2=6.25$

x	-3	-2.5	-2
y	9	6.25	

$x=-2$ のときは，
$y=(-2)^2=4$

x	-3	-2.5	-2
y	9	6.25	4

このようにすべて計算して表をうめると，(1)の答えになります。

答

x	-3	-2.5	-2	-1.5	-1	-0.5	0	0.5	1	1.5	2	2.5	3
y	9	6.25	4	2.25	1	0.25	0	0.25	1	2.25	4	6.25	9

次に，(2)を考えましょう。
$x=-3$，$y=9$の点の座標は，
$(-3,\ 9)$になるので，
※座標は必ず（x座標，y座標）の順に書く!

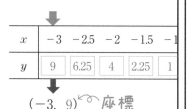

x	-3	-2.5	-2	-1.5	-1
y	9	6.25	4	2.25	1

$(-3,\ 9)$ 座標

グラフの座標 $(-3,\ 9)$ の位置
に点をかきましょう。

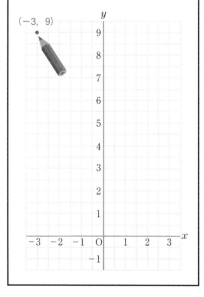

同様に，すべての点の座標をかきます。

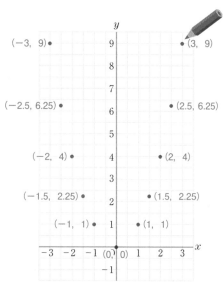

最後に，これらの点を線で結ぶと，
関数 $y=x^2$ のグラフが完成です。

線で結ぶ…？
点多くニャい？
どうやるニャ？

わかったワン！
比例のグラフは
原点を通るワン！

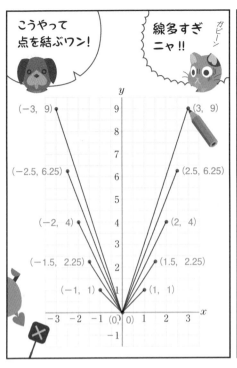

こうやって点を結ぶワン!

線多すぎニャ!!

ガビーン

$(-3, 9)$ $(3, 9)$
$(-2.5, 6.25)$ $(2.5, 6.25)$
$(-2, 4)$ $(2, 4)$
$(-1.5, 2.25)$ $(1.5, 2.25)$
$(-1, 1)$ $(1, 1)$
$(0, 0)$

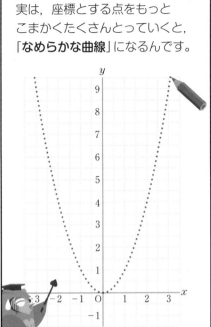

実は，座標とする点をもっとこまかくたくさんとっていくと，「なめらかな曲線」になるんです。

したがって，近くにある点と点を「なめらかな曲線」で結んだグラフが関数 $y = x^2$ のグラフになります。

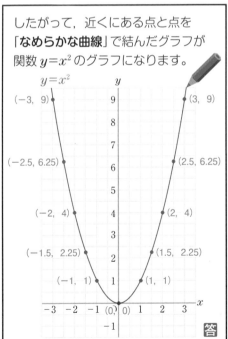

$y = x^2$

$(-3, 9)$ $(3, 9)$
$(-2.5, 6.25)$ $(2.5, 6.25)$
$(-2, 4)$ $(2, 4)$
$(-1.5, 2.25)$ $(1.5, 2.25)$
$(-1, 1)$ $(1, 1)$
$(0, 0)$

答

この曲線はフリーハンドでかかないとダメニャ?

ネコをニャめてんニョ?

そうですね。ていねいに手でかいてください。

では，今度は関数 $y = ax^2$ の a が「負の数（$a < 0$）」の場合のグラフをかいてみましょう。

問2 （関数 $y=ax^2$ のグラフ②）

関数 $y=-x^2$ のグラフをかきなさい。

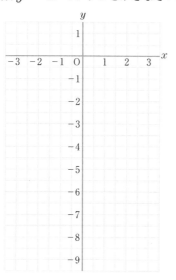

1つ1つ考えましょう。

$x=-3$ のときを考えます。

$y=-x^2$ に $x=-3$ を代入すると，

$$y=-(-3)^2=-9$$

座標は $(-3，-9)$ になりますね。

同様に x の値を代入していきます。

$x=-2$ のとき，$y=-(-2)^2=-4$

$x=-1$ のとき，$y=-(-1)^2=-1$

$x=0$ のとき，$y=-0^2=0$

$x=1$ のとき，$y=-1^2=-1$

$x=2$ のとき，$y=-2^2=-4$

$x=3$ のとき，$y=-3^2=-9$

※比例定数 $a\,(=-1)$ が負の数で x が2乗 (=必ず正の数になる) なので，y は必ず負の数になる。

それぞれの座標をグラフにかいて，

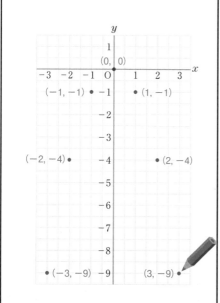

点と点を「**なめらかな曲線**」で結ぶと，関数 $y=-x^2$ のグラフになります。

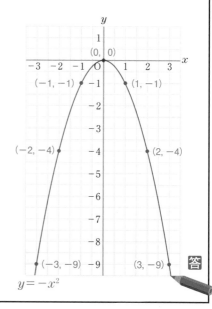

$y=-x^2$

答

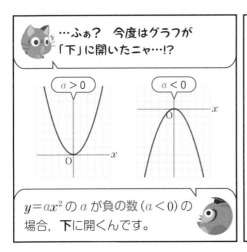

…ふぁ？ 今度はグラフが「下」に開いたニャ…!?

$a > 0$

$a < 0$

$y=ax^2$ の a が**負の数** ($a<0$) の場合，**下**に開くんです。

$y=x^2$ と $y=-x^2$ は，x 軸に対して「線対称」なグラフになります。

$y=x^2$

$y=-x^2$

線対称

線対称（せんたいしょう）？

正義のヒーローが悪い敵と戦うイベントだワン！

ゆうえんちで見たワン！

それは**戦隊ショー**（せんたい）!!

MEMO ▶ 線対称（せんたいしょう）

1本の直線（対称の軸）を折り目として折り返したとき，図形がぴったり重なり合う関係のこと。

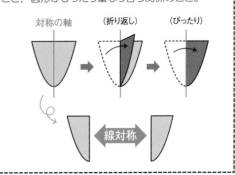

対称の軸　　（折り返し）　　（ぴったり）

線対称

なお，このようなグラフの曲線のことを「**放物線**（ほうぶつせん）」といいます。

y

x

放物線

y

x

放物線

※放物線…物体を斜めに放り投げたときに，その物体がえがく曲線。

放物線をえがく関数 $y=ax^2$ のグラフには，4つの特徴があるんです。

4つの特徴？

$y=ax^2$ のグラフの特徴

特徴①

放物線の頂点が
必ず「原点 (O)」を通る。

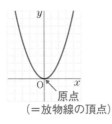

原点
（＝放物線の頂点）

※x が 0 のときは，当然 y も 0 になるため。

特徴②

y 軸を対称の軸として
「線対称」な曲線である。

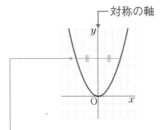

対称の軸

x の値は絶対値（y 軸からの距離）が等しく，
符号は反対。y の値は同じ。

特徴③

$a > 0$（正の数）のときは上にひらき，
$a < 0$（負の数）のときは下にひらく。

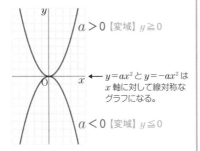

$a > 0$【変域】$y \geqq 0$

$y=ax^2$ と $y=-ax^2$ は
x 軸に対して線対称な
グラフになる。

$a < 0$【変域】$y \leqq 0$

特徴④

a の絶対値が大きいほど
グラフの開きは小さくなる。

（絶対値⼩）＜（絶対値⊕）＜（絶対値⼤）

$$y=\frac{1}{2}x^2 \quad y=x^2 \quad y=2x^2$$

開き

はい，ここでは，特に特徴④に注目。
$y=2x^2$ は，
y の値が $y=x^2$ の 2 倍になり，
$y=\frac{1}{2}x^2$ は，
y の値が $y=x^2$ の $\frac{1}{2}$ になります。
実際に自分で計算して，
グラフをかいて確認してみてください。

関数 $y=ax^2$ のグラフはテストに
もよく出ますが，この 4 つの特徴
とグラフのかき方・読み方をおさ
えておけば大丈夫！
しっかり復習しておきましょう！

END

3 関数 $y=ax^2$ の値の変化

問 1 （関数 $y=ax^2$ の値の変域）

関数 $y=x^2$ について，x の変域が次のときの
y の変域を求めなさい。

(1) $1 \leqq x \leqq 3$

(2) $-2 \leqq x \leqq 3$

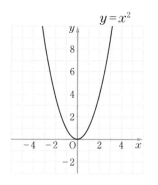

$y=ax^2$ のグラフ $(a>0)$
で注意したいのは，

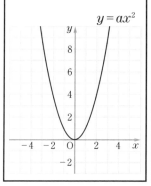

---

x の変域が
$x<0$ の場合は，

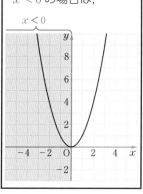

---

x の値が増加するほど
y の値は減少します。

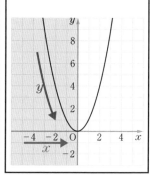

一方，x の変域が
$x>0$ の場合は，

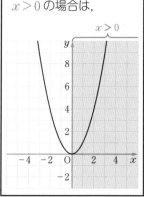

---

x の値が増加するほど
y の値も増加します。

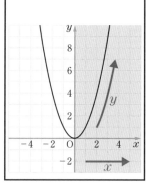

また，$x=0$ のとき，
y は最小値 0 をとりま
す。

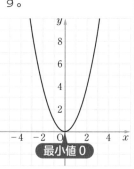

最小値 0

$y = ax^2$ のグラフで
$a < 0$ の場合は
どうでしょうか。

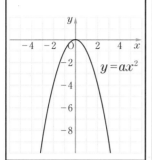

x の変域が
$x < 0$ の場合は，

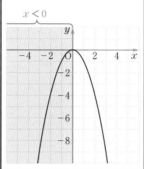

x の値が**増加**するほど
y の値も**増加**しますね。

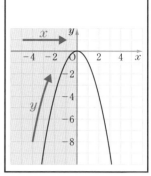

一方，x の変域が
$x > 0$ の場合は，

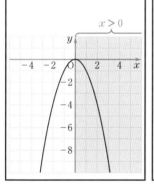

x の値が**増加**するほど
y の値は**減少**します。

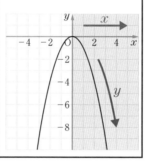

また，$x = 0$ のとき，
y は**最大値 0** をとります。

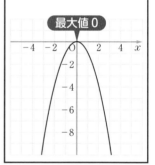

これが関数 $y = ax^2$ の
x の値の変化における
大原則です。
まずはこれをしっか
りおさえてから，
問 1 を考えましょう。

(1)は，x の変域が
$1 \leqq x \leqq 3$ の場合ですね。

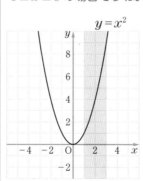

$x = 1$ のとき，
$y = 1$（最小値）
となります。

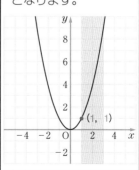

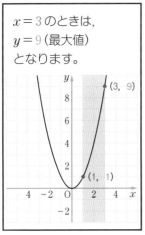

$x=3$ のときは,
$y=9$(最大値)
となります。

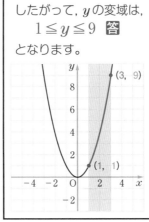

したがって, y の変域は,
$1 \leqq y \leqq 9$ 答
となります。

x の最小値・最大値を
関数 $y=x^2$ に代入して
y の最小値・最大値を
求めるわけですね。

ニャるほど…

中2でやった一次関数と
同じ要領だニャ〜

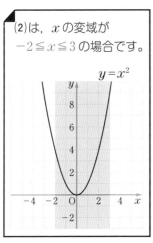

(2)は, x の変域が
$-2 \leqq x \leqq 3$ の場合です。

$y=x^2$

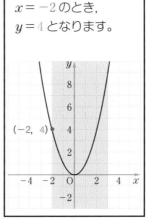

$x=-2$ のとき,
$y=4$ となります。

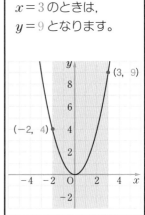

$x=3$ のときは,
$y=9$ となります。

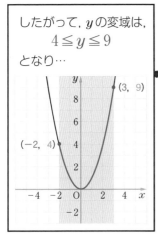

したがって, y の変域は,
$4 \leqq y \leqq 9$
となり…

…ません!

ひー!?
ニャに急に!?

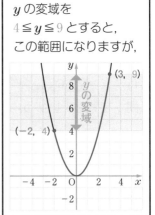

y の変域を
$4 \leqq y \leqq 9$ とすると,
この範囲になりますが,

y の変域

変域とは，**変数のとり
うる値の（最大の）範囲。**
つまり，最小値と
最大値の間の範囲
のことです。

y の最小値は 0 なので，
※ y は 0 にもなりうる。

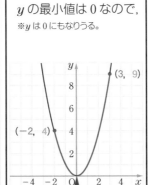

最小値 0

y の変域は，
$$0 \leqq y \leqq 9 \quad 答$$
となります。

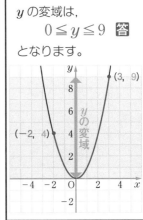

このように，
x の変域が原点を
またぐ場合，y の
最小値・最大値をま
ちがえて答えてし
まうことがあるの
で，要注意です。

最小値 0

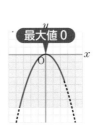
最大値 0

ニャるほど…
最小値・最大値は
必ず原点（＝0）に
なるニョね…

問2　（関数 $y=ax^2$ と一次関数のグラフの関係）

右の図のような関数 $y=x^2$ のグラフ上の2点
A(1, 1)，B(3, 9) を考えます。これについて，
次の問いに答えなさい。

(1) x の値が 1 から 3 まで増加するときの変化
　　の割合を求めなさい。

(2) 2点 A，B を通る直線の式を求めなさい。

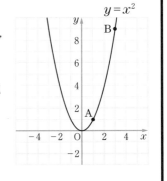

251

⑴を考えましょう。
x の値が 1 から 3 まで
2 増加すると、

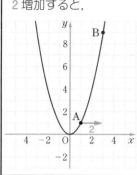

y の値は 1 から 9 まで
8 増加しますね。

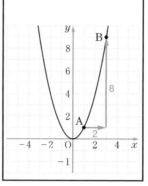

したがって、
変化の割合は

$$\frac{y \text{の増加量}}{x \text{の増加量}} = \frac{8}{2}$$

$$= 4 \text{ 答}$$

x の増加量に対して
y は 4 倍増加すること
を表しています。

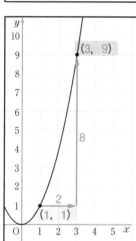

ちなみに、x, y の増加量は、

変化後の座標－変化前の座標

という計算で求められます。覚えておきましょう。

$$\frac{y \text{の増加量}}{x \text{の増加量}} = \frac{9 - 1}{3 - 1} = \frac{8}{2} (= 4)$$

↓ 変化後 ↓ 変化前
　の座標　　の座標

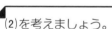

⑵を考えましょう。
「2 点 A, B を通る直線の式」なので、
一次関数 $y = ax + b$ になりますね。

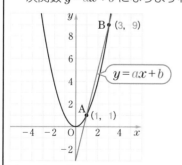

⑴より、2 点 A, B 間の変化の割合 (＝
傾き) は 4 なので、求める直線の式は、
$y = 4x + b$ とおけます。

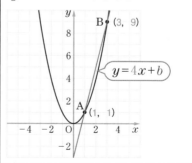

直線 $y = 4x + b$ は点 A $(1, 1)$ を通るので，$x = 1$，$y = 1$ を代入すると，

$$1 = 4 \times 1 + b$$
$$b = -3$$

切片は -3 だとわかりました。

※点 B $(3, 9)$ を代入してもよい（結果は同じになる）。

したがって，求める直線の式は，

$$y = 4x - 3 \quad \boxed{答}$$

となります。

なお，**一次関数** $y = ax + b$ **のグラフ**は直線なので，**変化の割合（＝傾き）」**は**一定の値**になりますよね。（☞P.215）

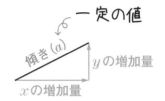

一方，(1)を例にすると，x の値が 0 から 1 まで 1 増加したとき，

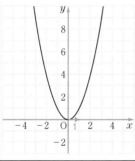

y の値は 0 から 1 まで 1 増加しますね。

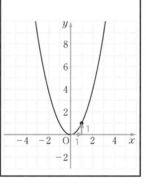

したがって，変化の割合は

$$\frac{y \text{の増加量}}{x \text{の増加量}} = \frac{1}{1} = 1$$

となります。

…あれ？
(1)のグラフの
「変化の割合」は
4 じゃニャいの？

そう，変化の割合が変わるんですよ！

関数 $y = ax^2$ は「放物線」なので，変化の割合は一定の値にならないんです。注意しましょうね！

一次関数は**直線**ですが，$y = ax^2$（二次関数）は**放物線**になります。両者のグラフの特徴やちがいをしっかりおさえておきましょうね。

253

COLUMN-9

放物線

　この章で学んだとおり，二次関数がえがく曲線は「放物線」といわれています。放物線は日常生活のいたるところにあります。野球のホームランボール，バスケットボールのシュート，ホースからまかれる水の軌道などもすべて放物線です。物を空中に投げたときに物が動いていく道筋が放物線なんです。

　家にCS放送やBS放送のパラボラアンテナがあるなら，改めてその形を確認してみてください。信号を受ける面がゆるくカーブしていると思います。そのカーブも実は放物線です。「パラボラ」とは「放物線」という意味なのです（実際の形は放物線ではなく放物線を対称軸の周りに回転させた「回転放物面」ですが）。ちなみに，過去の東京大学の入試問題で，この「回転放物面」の方程式についての問題が出題されたこともありました。

　中学生には少し高度な話になりますが，パラボラアンテナの特性，すなわち放物線の特徴の話をしましょう。光源から出た光を平面鏡に当てるところを想像してください。この場合，光源から出た光は平面鏡に反射したあと，四方八方に広がっていくので遠ざかるほど光の明るさが弱くなります。それに対して，放物線の焦点とよばれるところを光源として焦点から出た光を放物面に当てるとどうなるでしょう。入射角と反射角が等しいことから，光は放物面に当たったあと平行光線となります。その結果，遠ざかっても光の明るさは変わりません。パラボラアンテナで電波を受信する場合，この逆路を考えれば，垂直に入射した波をすべて焦点という1点に集めることができますね。パラボラアンテナや自動車のヘッドライト，反射型望遠鏡には，このような放物線の特徴が利用されています。

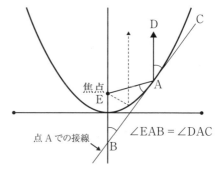

∠EAB = ∠DAC

点Aでの接線

（文：沖田一希）

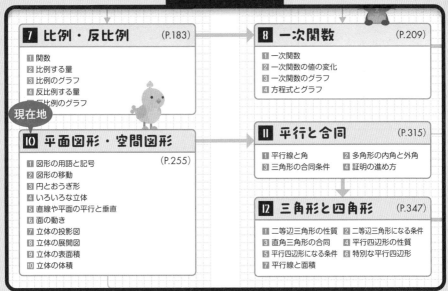

平面図形・空間図形

この単元の位置づけ

　　ここから「図形」の領域に入ります。まずは直線と角からできる平面図形を学びますが，最初に学ぶ「図形の用語と記号」は今後の図形全分野で使う基礎となります。

　　空間図形とは，平面図形に「高さ」が加わった，三次元空間で考える立体図形のことです。まずは立体の種類を覚え，直線や平面の位置関係についても学びましょう。

Ⅰ 図形の用語と記号

さて,「図形」の学習に入りますが,
まずは,図形に関する基本的な
用語・記号をおさえていきましょう。

A と B, 2つの点があります。

・A　　　　　　　・B

この2点を通る直線を
「**直線 AB**」といいます。
ちょくせん

直線 AB

A ——————— B

「直線」というのは,「2つの点」を通り,
まっすぐに限りなくのびている(=両端がない)
線のことです。

← 無 限 に の び て い る →

A ——————— B

直線 AB のうち, A から B までの
部分を「**線分 AB**」といいます。
せんぶん
「両端がある」のが「線分」です。

端　　　　　　　　　　端
↓　　線分 AB　　↓
A ●——————● B

線分 AB の「長さ」を
2点 A, B 間の「**距離**」ともいいます。
きょり
※2点 A, B を結ぶ線で最も短いものが線分 AB。

A ●------ 距離 ------● B

線分 AB の A を端として, B の方へ
まっすぐ限りなくのばしたものを
「**半直線 AB**」といいます。
はんちょくせん

端　半直線 AB
↓　　　　　　　無限にのびている→
A ———————— B

逆に, 線分 AB の B を端とした場合
は「**半直線 BA**」といいます。

「端」の点を先にいう

　　　　　　　　　　　　　　　　端
←無限にのびている　半直線 BA　↓
　　　　　　　A ———————— B

点 B から出る
1つの半直線があって，

点 B からもう1つの
半直線が出ているとき，

この2つの半直線の間
のことを「**角**」といい
ます。

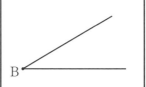

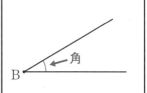

つの
角？ とがってるから？

角は ∠ という記号を
使って表します。
右図のような角の場合，
「**角 ABC**」と読み，
「∠ABC」と書きます。

※∠を表す場合，頂点を中央に書く。

「かく」と読むニャ！
「かど」でもないニャ！

そして，∠ABC の大きさ（角度）が
例えば 30°である場合，

$$\angle ABC = 30°$$

と表します。

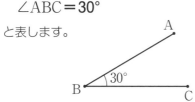

ちなみに，∠ABC と3文字を並べる
のではなく，シンプルに ∠b などと
角を1文字で表す場合もあります。

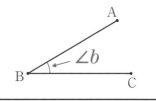

だったら全部1文字で
表せばいいんじゃニャい？

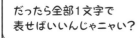

∠ABC とか
めんどくさい…

ところが，そういうわけ
にもいかないんですよ。

例えば，この図の ➡ のような角は，
∠b と書くと，どっちを指すのか
あいまいになってしまいますよね。
正確に表すためには
∠CBD（または∠DBC）
と書くのが一番なんです。

どっちも
∠b?

∠CBD

※∠を表す場合，頂点を中央にして
アルファベット順（ABC 順）に書くのがふつう。

257

角を書く…かくをかく…
ダジャレかワン？

……何をいってるニャ！？
もうしゃべるニャ！

さて，次に行きましょう。
線分 AB と
線分 CD があり，

A ———————— B

C ———————— D

「長さが等しい」場合，
＝という記号を使って，
「AB ＝ CD」と表します。

A ———————— B

AB ＝ CD

C ———————— D

図形では，同じ長さの線分には両方に
‖ や │ などの記号を入れて表します。

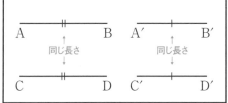

A ———————— B
同じ長さ

A′ ———————— B′
同じ長さ

C ———————— D C′ ———————— D′

例えば，このように使うわけです。

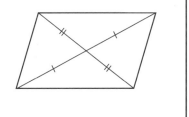

どこまでのばしても交わ
らない「平行」な2直線を
平行線といいますが，

平行線

←どこまで行っても交わらない→

2直線 AB，CD が
「平行」である場合は，
‖ という記号を使って
AB ‖ CD と表します。

A ———————— B

AB ‖ CD

C ———————— D

図形では，平行な線分に
は両方に ＞ の記号を入れ
て表すことがあります。

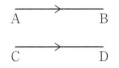

A ————→———— B

C ————→———— D

2直線 AB，CD が交わっ
てできる角が**直角**（90°）
であるとき，

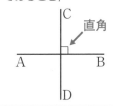

直角

2直線は**垂直**である
といい，AB⊥CD と
表します。

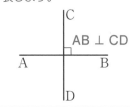

AB ⊥ CD

2直線が**垂直**であるとき，
一方を他方の**垂線**といい
ます。

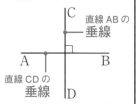

直線 AB の
垂線

直線 CD の
垂線

258

線分を「まっぷたつ」に
二等分する点を中点と
いいますが,

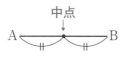

中点

A ━━━━━━━━ B

その**中点**を通る**垂線**を,
その線分の**垂直二等分線**
といいます。

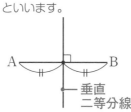

A ━━━━━━━━ B

← 垂直
二等分線

線分を垂直に
二等分する線だから
「垂直二等分線」ニャ…?

まんまニャ…

そう。数学の用語は結構
わかりやすいんですよ。

さて,三角形 ABC があります。

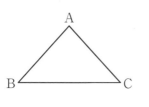

A

B   C

「三角形 ABC」のことを,
記号△を使って「**△ABC**」と表します。

(記号を使うとシンプルに短く表せますからね)

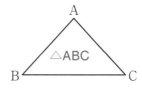

A

△ABC

B   C

三角形のそれぞれの辺も「線分」です。

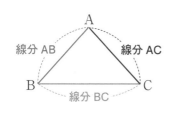

A

線分 AB   **線分 AC**

B   C

線分 BC

また,△ABC には,A,B,C
それぞれを頂点とする角もあります。

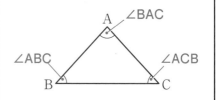

A   ∠BAC

∠ABC   ∠ACB

B   C

さあ,図形に関する用語や記号を
1つ1つおさえてきました。
こういった基礎知識が欠けていると,
そのあとの授業が理解できません。
しっかり覚えてくださいね。

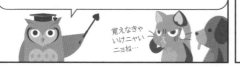

覚えなきゃ
いけニャい
ニョね…

次回は,三角形をいろいろと
「移動」させた場合について
考えていきます。お楽しみに!

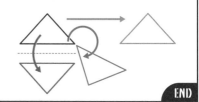

END

10

平面図形・空間図形 Ⅰ 図形の用語と記号

259

2 図形の移動

問 1 （平行移動）

右の図の△ABC を，矢印の方向に
矢印の長さだけ平行移動させた
△A′B′C′をかきなさい。

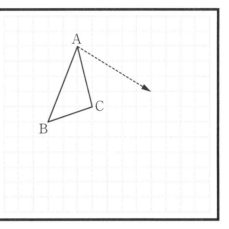

平行移動？
△A′B′C′？
どういう意味ニャ？

そうですよね。
「平行移動」とは何か。
まずはそこから
やっていきましょう。

図形を，**一定の方向**に，**一定の距離（長さ）**だけ
動かす移動のことを「平行移動」といいます。

※移動の方向はどこでも（縦でも横でも斜めでも）よい。
※図形の形は常に変わらない。

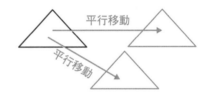

平行移動
平行移動

POINT

平行移動

図形を，一定の方向に，一定の距離
（長さ）だけ動かす移動のこと。

▶**対応する点*を結ぶ線分は，
平行で，長さは等しい。**

*対応する点…移動の前と後で対応する点（合計 2 つの点）の
こと。右図では，AとA′，BとB′，CとC′がそれぞれ「対応
する点」となる。

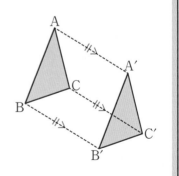

「対応する点」はもとの点に
チョン(´)をつけるニャ?

A→A′

そう，「**ダッシュ**」といい
ます。では，上記のポイ
ントをおさえながら，
問1を解きましょう。

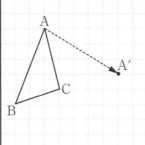

点Aから出る矢印の先に
点A′をかきます。

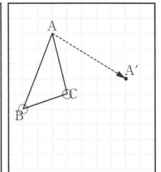

点Bと点Cも，点Aと
同じ方向に同じ距離だけ
移動するはずですよね?

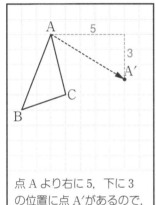

点Aより右に5，下に3
の位置に点A′があるので，

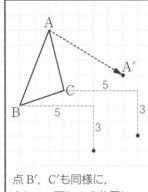

点B′，C′も同様に，
右に5，下に3の位置に
移動します。

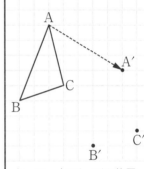

よって，点B′，C′の位置
がわかり，

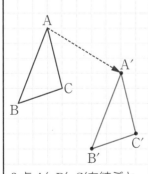

3点A′，B′，C′を結ぶと，
△A′B′C′になります。

答

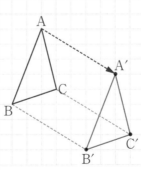

線分AA′，BB′，CC′は，
すべて平行で長さは等しく
なります。

対応する点を結ぶ線分
はすべて，
平行で，長さは等しい。
これが平行移動の特徴
ですから，しっかり
おさえておきましょう。

問2 (回転移動)

右の図の△ABC を，点 O を中心と
して時計回りに 180°だけ回転移動
させた△A′B′C′ をかきなさい。

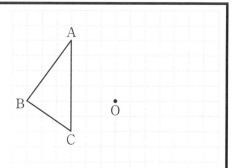

図形を，1つの点を中心として，
一定の角度だけ回転させる移動を
「回転移動」といいます。
このとき，中心とした点を
「回転の中心」といいます。

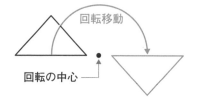

回転移動

回転の中心

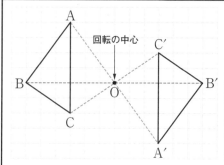

回転移動では，「対応する点」と
「回転の中心」との関係がポイントです。

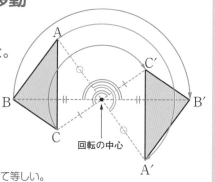

POINT

回転移動

図形を，1つの点を中心として，
一定の角度だけ回転させる移動のこと。

▶「対応する点」は「回転の中心」から
　等しい距離にある。

▶「対応する点」と「回転の中心」を
　結んでできる角の大きさは
　すべて等しい。

回転の中心

※右図の と と の角度 (180°) はすべて等しい。

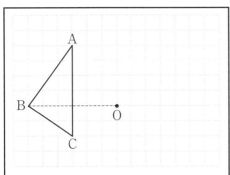

このポイントをふまえて，
問2を考えていきましょう。
まず，点Bと点Oを結びます。

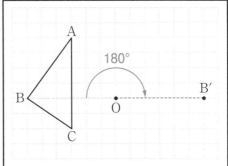

点Oを中心として，線分OBを
時計回りに180°回転させた位置に，
点B'をかきます。

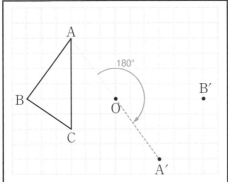

点Aも同様に，線分OAを180°回転
させた位置に点A'をかきます。

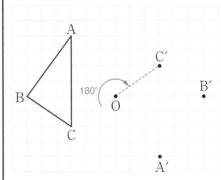

点Cも同様に，線分OCを180°回転
させた位置に点C'をかきます。

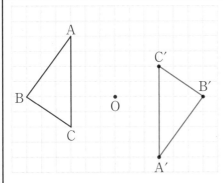

この3つの点A'，B'，C'を結ぶと，
△A'B'C'になります。 答

なお，**問2**のような，回転移動の
中でも「180°の回転移動」のことを
特別に「点対称移動」といいます。

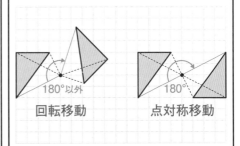

点対称…１点を中心に 180°回転させると，もとの形にぴったり重なり合う関係のこと。中心となる点を対称の中心という。

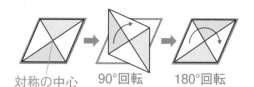

対称の中心　　90°回転　　180°回転

線対称…１本の直線を折り目として折り返したとき，図形がぴったり重なり合う関係のこと。折り目の直線を対称の軸という。

対称の軸　　折り返し　　ぴったり

問3 （対称移動）

右の図の△ABC を，直線 ℓ を対称の軸として対称移動させた△A′B′C′をかきなさい。

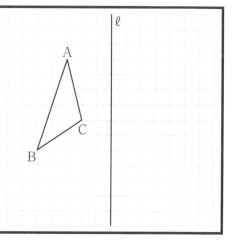

ℓ

A

C

B

図形を，１つの直線を「折り目」として折り返す移動を「**対称移動**」（たいしょう）といい，折り目の直線を「**対称の軸**」（じく）といいます。「線対称」と同じイメージですね。

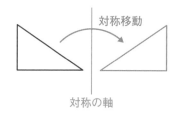

対称移動

対称の軸

対称移動のとき，「対応する点」を結ぶと線分ができますが，この線分の**中点**（ちゅうてん）を対称の軸が**垂直**（すいちょく）に通るというのがポイントです。

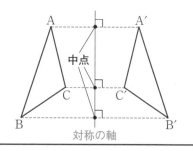

A　　　　A′

中点

C　　C′

B　　　　　B′

対称の軸

対称移動

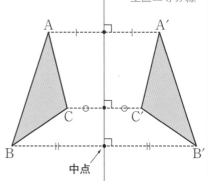

← 対称の軸
＝垂直二等分線

図形を，ある直線を折り目として
折り返す移動のこと。

▶対応する点を結ぶ線分は，対称の軸
によって垂直に２等分される。

※対応する点は，対称の軸から等しい距離にある。

＝対称の軸は，対応する点を結んだ
線分の「中点」を通る
「垂直二等分線」である。

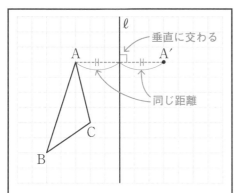

直線 ℓ が線分 AA′ の「垂直二等分線」
となる位置に，点 A′ をかきます。

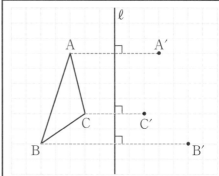

同様に，点 B′ と点 C′ もかきます。
（点 A′, B′, C′ をかく順番は自由ですよ）

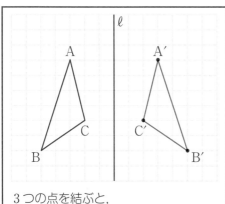

３つの点を結ぶと，
△A′B′C′ になります。　答

さて，平行移動，回転移動，対称移動，
３つの移動を学びましたね。
この３つの移動を組み合わせて使うと，
図形は平面上を自由に移動することが
できるんです。
移動の仕方やイメージをしっかりおさえ
て，次に進みましょうね。

「瞬間移動」は
ないニョね…

END

3 円とおうぎ形

問1 （文字を使った図形の計量①）

半径5cmの円について，次の数量を，
それぞれ円周率πを使って表しなさい。

(1) 円の周の長さ

(2) 円の面積

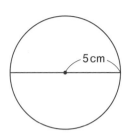

問題を解く前に，
円とおうぎ形に
関する基本用語を
おさえましょう。

1つの点Oが
あります。

点Oを**中心**とすると，
Oから**同じ距離**にある
点は無数にあります。

O

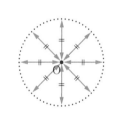

この無数の点の集合を
円といい，

中心からの距離を
半径といいます。
※1つの円の半径はどこも等しい。

ふつう「**円**」というと，
中心もふくんだ全体を
指す場合が多く，

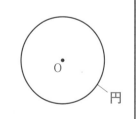

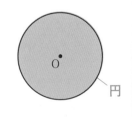

266

中心のまわりにある
曲線だけを指す場合は
円周といいます。

※円周を単に「円」という場合もあります。

円周

ふーん…
円と円周の
ちがいニャンて
気にしたこと
なかったニャ…

円周上の2点を
A，Bとするとき，

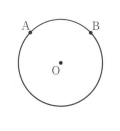

AからBまでの
円周の部分を
「**弧AB**」といい，
$\overset{\frown}{AB}$ とかきます。

弧AB（$\overset{\frown}{AB}$）

きつねAB？
なんできつねが
出てくるワン？

？

弧 は「こ」って読むニャ！
狐 ではないニャ！

あほニャの？

そして，**弧**の両端の点を
結んだ「線分」のことを
弦といいます。

弦

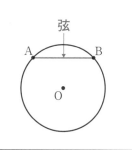

1つの円で一番長い
弦は，中心を通る弦，
つまり**直径**です。

※直径は半径の2倍。

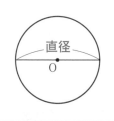

直径

なお，円周上の2点と
中心を半径で結ぶと，
おうぎ形の図形ができ
ますが，

おうぎ形

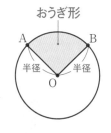

半径　半径

おうぎ形の2つの半径が
つくる角のことを，
弧ABに対する**中心角**と
いいます。

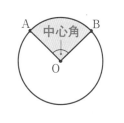

中心角

【参考】円周を2点で分けたときの，半円より小さい方の弧を**劣弧**（れっこ），半円より大きい方の弧を**優弧**（ゆうこ）ともいう。267

円の半径（または中心を通る直線）に**垂直**な直線 ℓ が，円周上の**1点だけ**と重なる（＝接する）とき，この直線 ℓ を**接線**といい，接線と円が接する点を**接点**といいます。まずはこれら基本用語をおさえてください。

ℓ

半径

O

拡大

半径

——接線

接点

※この1点とだけ
"ぴったり"と
重なっている。

※わかりやすいよう，円周を点線で表しています→

さて、問1を考えましょう。

円の周の長さの，直径に対する比は，

円の周の長さ

直径

※比（比率）…2つ以上の数量を比較したときの割合。

どんな円でも常に一定で，

直径

約 3.14 倍となります。

直径

直径 × 約 3.14

この比の値を**円周率**といいます。

約 3.14…？
なんで「約」がつくワン？

円周率を正確にいうと，
3.141592653589793238
46264338327950288419
71693993751058209749
44592307816406286208
99862803482534211706
79821480865̶1̶3̶2̶8̶2̶3̶0̶6̶6̶

長すぎニャ！

…と無限＊に続いてしまいます。ただ，「**約 3.14**」というのも，正確な数ではないですよね。そこで，中学数学では，円周率を1つのギリシャ文字で表すんです。

＊円周率計算の世界記録は，小数点以下 31 兆 4000 億けたである。（2019 年現在）

それが，この π です。
「パイ」と読みます。

π

円周率
（約 3.14）

小学校では，「円の周の長さ」や「円の面積」を求める公式を学びましたよね。

円の周の長さ ＝ 2 ×（半径）×（円周率）

円の面積 ＝（半径）×（半径）×（円周率）

中学数学では，「半径」も $\overset{\text{アール}}{r}$ という文字 * におきかえることで，この公式をより
シンプルに表すんです。

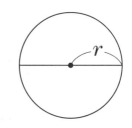

! POINT 円周と円の面積の公式

円の周の長さ ＝ $2\pi r$
※2r = 直径 （に・パイ・アール）

円の面積 ＝ πr^2
（パイ・アール・じじょう）

ということで，**問 1** は(1)も(2)も，
r に半径の 5 を代入すれば答えが出ますね。

(1) 円の周の長さ $= 2\pi r = 2 \times \pi \times 5 = 10\pi\,\text{cm}$ 答

(2) 円の面積 $= \pi r^2 = \pi \times 5^2 = \pi \times 5 \times 5 = \pi \times 25 = 25\pi\,\text{cm}^2$ 答

※π は 1 つの決まった数（約 3.14）を表す文字なので，3.14 におきかえたりせず，文字のまま答えて大丈夫です。
また，$2\pi r$ などの積の中では，**数とほかの文字の間**に書きます。

この公式は今後の学習で何度も出てきますので，
ここでしっかり覚えておきましょう。

（おうぎ形の弧の長さと面積）

半径が 3cm，中心角 120° のおうぎ形が
あります。次の数量を求めなさい。

(1) 弧の長さ

(2) 面積

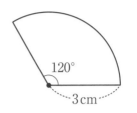

円の中心角を 360°と考え，**1°ずつ**分割すると，
360 個のおうぎ形ができますよね。

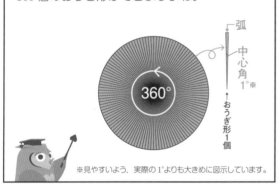

※見やすいよう，実際の1°よりも大きめに図示しています。

ですから，中心角が 120°
の場合は，中心角 1°の
おうぎ形が 120 個あると
いうことです。

円全体は 360°なので，その割合は，

$\dfrac{120}{360}$ ◀一部分の数量
　　　　◀全体の数量

となります。

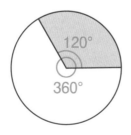

つまり，
おうぎ形の弧の長さや
面積を求めるときは，
円全体の数量に，
おうぎ形の部分の割合を
かければいいわけです。

おうぎ形の弧の長さと面積を求める公式

半径 r，中心角 $a°$ のおうぎ形の弧の長さを ℓ，面積を S とすると，次の公式が成り立つ。

$$\ell = 2\pi r \times \frac{a}{360}$$

$$S = \pi r^2 \times \frac{a}{360}$$

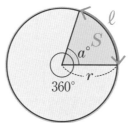

※おうぎ形の弧の長さと面積は，**中心角に比例する**。
※1つの円で，中心角の等しいおうぎ形の弧の長さや面積は等しい。

---

(1)を考えましょう。
円周を求める公式は「$2\pi r$」。
$r=3$ で，中心角は $120°$ なので，

$$2 \times \pi \times 3 \times \frac{120}{360}$$

$$= 6\pi \times \frac{1}{3}$$

$$= 2\pi \, \text{cm} \; 答$$

---

(2)を考えましょう。
円の面積を求める公式は「πr^2」。
$r=3$ で，中心角は $120°$ なので，

$$\pi \times 3^2 \times \frac{120}{360}$$

$$= 9\pi \times \frac{1}{3}$$

$$= 3\pi \, \text{cm}^2 \; 答$$

10

平面図形・空間図形

3 円とおうぎ形

公式を覚えておけば簡単に解けるニャ

公式は「丸暗記」するのではなく，その概念や理屈をしっかり覚えておくと応用が利きますからね。

さあ，円とおうぎ形はこれで終わりますが，特におうぎ形の計量は，次に学習する立体図形の計量にも用いられる場合が多いので，しっかり理解しておいてくださいね。

ニャー！

END

4 いろいろな立体

さあ，今までは長さや幅など，「二次元」の**平面**的な図形を見てきましたが，

今度は，平面に「高さ」が加わった，「三次元」の**立体**的な図形，「**空間図形**」を学んでいきましょう。

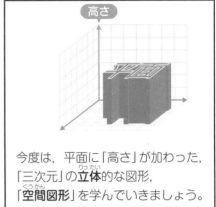

立体*にはいろいろなものがありますから，まず最初に立体の種類をしっかりおさえましょう。

平面上に，1つの三角形があります。

この三角形が，垂直に平行移動しました。

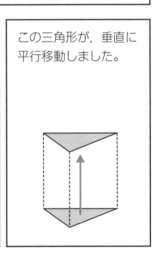

こうしてできた「柱」のような立体を**柱体**といいます。底面が三角形の柱体は**三角柱**といいます。

三角柱

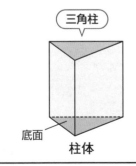

底面

柱体

柱体の「**底面**」とは，「底（や天井）」にあたる**平行で合同な2つの面**のこと。底面でない（横の方にある）面を**側面**といいます。

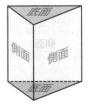

※下の面だけでなく，上の面も「底面」というので注意。

272

＊立体…いくつかの平面や曲面によって囲まれた，三次元の空間に広がりをもつ物体。

底面が四角形の柱体は
四角柱，底面が円形の
柱体は**円柱**といいます。

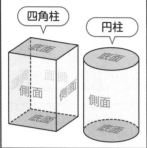

四角柱　円柱

底面が「電」の柱体は
「電柱」というワン？

電柱？

底面

いわないニャ！

なお，底面と1つの
「**頂点**」を結んだ，
とんがった形の立体を
「**錐体**」といいます。

頂点

底面

錐体

底面が三角形の錐体を**三角錐**，
底面が四角形の錐体を**四角錐**，
底面が円形の錐体を**円錐**といいます。

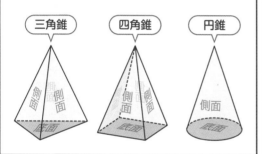

三角錐　四角錐　円錐

まんまるのボールみたいな
立体は「**球**」といいます。
野球や地球の「球」ですね。

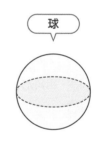

球

はい，以上が，
「いろいろな立体」の
主な種類です。
「○○柱」「○○錐」の
○○の部分に
底面の形が入る感じ
の名前ですね。
覚えておきましょう。

なお，三角柱・四角柱・
三角錐・四角錐など，
平面だけで囲まれた
立体を「**多面体**」といい
ます。

※円柱・円錐・球は「**平面だけ**で
囲まれた立体」ではないので，
多面体ではない。

多面体

めんたい？

「た**めんたい**」ニャ！

なんで急に「明太子」の話になるニャ！

多面体は，その平面の数に応じて，
四面体，五面体，六面体，…
などともよびます。

 四面体 五面体 六面体

ということで，
多面体をふくむ「立体」の名前と，
それぞれの底面の数，
側面の数をまとめておきましょう。

POINT	いろいろな立体の底面・側面の数					
	三角柱	四角柱	円柱	三角錐	四角錐	円錐
名前						
底面の形	三角形	四角形	円形	三角形	四角形	円形
底面の数	2	2	2	1	1	1
側面の形	四角形	四角形	曲面※	三角形	三角形	曲面※
側面の数	3	4	1	3	4	1
多面体	五面体	六面体	—	四面体	五面体	—
辺の数	9	12	—	6	8	—

※展開図では，円柱の側面は長方形，円錐の側面はおうぎ形になります。なお，球では底面や側面は考えません。

立体の点線（-----）は
何ニャの？
見えない線
ってことニャ？

 これ

そうですね。
手前側からは見えない
けれども，後ろ側には
存在する線（辺）を，
こういった「点線」で
表しているんですね。

透明な立体だったら
裏側まで見えますけど…

ところで，多面体は多
面体でも，次の3つの
性質をもつ多面体を
「**正多面体**」といいます。

 正多面体

274

「正多面体」の性質❶

どの面もすべて
合同な正多角形である。

※合同…図形の形・大きさが全く同じであること。

4つの面がすべて
合同な正三角形

6つの面がすべて
合同な正方形

「正多面体」の性質❷

どの頂点にも面が
同じ数だけ集まっている。

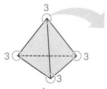

真上から見た図

4つの頂点にそれぞれ
3つの面が集まっている

頂点に3つの面が
集まっている

「正多面体」の性質❸

へこみがない。

へこんでいない

正多面体
（正二十面体）

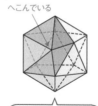

へこんでいる

へこみがあるので
「正多面体」ではない

この3つの性質を全部もっている
多面体を「**正多面体**」といいます。
❶, ❷の性質を満たしていても,
頂点の1つがへこんでいるような
多面体は,「**正多面体**」とはいえ
ないんですね。

サッカーボールは
「**正多面体**」だワン？

正六角形

正五角形

❷・❸を満たしているのでそう思ってしま
う人が多いんですけど,❶を満たしていな
いので,「**正多面体**」とはいえないんです。

ちなみに, 下図のように,
すべての面が正三角形である
六面体があります。これは,
正多面体といえるでしょうか。
考えてみてください。

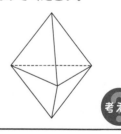

考えて

275

この図は, ❶・❸の性質を満たしているので
「正多面体」と思われがちなんですが,
よく見ると, 3つの面が集まる頂点と,
4つの面が集まる頂点があって,
❷の性質を満たしてい
ませんよね。
したがって, **正多面体**
ではありません。
まちがえないように
注意しましょう。

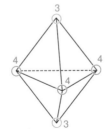

実は, 「正多面体」は, 以下の
とおり **5 種類**しかないことが
2000 年以上前から知られて
います。
この表をじっくりと見て,
面の数や**辺の数**を実際に
数えてみてください。

POINT

「正多面体」の面・辺・頂点の数

じっくり見て

名前	正四面体	正六面体 (立方体)	正八面体	正十二面体	正二十面体
面の形	正三角形	正方形	正三角形	正五角形	正三角形
面の数	4	6	8	12	20
辺の数	6	12	12	30	30
頂点の数	4	8	6	20	12
1つの頂点に集まる面の数	3	3	4	3	5

ちなみに, 細かく説明すると難しくなるので省きますが,
正多面体にはこのような法則が成り立つんです。
上の表の値を使って, 確かめてくださいね。

法則

$$（面の数）－（辺の数）＋（頂点の数）＝ 2$$

276

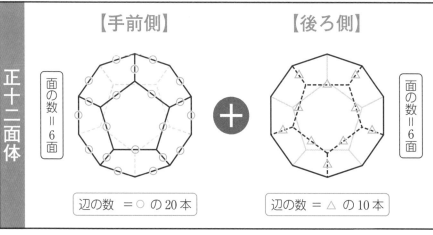

正十二面体

【手前側】

面の数＝6面

辺の数 ＝○ の 20 本

【後ろ側】

面の数＝6面

辺の数 ＝△ の 10 本

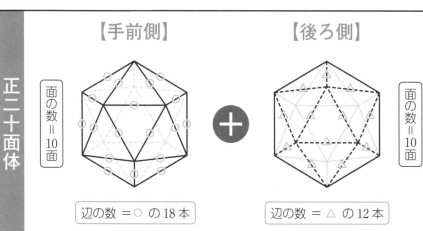

正二十面体

【手前側】

面の数＝10面

辺の数 ＝○ の 18 本

【後ろ側】

面の数＝10面

辺の数 ＝△ の 12 本

「正十二面体」と「正二十面体」は一見複雑ですが，よく見ると，**すべての面と辺が見えてます**よね。どこも隠れていません。
あれこれ考えすぎず，「手前側」と「後ろ側」に分けて，1つ1つ印をつけながら数えればいいんですよ。

さあ，今回はいろいろな立体の種類をおさえました。これから学ぶ「空間図形」の基礎になりますから，しっかり覚えておきましょう！

END

直線や平面の平行と垂直

問1 （2つの平面の位置関係）

右の図の直方体 ABCD-EFGH について，次の問いに答えなさい。

(1) 平面 EFGH と平行な平面を答えなさい。

(2) 平面 EFGH と交わる平面をすべて答えな
さい。

(3) 平面 EFGH と平行な直線をすべて答えな
さい。

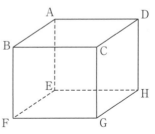

黒板や紙に書かれた
「直線」は，**両方に
限りなく（無限に）
のびている**ものだと
考えましたよね。

かかれた直線には
「両端」がありますけど…

← 無限にのびている →

（と考える）

「平面」も同じように，
その範囲が枠線で
かかれていますが，

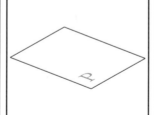

実際には，まわりに
限りなく広がっている
ものだと考えます。

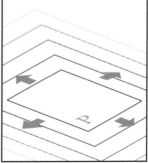

さて，平面 P 上に，
2点 A，B があります。

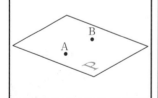

点 A，B を通る
直線 ℓ があるとします。
このとき，直線 ℓ は
平面 P にふくまれ，
「平面 P 上にある」
といいます。

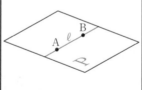

直線 ℓ をふくむ平面は，
下図の平面 Q，R など
のように，いくつも
ありますよね。

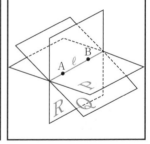

ただ, 直線 ℓ と
(ℓ 上にない) 点 C を
ふくむ平面は,
1 つしかありません。

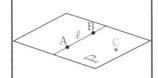

つまり, **2 点**があれば
「**直線**」が決まるように,

3 点があれば「**平面**」が
決まるわけです。

※ただし「同じ線上にある 3 点」で
は平面は決まらない。

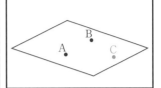

ほかにも, 平行な 2 直線, 交わる 2 直線も
平面が決まる条件となります。空間内に無限に
ある平面の中で, どのようにして 1 つの平面が
決まるのか, まずはこれをおさえてください。

平行な 2 直線

交わる 2 直線

さて, **問 1** は **2 つの平面の
位置関係**を考える問題です。

2 つの平面の位置関係
POINT!

空間内の 2 つの平面の位置
関係は, 必ず「**交わる**」か
「**平行 (＝交わらない)**」か
のどちらかになります。

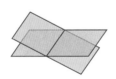

① 交わる

② 平行 (＝交わらない)

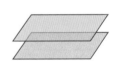

交わっていないように見える平面でも,
その平面が限りなく広がっていることを
考えると, どこかでは必ず交わるんです
よ。「平行」でない限りは。

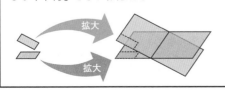

平面と平面が交わったところに
できる線は直線となります。
この線を「**交線**」といいます。

交線

交わらない2つの平面を
「平行な平面」といい，
「P∥Q」と表します。

←どこまで広がっても交わらない→

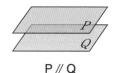

P∥Q

さあ，これをふまえて，**問1**の直方体
ABCD-EFGH について考えましょう。
「**直方体**」というの
は，すべての面が
長方形でできた六
面体のことで，隣
り合う平面のなす
角がすべて**直角**
(90°) である立体
のことです。

すべて直角

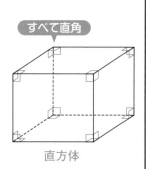

直方体

2つの**平面のなす角**とは，
2つの平面から交線 ℓ にひいた垂線
のつくる角のことです。

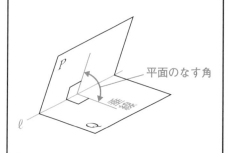

P

平面のなす角

ℓ

特に，2つの平面 P，Q のつくる
角が**直角 (90°)** のとき，その2つ
の平面 P，Q は**垂直**であるといい，
「**P⊥Q**」と表します。

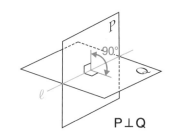

P

90°

ℓ

P⊥Q

⑴を考えましょう。
平面 EFGH と**平行**な平面は，

　　平面 ABCD 答

ですね。

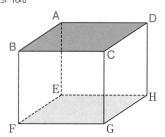

⑵の平面 EFGH と**交わる**平面は
次の4つです。

　　平面 AEHD，BFEA，
　　　　　BFGC，CGHD 答

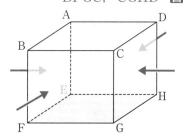

(3)は，平面 EFGH と「**平行**」な直線
はどれか，という問題ですね。

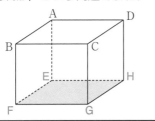

空間内の直線と平面の位置関係と
しては，次の 3 パターンがあります。
まずはこれをしっかり見て，
理解してください。

平面と直線の位置関係

① 交わる

▶直線と平面がただ 1 つの
点（＝**交点**）で交わっている。

② 平行

▶直線が平面に平行で，
直線はどこまで行っても
平面に出合わない。

③ 平面上にある

▶直線が平面上にある（平面に
ふくまれる）。直線はどこまで
行っても平面から離れない。

平面 ABCD 上にある，
直線 AB, AD, BC, CD **答**
が平面 EFGH と**平行**な
直線ですね。

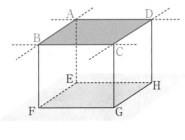
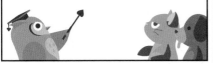

ちなみに，平面 EFGH と「**交わる**」
直線は，直線 AE, BF, CG, DH です。

※直線が平面と「交わる」というのは，1 点（＝交点）
だけで交わるという意味。直線 EF, FG, GH, HE は
「平面上にある」直線なので，「交わる」直線ではない。

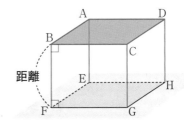

なお，「平行な平面どうしを結ぶ垂線の
長さ＝平面どうしの**距離**」となります。
*

10
平面図形・空間図形　5　直線や平面の平行と垂直

問2 （直線と直線との位置関係）

右の図の直方体 ABCD-EFGH について，
次の(1)～(3)にそれぞれあてはまる直線を
すべて答えなさい。

(1) 直線 BC と平行な直線

(2) 直線 BC と交わる直線

(3) 直線 BC とねじれの位置にある直線

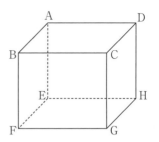

直線と直線の位置関係

 POINT

空間内の直線と直線の位置関係としては，次の3パターンがあります。

┌── 同じ平面上にある ──┐

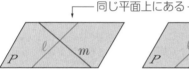

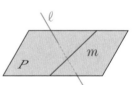

① 交わる

▶2直線が同じ平面上の1点
で交わる。

② 平行

▶同じ平面上にある2直線が，
交わらず，どこまで行っても
平行である。

③ ねじれの位置

▶交わらず，平行でない位置に
あること。同じ平面上にない。

ねじれの
位置？

なんのことニャ？

ねじれ

→ ねじれの位置

空間内でねじれてしまったように，
**交わらず，平行でない位置関係の
ことを「ねじれの位置」**というんです。

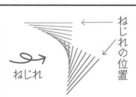

ニャン吉とうサ子の
関係みたいな
ものかワン？

ウサ子

そう，関係がねじれて…
ってうるさいニャ!!

(1)は，直線 BC と**平行**な直線を
すべてあげる問題ですね。

※下図の辺（＝線分）は，それぞれ両端のない「直線」
だと考えること（以下同）。

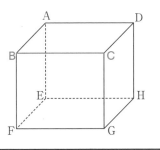

冷静に見て考えれば，答えは
　　直線 AD，EH，FG　**答**
だとわかります。

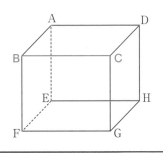

(2)の，直線 BC と**交わる**直線は，
　直線 AB，BF，CD，CG　**答**
です。

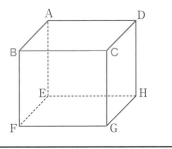

(3)の，直線 BC と**ねじれの位置**に
ある直線とは，平行でなく，交わっ
てもいない直線（＝(1)・(2)で答えた
直線**以外**）だということです。

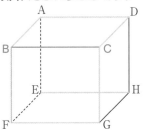

したがって，答えは
　直線 AE，EF，DH，GH　**答**
となります。

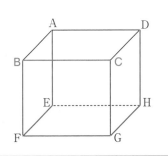

さて，今回は空間内における直線や
平面の位置関係をおさえました。
試験でもよく問われるところなので，
しっかり復習しておきましょうね。

6 面の動き

面や線が動いたときに，
どんな立体ができるのか。
今回はそれがしっかりイメージできる
ように，学習していきましょう。

面が動く？

例えば，平面上に
1つの三角形があります。

これを，少しずつ真上
に動かしてみましょう。

三角形の通ったあとは，
そのまま色（軌跡）が
残るものとします。

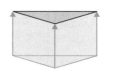

すると，このような
三角柱ができます。

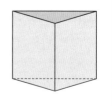

また，例えば四角形の
周上に，直線が1本
あります。

※四角形の面に垂直な直線。

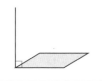

その直線が四角形の
周上を動いて，

四角形の周上を
ぐるりと

1周すると，

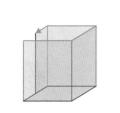

はい，**四角柱**（の側面）
のできあがりです！

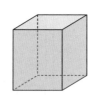

このように，
面や線を動かして，
その通ったあとで
立体をつくることが
できるんですね。

ふ〜ん…

問1 （回転体①）

右の図の長方形 ABCD を，
直線 ℓ を軸として 1 回転
させると，その通った
あとは，どんな立体に
なるでしょうか。

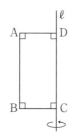

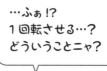

…ふぁ!?
1回転させる…？
どういうことニャ？

「回転体」の問題ですね。
実際に1回転させる
様子を見てみましょう。

直線 ℓ を軸として，長方形 ABCD を少しずつ回転させてみましょう。

少し上から見てますよ

じっくり見て

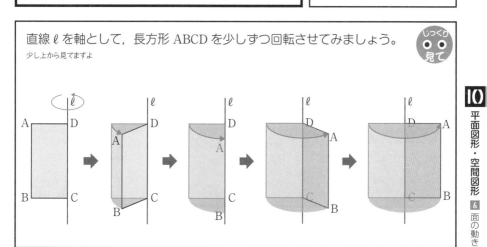

さあ，反時計回りに45°ずつ回転してますよ。
最後はどんな立体になるでしょうか？

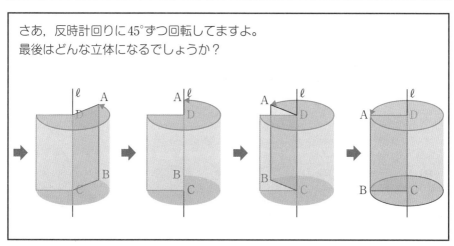

「1回転」してできた立体は，そう，底面が**円形の柱体**なので，

円柱 **答**

ですね。

このように，1本の直線を軸にして，**長方形を**1回転させると，その通ったあとが**円柱**になると考えることができるわけです。

紙のついた棒を高速回転させると残像で立体的に見える感じニャ？

問2 （回転体②）

右の図の三角形 ABC を，直線 ℓ を軸として1回転させると，その通ったあとは，どんな立体になるでしょうか。

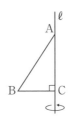

さあ，今度は**三角形を**回転させたときに，どんな立体ができるか。見てみましょう！

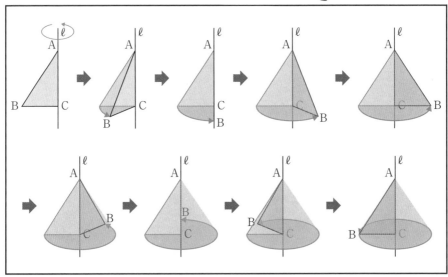

1回転してできた
立体は，底面が**円形**
の**錐体**なので，

円錐 **答**

ですね。

このように，1つの平面図形を，その平面上の直線
ℓ を軸として1回転させてできる立体を「**回転体**」と
いいます。また，直線 ℓ を「**回転の軸**」といいます。

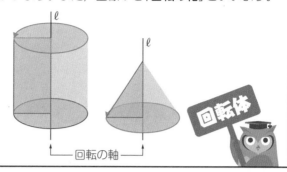

回転の軸

回転体を「**回転の軸をふくむ平面**」
で切ると，

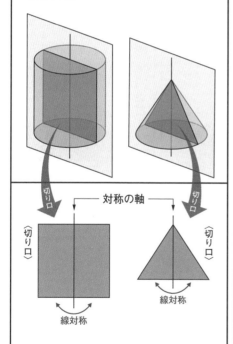

その切り口は，回転の軸を**対称の軸**
とする**線対称**な図形になります。

※線対称…1本の直線（対称の軸）を折り目として，
ある図形が完全に重なり合うこと。

回転体を「**回転の軸に垂直な平面**」で
切ると，

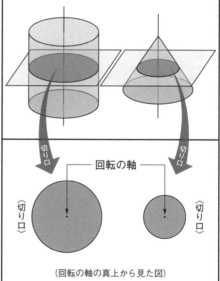

（回転の軸の真上から見た図）

その切り口は必ず，回転の軸を中心
とする**円形**になります。

ちなみに，回転体の「**側面**」をえがく
辺（線分）のことを「**母線**」といいます。

※英語 generating line（〔新しい図形を〕生み出す線）の訳語
として「母線」と名づけられた。なお，球には母線がない。

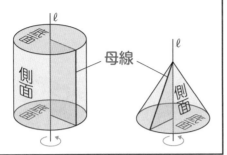

回転体はとにかく「イメージ」
できるようにすることが大切です。
どんな平面図形がどんな回転体に
なるのか，しっかりと想像できる
ようにしましょう。

「双円錐」や「円錐台」という名前は
別に覚えなくてもいいですからね

半円
↓
球

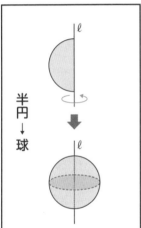

三角形
↓
双円錐

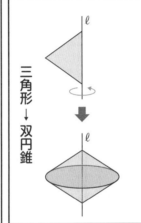

台形
↓
円錐台

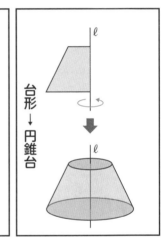

問3 （いろいろな回転体）

右の四角形 ABCD で，
∠BCD，∠CDA は直角
です。この四角形を，
直線 ℓ を軸として回転
させてできる立体の見
取り図*をかきなさい。

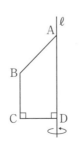

ふぁ!?
ニャんかちょっと複雑な
図形が出てきたニャ…

一見わかりづらいですよね。
でも，図形を「分けて」
考えれば簡単なんですよ。

*見取り図…立体図形を立体図形らしく平面上に表した（見かけの図）。後ろ側の見えない線も点線で表す。

この四角形は，三角形と四角形に
分けられますよね。

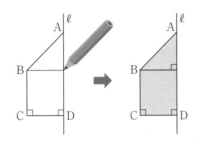

三角形の方は，1回転させると
円錐になります。

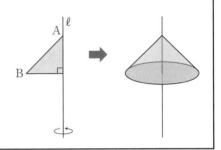

四角形の方は，1回転させると
円柱になります。

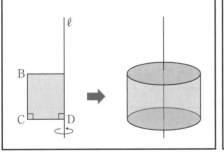

この2つを合体させればいいんです。
答えの見取り図としては，輪郭線
だけかきます。手前から見えない線
は点線でかきましょう。

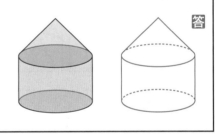

答

複雑な回転体でも，
このように，三角形や四角形，
台形などに分けて考えれば
いいんですね。この発想は
今後大切になってきますから，
覚えておいてください。

ワン太も回転体に
してみるニャ！

やめなさい！

END

1 立体の投影図

いきなりですが，今回は最初に，君たちの「**物の見方**」について重要なお話をしたいと思います。

……ニャんか急にかっこつけ出したニャ…

たいしてかっこよくないくせに…

はい！話はちゃんと最後まで聞きましょうね！

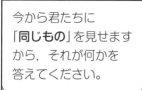

今から君たちに「**同じもの**」を見せますから，それが何かを答えてください。

同じもの？

はい，これは何？

四角形！

え？…「しかく」だニャ…

では，これは何？

円形！

…「まる」だワン！

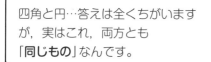

四角と円…答えは全くちがいますが，実はこれ，両方とも「**同じもの**」なんです。

ふぁ？同じもの!?

……ついに先生の頭がおかしくなってきたニャ…

こわれたかニャ？

実はですね，君たちに見てもらったのは，何を隠そう…

これなんです！

円柱

円柱!?

円柱は，正面から見ると「四角」に見えますが，

少しずつ見る位置を下げていく ――――→ 正面

真上から見ると「円」に見えますよね。

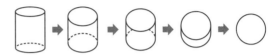

少しずつ見る位置を上げていく ――――→ 真上

同様に，円柱に正面から
光を当てると，その影は
「四角」になりますし，
真上から光を当てると，
その影は「円」になる
わけです。

確かに…

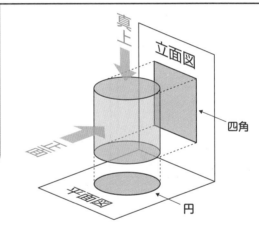

真上

立面図

正面

四角

平面図

円

つまり，ここで1ついいたいのは，
「**自分から見える面だけで物事を
判断するのは危険**」ということです。
ちょっと見る角度を変えるだけで，
同じものでも全くちがうように
見えることがあります。

物でも人でも事件でも数学でも，
自分からの一面的な見方だけで
すべてを決めつけてはいけません。
必ず**複数の角度**から見て，
総合的に判断する。
それを意識すれば，判断を誤る
確率は格段に下がりますからね。

にゃるほど…
人生の
教訓だニャ…

さて，立体をある方向から見て平面に（平面図形として）表した図のことを投影図といいます。

※投影…立体に平行な光線を当てて，平面上にその影を映すこと。また，その影。

投影図の中でも特に，正面から見た図を立面図といい，真上から見た図を平面図といいます。

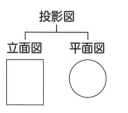

投影図をかくときには決まりがあります。まず，横線をかきますが，

この横線の「上」に「立面図」をかきます。

横線の「下」に「平面図」をかきます。

対応している部分を点線で結びます。これで完成です。

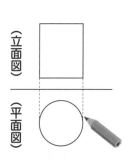

「真上」から見た平面図は「上」ではなく「下」にかきます。ここ，まぎらわしいので注意しましょう。

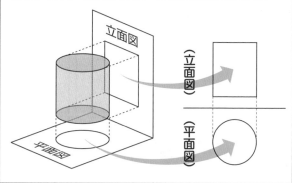

問1 （投影図）

右の(1)～(3)の投影図は，どんな立体を表しているか答えよ。

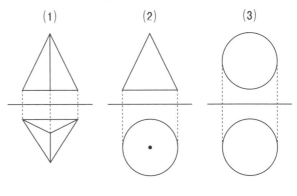

(1) (2) (3)

投影図を見て，どんな立体なのかを判断する問題ですね。

(1)は，正面から見ると三角形，真上から見ても三角形ですから，下図のような**三角錐**になります。

三角錐 **答**

---

(2)は，正面から見ると三角形，真上から見ると中央に頂点のある円形ですから，下図のような**円錐**になります。

円錐 **答**

---

(3)は，正面から見ても真上から見ても円形ですから，下図のような**球**であると判断できます。

球 **答**

「投影図⇔立体」の変換は，立体とその見え方をイメージする力も必要です。日頃から様々な立体をいろいろな角度から見て，訓練しておきましょうね！

問1 （展開図①）

下図(1)～(3)の展開図をかきなさい。

(1)

(2)

(3)

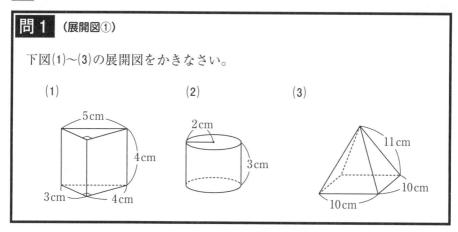

展開図とは，**立体を切り開いて，**
1つの平面上に広げた図のことです。
小学校で学習しましたよね。

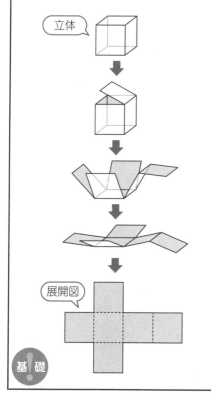

同じ立体でも，「どの辺を切り開くか」
によって，展開図は変わってきます。
ではちょっと，(1)の図を
切り開いてみてください。

294

(1)を考えましょう。
立体は基本的に「**辺**」に沿って切れ目を入れて，展開しなければいけません。

↓赤線上が切れ目を入れていいところ。
（箱をきれいに開けるイメージ）

ここでは，下図の**赤線部**を切ったときの展開図をかいていきますよ。

5 cm
4 cm
3 cm
4 cm

このように展開していきます。
しっかりとイメージしてください。

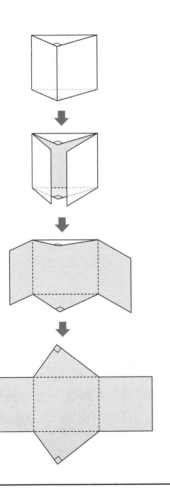

対応関係がわかるよう，答えの展開図には**辺の長さ**をかき入れます。

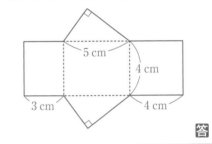

5 cm
4 cm
3 cm
4 cm

答

別解

ちなみに，別の切り口で展開すると，ちがう展開図になりますからね。

5 cm
4 cm
3 cm
4cm

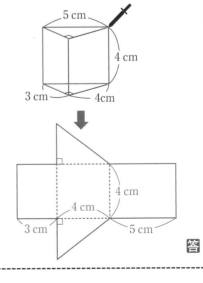

4 cm
4 cm
3 cm
5 cm

答

(2)を考えましょう。円柱の展開図は，小学校で習いましたよね。

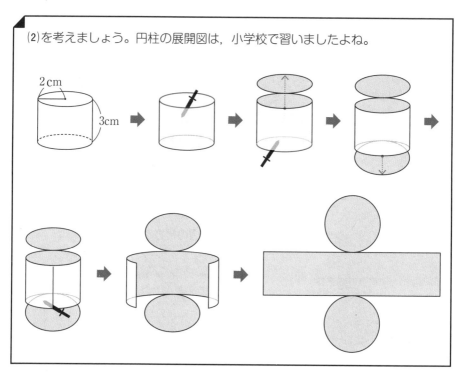

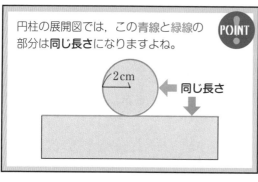

円柱の展開図では，この青線と緑線の部分は**同じ長さ**になりますよね。

POINT

同じ長さ

円周の長さを求める公式は

$$2\pi r$$

です。$r = 2$ (cm) なので，この青線・緑線部分の長さは
$2\pi \times 2 = 4\pi$ (cm)
となります。

展開図には各辺の長さをかきます。

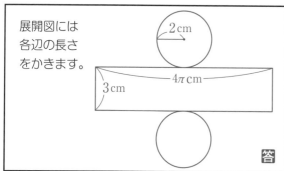

答

円と長方形はちょっと触ったらとれちゃいそうだニャ。

そうですね。「1点」でつながっているだけですからね。

(3)を考えましょう。
四角錐の展開図ですね。

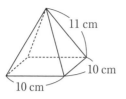

11 cm
10 cm
10 cm

切り方はいくつかありますが,
今回はオーソドックスに,頂点を
ふくむ4辺に切れ目を入れましょう。

このように展開していきます。
しっかりとイメージしてください。

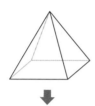

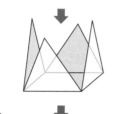

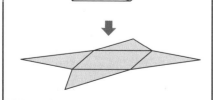

答えの展開図には辺の長さをかき
入れましょう。

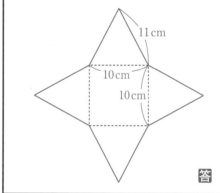

11 cm
10 cm
10 cm

答

別解

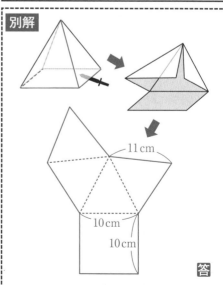

11 cm
10 cm
10 cm

答

右の図にある
円錐の展開図
をかきなさい。

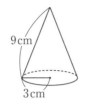

9cm

3cm

円錐？
どうやって
切るニャ!?

!?

円錐の展開図に関しては
よく問われます。
しっかりイメージできる
ように，展開を１つずつ
見てみましょう。

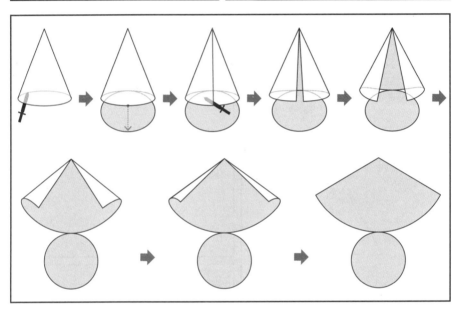

円錐の展開図では，
この青線と緑線の部分は
同じ長さになります。

ここ重要ですよ!!

同じ長さ

POINT

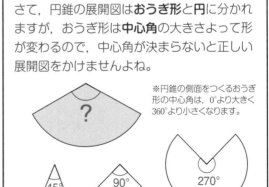

さて，円錐の展開図は**おうぎ形**と**円**に分かれ
ますが，おうぎ形は**中心角**の大きさよって形
が変わるので，中心角が決まらないと正しい
展開図をかけませんよね。

※円錐の側面をつくるおうぎ
形の中心角は，0°より大きく
360°より小さくなります。

?

45°

90°

270°

問2の円錐は，円の半径 r が 3cm です。円周の長さは「$2\pi r$」で求められますから，

$$2\pi \times 3 = 6\pi \ (\mathrm{cm})$$

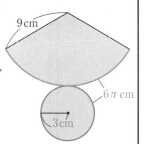

おうぎ形の弧の長さもこれと同じ 6π cm なんです。

もともとはくっついてたから，同じ長さなニョね？

半径 r，中心角 $a°$ のおうぎ形の弧の長さを ℓ とすると，

$$\ell = 2\pi r \times \frac{a}{360}$$

という公式が成り立ちますよね。（☞P.271）

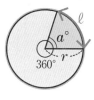

この公式に，$\ell = 6\pi$，$r = 9$ を代入すれば，a の値（＝おうぎ形の中心角）がわかります。

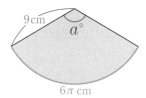

$$6\pi = 2\pi \times 9 \times \frac{a}{360}$$

$$6\pi = 18\pi \times \frac{a}{360}$$

$$\overset{1}{6\pi} = 18\overset{3}{\pi} \times \frac{a}{360}$$

$$1 = 3 \times \frac{a}{360}$$

$$1 = \overset{1}{3} \times \frac{a}{\underset{120}{360}}$$

$$1 = \frac{a}{120}$$

$$a = 120$$

おうぎ形の中心角は $120°$ だとわかったので，展開図に，各部の長さと角度をかき入れ，答えとします。

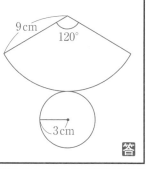

答

展開図は，次に学習する「立体の表面積」を計算するときによく出てきます。
また，展開図から立体にもどして，辺や面の位置関係を問う問題などもよく入試に出題されますので，しっかり理解しておきましょう。

END

立体の表面積

問1 （角柱の表面積）

下図の三角柱について，
底面積，側面積，表面積の数量を
それぞれ求めなさい。

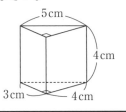

面積・面積・面積って…
一度にいろいろな面積を
きいてくるニャ〜

立体の面積には，3つの種類が
あるんですよ。

まず，「底面積」という
のは，「1つ」の「底面」
の面積のことです。

角柱は底面が2つあり
ますが，「底面積」と
いわれたら，**どちらか**
1つの底面の面積の
ことだと考えましょう。

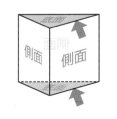

この角柱の底面は直角
三角形なので，底面積は，

$$4 \times 3 \times \frac{1}{2} = 6 \ (\mathrm{cm}^2)$$

※三角形の面積
　= 底辺 × 高さ × $\frac{1}{2}$

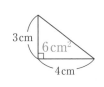

次に，「側面積」というのは，
「**側面全体**」の面積のことです。

裏側にも
側面があるよ

側面積は側面**全体**の面積なので，
展開図で考えるとわかりやすいですね。
下図の青い長方形の面積を求めればいい
わけです。

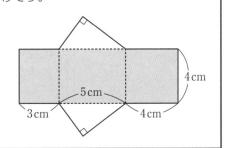

青い長方形の横の長さは
　3 ＋ 5 ＋ 4 ＝ 12（cm）
となるので，側面積は，
　12 × 4 ＝ 48（cm²）

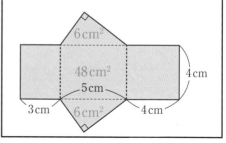

最後，「表面積」というのは，
立体の表面全体の面積のことです。
つまり，2つの底面積と側面積の**和**が
表面積になります。

6 × 2 ＋ 48 ＝ 60（cm²）
ということで，答えは
以下のとおりです。

底面積　6 cm²

側面積　48 cm²

表面積　60 cm² **答**

立体の「表面積」の求め方 POINT

① 立体を「展開図」にする。（できるだけ）
② 各面の面積（底面積・側面積）を求める。
③ 各面の面積の「和」を求める。

表面積はできるだけ「展開図」
で考えましょう。

問2 （円柱の表面積）

下図の円柱の表面積を求めなさい。

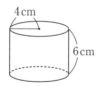

円柱も角柱と同じ。
まずは展開図をかいて，
各面の面積を求め，
それを全部合わせれば
いいんですね。

301

円柱はこのような展開図になります。

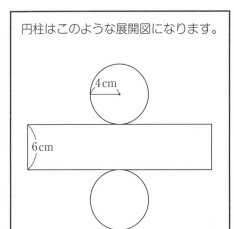

橙線と緑線部分の長さは等しく,
$$2\pi \times 4 = 8\pi \,(\text{cm})$$

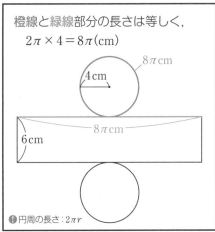

❶ 円周の長さ：$2\pi r$

底面積は,
$$\pi \times 4^2 = 16\pi \,(\text{cm}^2)$$
底面は2つあるので,
$$16\pi \times 2 = 32\pi \,(\text{cm}^2)$$

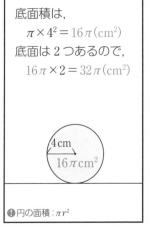

❶ 円の面積：πr^2

側面積は,
$$8\pi \times 6 = 48\pi \,(\text{cm}^2)$$

表面積は
2つの底面積と
側面積の和
なので,
$$32\pi + 48\pi = 80\pi \,(\text{cm}^2)$$

$80\pi \,\text{cm}^2$ 答

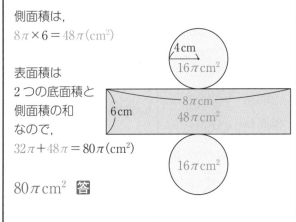

問3 （角錐の表面積）

下図にある正四角錐の表面積を求めなさい。

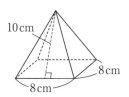

※正四角錐…底面が正方形で，側面がすべて二等辺三角形の四角錐。

これも…展開図にして
全部の面の面積を
合計すればいいニョ？

そのとおり！
もうわかりますよね。
展開図をかいて，計算
すればいいだけです。

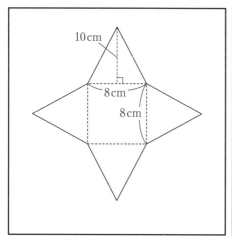

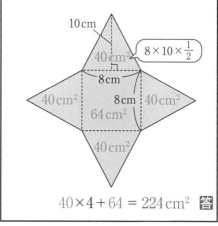

$$40 \times 4 + 64 = 224 \, \text{cm}^2 \ \boxed{\text{答}}$$

問4 （円錐の表面積）

下図にある円錐の表面積を求めなさい。

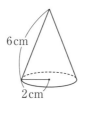

……おうぎ形は
中心角を求めなきゃ
ダメだったかニャ？
どうやるか忘れたニャ…

中心角を求める方法は
少し難解ですよね。
もう一度やりましょう。

おうぎ形の中心角 a と
弧の長さ ℓ の関係は，
次の式で表されます。

$$\ell = 2\pi r \times \frac{a}{360}$$

この式に，すでにわかっている r と ℓ の値を
代入すれば，中心角 a が求められる。
これが前回学んだ方法です。

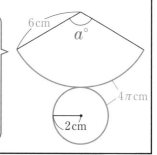

$r = 6$, $\ell = 4\pi$ の場合，
$$4\pi = 2 \times \pi \times 6 \times \frac{a}{360}$$
$$4\overset{1}{\cancel{\pi}} = \overset{3}{\cancel{12}}\cancel{\pi} \times \frac{a}{360}$$
$$1 = \frac{a}{120}$$
$$a = 120$$

ニャんか…
計算がめんどうだニャ〜
分数とかあるし…

…ということで,
実はもう少し簡単に
中心角を求める方法が
あるんですよ。

円錐の展開図で
おうぎ形の中心角を
$a°$ とします。

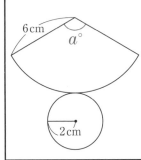

6cm
$a°$
2cm

おうぎ形の弧の長さは,
底面の円周と同じ,
$4\pi\,\mathrm{cm}$ ですよね。

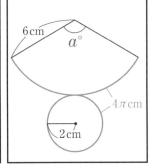

6cm
$a°$
$4\pi\,\mathrm{cm}$
2cm

さて,このおうぎ形が1つの「円」で
ある場合を考えてください。

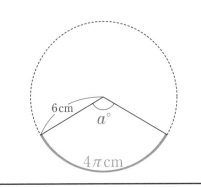

6cm
$a°$
$4\pi\,\mathrm{cm}$

この円の半径は6cmですから,
円周は $12\pi\,\mathrm{cm}$ になります。

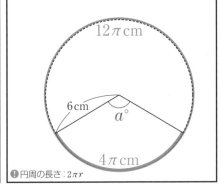

$12\pi\,\mathrm{cm}$
6cm
$a°$
$4\pi\,\mathrm{cm}$

❶円周の長さ:$2\pi r$

また,「円」ですから,
中心角は $360°$ です。

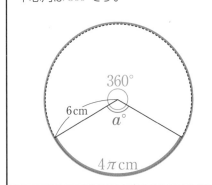

$360°$
6cm
$a°$
$4\pi\,\mathrm{cm}$

つまり,円全体に対するおうぎ形の
部分の割合は,次のようになります。

弧の長さ $\begin{cases} \text{おうぎ形▶} \\ \text{円全体▶} \end{cases}$ $\dfrac{4\pi}{12\pi}$

中心角 $\begin{cases} \text{おうぎ形▶} \\ \text{円全体▶} \end{cases}$ $\dfrac{a°}{360°}$

あ…! おうぎ形の弧の長さは
円周の長さの $\dfrac{1}{3}$ だニャ!

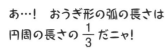

$$\dfrac{4\pi}{12\pi} \Rightarrow \dfrac{1}{3}$$

そのとおりです!

おうぎ形の弧の長さが増減すると，
中心角もそれに比例して増減しますよね。
この2つは比例関係にあるわけです。

つまり，おうぎ形の弧が円周の $\dfrac{1}{3}$ なら，
**おうぎ形の中心角も円全体の中心角 (360°)
の $\dfrac{1}{3}$ になる**わけです。

したがって，
おうぎ形の中心角は，

$$360° \times \dfrac{1}{3} = 120°$$

とわかります。

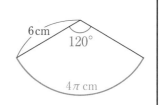

このことを比例式で一般化すると，

$$2\pi r : 2\pi R = a : 360$$

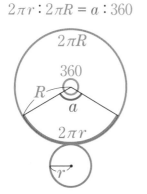

これを方程式に直すと，

$$2\pi R \times a = 360 \times 2\pi r$$

$$a = 360 \times \dfrac{2\pi r}{2\pi R}$$

$$\Rightarrow \boxed{a = 360 \times \dfrac{r}{R}}$$

これが，円錐の展開図でおうぎ形の
中心角を求める公式になります。
便利なので覚えておきましょう。

POINT

❶ 比例式の性質（$a:b = m:n$ ならば $an = bm$）

この公式に，問題にある
$r = 2$，$R = 6$ を代入すれば，
おうぎ形の中心角 a が
一発でわかるんです。

$a = 360 \times \dfrac{2}{6}$

$a = 120$

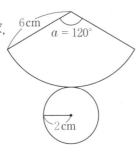

ふぁ!?
こっちの方が
はるかに簡単だニャ!

これが「数学」なんです。

論理的に考えて式を立て，
その式をより簡単な形に変形する。
すると，複雑で難しい問題でも，
すぐに正しい答えが導き出せたりする。
これが数学のスゴイところの１つなんですね。

数学って便利ニャ…

では，**問4**の円錐の表面積を
考えましょう。
まず，底面の円の面積は，

$2^2 \times \pi = 4\pi \ (\mathrm{cm}^2)$

❗円の面積：πr^2

おうぎ形部分の面積は，

$6^2 \times \pi \times \dfrac{120}{360}$

$= 36\pi \times \dfrac{1}{3}$

$= 12\pi \ (\mathrm{cm}^2)$

❗おうぎ形の面積 $\left(S = \pi r^2 \times \dfrac{a}{360} \right)$

円とおうぎ形を合わせた
「表面積」は，

$4\pi + 12\pi = 16\pi \ \mathrm{cm}^2$ 答

となります。

問5　（球の表面積）

右のおうぎ形を，直線 ℓ を軸として
１回転させてできる立体の表面積を
求めなさい。

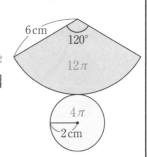

図の回転体は，球の半分，
つまり「半球」になりますよね。

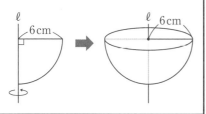

よって，**球の表面積**を求める必要が
あるのですが，その理屈を説明すると
難しい（高校数学の積分の知識が必要に
なる）ので，とにかくこの公式を覚えて
使いましょう！

POINT

「球の表面積」を求める公式

$$S = 4\pi r^2$$

（表面積）　　（円周率）（半径）

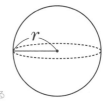

「半球」はこれに $\dfrac{1}{2}$ をかける

❗【参考】円の面積：πr^2

※球の表面積は（同じ半径の）円の面積の4倍

さて，下図の青色部分は，
球の表面積の半分なので，

$4\pi \times 6^2 \times \dfrac{1}{2}$

$= 72\pi\,(\mathrm{cm}^2)$

球の「切り口」にあたる円の面積も
表面積にふくまれますので，

$\pi \times 6^2$

$= 36\pi\,(\mathrm{cm}^2)$

この2つを加えれば，
半球の表面積が
求められます。

$72\pi + 36\pi$

$= 108\pi\,\mathrm{cm}^2$ **答**

はい，立体の表面積を求める方法がわかりましたね。
立体の展開図はイメージしてかけるようにしておき
きましょう。また，おうぎ形の中心角の求め方も，
その理屈をちゃんと理解しておきましょうね。

END

問1 （角柱・円柱の体積）

下の図にある三角柱，円柱の体積を求めなさい。

(1)

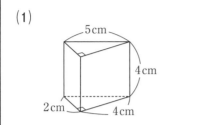

(2)

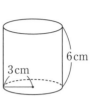

体積？
体積って
何ニャ？

席を離れて
帰ってしまう
ことだワン！

それは「退席(たいせき)」
…ですかね…？

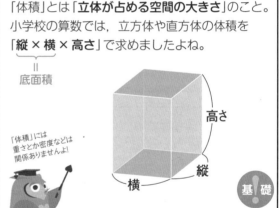

「体積」とは「**立体が占める空間の大きさ**」のこと。
小学校の算数では，立方体や直方体の体積を
「**縦 × 横 × 高さ**」で求めましたよね。

縦 × 横
‖
底面積

「体積」には
重さとか密度などは
関係ありませんよ！

高さ

縦

横

基礎

角柱・円柱の体積 **POINT**

中学では，体積を「底面積 × 高さ」で求めます。
底面積を S，高さを h，体積を V とすると，

$$V = Sh$$

（体積）　（底面積 × 高さ）

とスマートに表すことができます。

※V は Volume（体積；音量），S は Surface（表面，〔立体の〕面），
h は height（高さ）の頭文字。

底面積
(S)

V

底面積
(S)

高さ
(h)

⑴を考えましょう。
この三角柱の底面積は,

$$4 \times 2 \times \frac{1}{2} = 4\,\mathrm{cm}^2$$

5 cm

4 cm²

4 cm

2 cm   4 cm

❶ 三角形の面積：底辺 × 高さ × $\frac{1}{2}$

高さは 4 cm なので,
体積（＝ 底面積 × 高さ）は

$$4 \times 4 = 16\,\mathrm{cm}^3 \quad 答$$

となります。

面積の単位は「**平方センチ
メートル** (cm²)」でしたが,
体積の単位は「**立方センチ
メートル** (cm³)」なので
注意しましょう。

⑵を考えましょう。
この円柱の底面は, 半径 3 cm の円ですから,
底面積は,

$$\pi \times 3^2 = 9\pi\,\mathrm{cm}^2$$

6 cm

3 cm

$9\pi\,\mathrm{cm}^2$

❶ 円の面積：πr^2

高さは 6 cm なので,
体積（＝ 底面積 × 高さ）は

$$9\pi \times 6 = 54\pi\,\mathrm{cm}^3 \quad 答$$

となります。

問2 （角錐・円錐の体積）

下の図にある正四角錐, 円錐の体積を求めなさい。

⑴

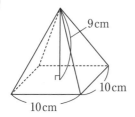

9 cm

10 cm

10 cm

⑵

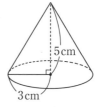

5 cm

3 cm

この体積も
「底面積 × 高さ」ニャ?

これはですね,
まずは実際に比べてみる
とわかりやすいんです。

ここに, 円錐と円柱の容器があります。
底面積と高さは同じです。
円錐いっぱいに水を入れて,
それを円柱に
入れてみてください。

やってみるワン!

円錐いっぱいに
水を入れて…

のどが
かわいたワン

飲むんかい!

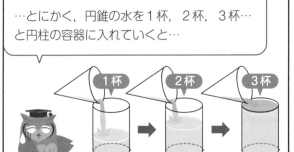
…とにかく, 円錐の水を1杯, 2杯, 3杯…
と円柱の容器に入れていくと…

1杯　2杯　3杯

あら不思議!
ぴったり**3杯**で円柱が
満たされるんです。

ぴったり

このことから, 円錐の体積は, 円柱の体積の $\frac{1}{3}$ だとわかるんです。
つまり, 円柱の体積 ($V=Sh$) に $\frac{1}{3}$ をかければ, 円錐の体積になるわけです。

※この説明(証明)には高校数学の「積分」を
使う必要があって難しいので, 今は「$\frac{1}{3}$に
なる」とだけ覚えておけばよい。

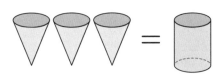

角錐・円錐の体積

錐体の体積 (V) は,

「**底面積 (S) × 高さ (h)**」に

$\frac{1}{3}$ をかけて求める。

$$V = \frac{1}{3} S h$$
（体積）　　（底面積 × 高さ）

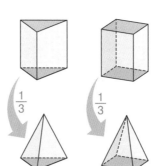

$\frac{1}{3}$　　$\frac{1}{3}$　　$\frac{1}{3}$

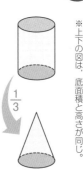

※上下の図は，底面積と高さが同じ。

ちなみに，立方体を切断すると，**3 つの合同な四角錐**ができます。

このことからも，錐体の体積は柱体の $\frac{1}{3}$ である理由がわかりますね。

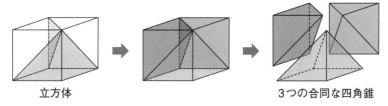

立方体　　　　　　　　　　　　　　3 つの合同な四角錐

10

平面図形・空間図形 **10** 立体の体積

⑴を考えましょう。

底面積 (S) は，$10 \times 10 = 100 \mathrm{cm}^2$

高さ (h) は $9\,\mathrm{cm}$ だから,

$S = 100$, $h = 9$ を

$V = \frac{1}{3} Sh$ に代入して,

$$\frac{1}{3} \times 100 \times 9 = 300$$

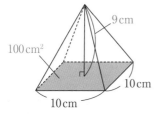

9 cm

$100\,\mathrm{cm}^2$

10 cm

10 cm

$300\,\mathrm{cm}^3$ **答**

⑵を考えましょう。

底面積 (S) は，$\pi \times 3^2 = 9\pi\,\mathrm{cm}^2$

高さ (h) は $5\,\mathrm{cm}$ だから,

$S = 9\pi$, $h = 5$ を

$V = \frac{1}{3} Sh$ に代入して,

$$\frac{1}{3} \times 9\pi \times 5 = 15\pi$$

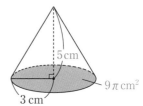

5 cm

$9\pi\,\mathrm{cm}^2$

3 cm

❶ 円の面積：πr^2

$15\pi\,\mathrm{cm}^3$ **答**

下の図形を直線 ℓ を軸として回転
させたときにできる立体の体積を
求めなさい。

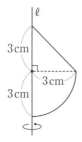

この図形を回転させると,
上の三角形の部分は「円錐」に
なり, 下のおうぎ形の部分は
「半球」になりますよね。

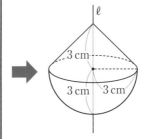

……半球?
円錐の体積はやったけど
半球の体積はどうやって
求めるニャ?

「半球」は,「球」の体積
を求めて, それを半分
にすればいいんです。

球の体積

POINT

「球」の体積 (V) を求めるときは,
この公式をそのまま覚えて使いましょう。

※この式になる理由は高校数学 (積分) の範囲なので省略。

$$V = \frac{4}{3} \pi r^3$$

（体積） （円周率）（半径）

❗【参考】球の表面積 ($S = 4\pi r^2$)

「半球」はこれに $\frac{1}{2}$ をかける

❗ 円周の長さ ($2\pi r$)

❗ 円の面積 (πr^2)

❗ 球の表面積 ($S = 4\pi r^2$)

❗ 球の体積 ($V = \frac{4}{3} \pi r^3$)

… π を使う
公式が多すぎて
覚えきれないニャ…

基本的に, **面積**は「二次元」なので「**二乗**」,
体積は「三次元」なので「**三乗**」するんです。
m^2, r^2 と m^3, r^3 の区別はこれでつきますよね。

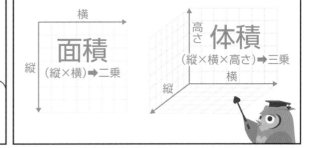

あとは強引にでもゴロ合わせなどで
覚えてしまうのが早いと思います！

（球の表面積）$S = 4\pi r^2$

表面に心配ある事情,
　　4 π r 2乗

（球の体積）$V = \dfrac{4}{3}\pi r^3$

退席三分の 4 敗ある惨状。
体積　3分の　4 π r 3乗

【意訳】表面的に心配がある事情は, 私が退席したあとの
3分間で4敗したことがあるという惨状です。

……ふぁ!?
かなり強引だニャ…!

何いってるのか
わかるようニャ, わからんようニャ…

!? Yo!

まあまあ…
こういうのは覚えたもの
勝ちですからね!　ラップふうに
読んでください

上の「円錐」の部分の体積は,

$V = \dfrac{1}{3}\pi r^2 h$ ←円錐の体積を求める公式

に $r = 3$, $h = 3$ を
代入して求めます。

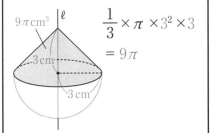

$\dfrac{1}{3} \times \pi \times 3^2 \times 3$
$= 9\pi$

$9\pi\,cm^3$
3 cm
3 cm

下の「半球」の部分の体積は,

まず, $V = \dfrac{4}{3}\pi r^3$ ←球の体積を求める公式

に $r = 3$ を代入して求めます。

$\dfrac{4}{3} \times \pi \times 3^3 = 36\pi$

「半球」なので,

これに $\dfrac{1}{2}$ をかけると,

$36\pi \times \dfrac{1}{2} = 18\pi$

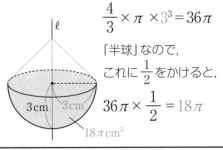

3 cm 3 cm
$18\pi\,cm^3$

「円錐」と「半球」を合わせた体積は,

$9\pi + 18\pi = 27\pi$

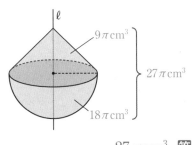

$9\pi\,cm^3$
$27\pi\,cm^3$
$18\pi\,cm^3$

$27\pi\,cm^3$ 答

このように, 「回転体」の体積を
求める問題も試験では頻出です。
複雑な回転体は,
各部分ごとに体積を計算し,
各部分をたしたりひいたりして
全体の体積を求めましょう。
体積を求める公式は,
しっかり覚えておいてくださいね。

END

COLUMN-10

二次元から三次元を想像する

　計算問題は得意！　平面図形もいい感じ！　でも空間図形は…という方，結構多いです。空間図形が苦手な人は，問題を解く際，解答を見る際に，教科書や参考書の図を真似してかいてみてください。手前の線を実線で，奥側の線を破線でかくなど基本的なかき方を忠実に真似ることで空間把握（は あく）能力が上がってきます。複雑な空間図形の問題を解くときは，立体の投影図で学んだ要領で，「真上」や「真下」から見た図や，必要ならば斜めに切断した「断面図」をかいてください。三次元から二次元を切り取ることで，得点力が高まります。

　とはいえ，ここで二次元から三次元を想像する能力をしっかり養っておかないと，高校で学ぶ「空間ベクトル」の分野で「ちんぷんかんぷん」になりかねません。公務員試験などの就職試験でも空間把握能力は求められますし，三次元の建物を二次元の設計図にかき込む設計士，二次元のモニターを見ながら三次元の肉体を手術する医師・歯科医師などと，空間把握能力が必要とされる仕事も多々あります。なりたい自分になるためにも，今ここで空間図形をしっかりと学習してほしいと思います。

　多くの人が空間図形を苦手としている原因は様々あると思いますが，人生において三次元空間を意識的に把握しようとする時間がほとんどないことが最大の原因かと思います。手前味噌（み そ）ですが，本書の空間図形の章は豊富な素材に，ふんだんな色使いで参考書として超最高レベルと思います。しかしながら，二次元の紙媒体（ばいたい）に三次元の空間図形を描出するのには，どうしても限界があります。

　医師，歯科医師は大学時代に解剖（かいぼう）実習を経験します。現代においてはカラー写真や詳しい解説がついた解剖書，人体模型，コンピューターなどの映像メディア機器を使った代替教育手段はありますが，やはり実際に本物の肉体を見て触る解剖実習は未熟な学生にとってそれらの何百倍も価値あるものです。ぜひ，みなさんも本書で学ぶと共に，ふだんから身の回りにある物を「意識的に」見るなどして空間図形のセンスを養ってください。

（文：沖田一希）

中2
Chapter
II

平行と合同

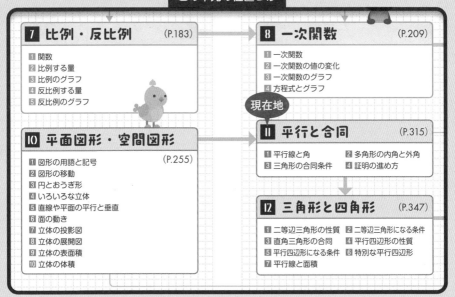
　中1では図形の基礎・基本を学びますが，中2からは様々な図形の「性質」について学習します。図形の性質をもとにした「証明」もできるようになりましょう。

　この章のポイントは，用語と公式（図形の性質），そして「三角形の合同条件」を完全に覚えることです。証明文は，教科書や本書の書き方を「真似」すれば書けるようになります。

Ⅰ 平行線と角

問1 （対頂角）

下図のように，2直線 ℓ，m が交わっている。$\angle a$, $\angle c$, $\angle d$ の大きさを求めなさい。

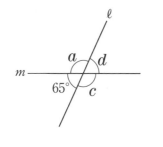

え〜…と…
角の大きさ？
…どうやるニャ？

角度がわかれば
いいワン？

簡単だワン

115°?

分度器は
ダメですよ〜！

…では，始めましょう。
2直線が交わります。

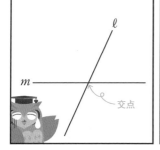

交点

すると，
交点のまわりに
4つの角ができます。

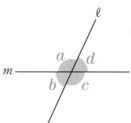

このうち，$\angle a$ と $\angle c$ は，
交点をはさんで，
互いに向かい合って
いますよね。

この $\angle a$ と $\angle c$ のように，
互いに向かい合っている
角を対頂角といいます。

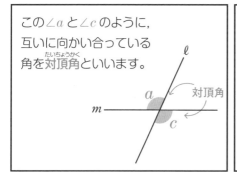

対頂角

$\angle b$ と $\angle d$ も，互いに
向かい合っているので，
対頂角です。

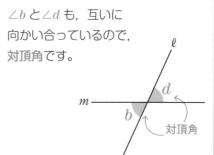

対頂角

316

さて，論理的に考えて
いきましょう。
円全体の中心角を
360°と考えると，

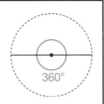

本当だワン！

180°

その半分（＝1つ
の直線のなす角）
は 180°です。

直線 ➡

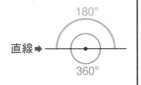

見れば
わかる
ニャー！

いちいち分度器使うニャ！

直線 ℓ で考えると，
$$\angle a + \angle b = 180°$$
ですから，

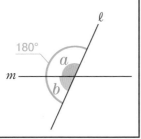

$\angle a$ は，
$$\angle a = 180° - \angle b$$
と表せます。

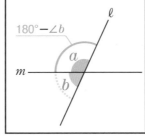

同様に，
直線 m で考えると，
$$\angle b + \angle c = 180°$$
ですから，

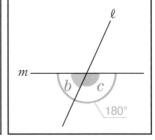

$\angle c$ も，
$$\angle c = 180° - \angle b$$
と表せます。

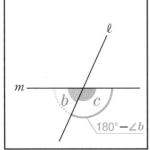

$$\angle a = 180° - \angle b$$
$$\angle c = 180° - \angle b$$
なので，

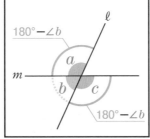

$$\angle a = \angle c$$
といえるわけです。

これが「対頂角は等しい」ことの
証明です。

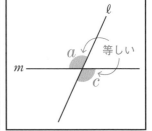

317

同様に,

$$\angle b = 180° - \angle a$$

$$\angle d = 180° - \angle a$$

なので,

$$\angle b = \angle d$$

も成り立ちます。

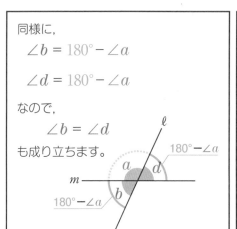

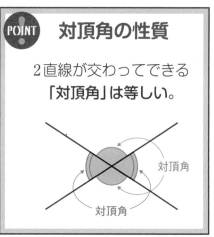

POINT ## 対頂角の性質

2直線が交わってできる
「対頂角」は等しい。

この性質をふまえて,
問1の図を見ると,
もう簡単ですよね。

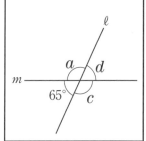

対頂角は等しいので,

$$\angle d = 65° \quad 答$$

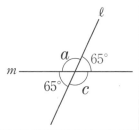

$$\angle a = 180° - 65°$$

なので,

$$\angle a = 115° \quad 答$$

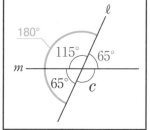

対頂角は等しいので,

$$\angle c = 115° \quad 答$$

簡単に答えが全部出ましたね。

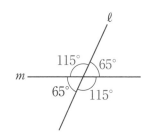

ニャるほど…!
整理しながら考えると
結構カンタンだニャ…

数学は図形も「感覚」ではなくて,
理路整然と論理的に考えれば,
実に単純明快なんですよ!

問2 （同位角・錯角と平行線）

下図のように，平行な2直線 ℓ, m に直線 n が交わっている。∠a, ∠b の大きさを求めなさい。

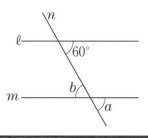

……ふぁ!?
「対頂角は等しい」が
使えなくニャい…?

今まで習った知識では
解けませんよね。
1つ1つ説明しましょう。

まずはじめに，平行な
2つの直線があります。

その2直線に，
もう1つの直線 n が
交わります。

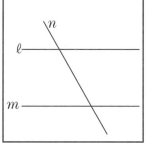

このとき，2直線に，
4つ（●●●●）ずつ，
合計8つの角ができ
ます。

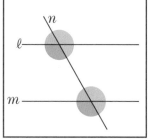

8つの角のうち，例えば●の角は，
直線 n の立場で考えると，
交わる直線の**同じ位置にある角**ですよね。
このような2つの角を「**同位角**」といいます。

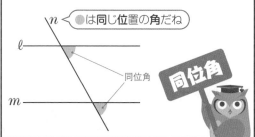

●の角，●の角，●の角も，
それぞれ「**同位角**」です。
4つずつ角ができるので，
同位角も4組できるわけです。

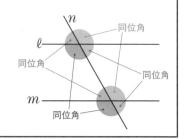

また，2直線の「**内側**」
にある角のうち，

※2直線の「外側」は無視!

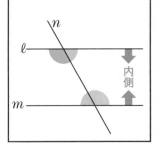

直線 n の**反対側で相対する**位置にある（はす向かい
にあるような）2つの角を「**錯角**」といいます。

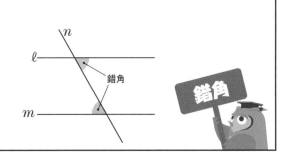

●と●の角は**錯角**です。
また，●と●の角も**錯角**です。
錯角は2組できるんですね。

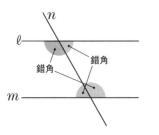

ボクもよく
錯角が多いと
いわれるワン!

それをいうなら
錯覚だニャ!

字がちがうニャ!

「錯角」と「錯覚」，読みは同じですけど，
まちがえないようにしましょうね…

ちなみに，2直線 ℓ，m が**平行でない**場合でも，
「同位角」や「錯角」の位置関係は変わりません。
2直線が平行か平行でないかは関係ないんです。

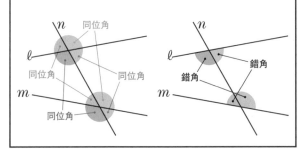

ただし，
2直線が**平行である**
場合，**同位角**や**錯角**が
ある性質をもつんです!

ここ，
大事ですよ!!

320

平行線の性質

2直線に1つの直線が交わるとき,

2直線が平行ならば,
同位角や錯角は等しい。

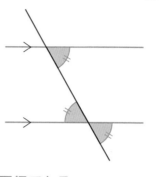

【平行線になる条件】

2直線に1直線が交わるとき,
同位角や錯角が等しければ,2直線は平行である。

平行線の
同位角が等しいと,

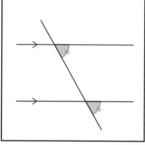

対頂角は等しいので,

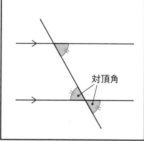

対頂角

錯角も等しいという
ことになるわけです。

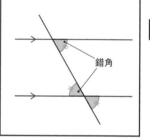

錯角

ちなみに,
「2直線が平行ならば,
同位角や錯角は等しい」
を逆に考えて,

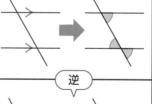

逆

「同位角や錯角が等し
ければ,2直線は平行
である」ともいえます。

この「同位角や錯角が等しい」は,
2直線が平行線になる条件なんです。

「平行線の性質」や
「平行線になる条件」
は,今後も非常に
重要になってきます。
ここでしっかりと
完全マスターして
おきましょうね!

2 多角形の内角と外角

問1 （三角形の角の性質の説明①）

右の図のように，△ABC の辺 BC の
延長上に点 D をとり，点 C を通って
辺 AB に平行な直線 CE をひきます。
この図を利用して，三角形の内角の
和は 180°であることを説明しなさい。

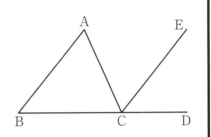

…内角の和？
…説明しなさい？
…何いってんのか
よくわからんニャ…

2つの「**平行な直線**」が
あるので，
「**同位角・錯角は等しい**」
という性質が使えますよね。
これをベースに
考えていけばいいんですよ。

まず，「**内角**」というのは，
多角形の**となり合う2辺**が，

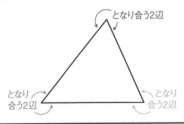

多角形の「**内部**」につくる角のことです。
三角形の内角は 3 つできます。

一方，多角形で，1辺を延長したとき，

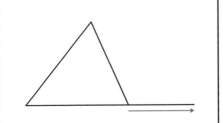

1辺の延長と，その**となりの辺**との
間にできる角を「**外角**」といいます。

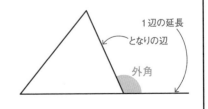

1辺の延長が変わると，そのとなりの辺も変わり，外角の位置も変わります。

※ほかの2つの頂点についても同じように考えられるので，三角形は全部で6つの外角ができる。

となりの辺　外角
1辺の延長

これらをふまえて，問1を1つ1つ解いていきましょう。

まず，それぞれの角に，a, b, c, d, e と名前をつけましょう。

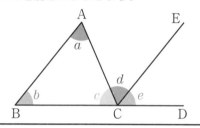

さて，辺 AB と直線 CE は平行です。

これがポイント!

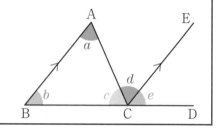

平行線の錯角は等しいので，
$$\angle a = \angle d$$

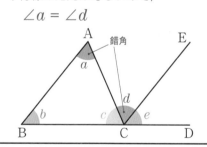

錯角

平行線の同位角は等しいので，
$$\angle b = \angle e$$

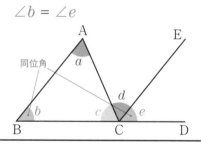

同位角

$\angle c$, $\angle d$, $\angle e$ は一直線上にあるので，たすと 180°になりますよね。

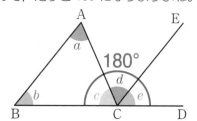

180°

したがって，
$$\angle a + \angle b + \angle c$$
三角形の内角の和
$$= \angle d + \angle e + \angle c$$
$$= 180°$$

これより，三角形の内角の和は 180°であるといえます。*

 答

II 平行と合同　2　多角形の内角と外角

*このように，あることがらが成り立つわけを，すでに正しいと認められていることがらを根拠にして示すことを証明という。

三角形の内角, 外角の性質

❶ 三角形の内角の和は 180°である。

❷ 三角形の外角は, そのとなりにない
   2つの内角の和に等しい。

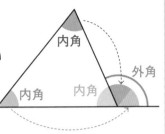

内角

外角

内角　内角

問2 （三角形の角の性質の説明②）

下の図で, ∠x の大きさを求め
なさい。

(1)

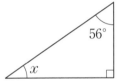

56°

x

(2)

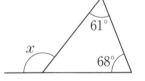

61°

x

68°

---

(1)を考えましょう。
三角形の内角の和は 180° だから,

$$\angle x + 56° + 90° = 180°$$

$$\angle x = 180° - 56° - 90°$$

$$\angle x = 34° \quad 答$$

---

(2)を考えましょう。

三角形の外角 ∠x は, そのとなりに
ない2つの内角 (61°と68°) の和に
等しいという性質があるので,

$$\angle x = 61° + 68°$$

$$\angle x = 129° \quad 答$$

簡単に解けたニャ…

三角形の内角, 外角の性
質がわかっている人には,
簡単な問題でしたね。

三角形の内角の和は 180°だとわかりました。
では, 四角形, 五角形, 六角形など, その他の
「多角形の内角の和」は, それぞれ何度になるのか。
今度はそれを調べていきましょう。

え～…
めんどうだニャ～

問3 （多角形の内角の和①）

次の問いに答えなさい。

（1） 十角形の内角の和を求めなさい。

（2） 正八角形の1つの内角の大きさを求めなさい。

---

(1)の「十角形」の内角の和とは，この ◊ の部分の和のことですね。

角多すぎニャい？

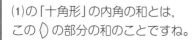
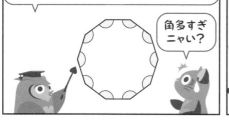

理科で習った「茎の断面図」みたいだワン！

↙ 植物の茎の断面図

確かに…ちょっと似てるニャ…

実は，多角形*の内角の和は，「**三角形の内角の和が180°である**」ということをもとにして，**1つの式**で表すことができるんです。

180°

1つの式で？

?

例えば，四角形で，**1つの頂点**から**対角線**をひいて，いくつかの「**三角形**」に分けましょう。

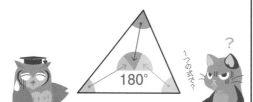

MEMO ▶ 対角線（たいかくせん）

多角形において，となり合わない2つの頂点を結ぶ線分のこと。

—— ：対角線

四角形の**1つの頂点**からは，**対角線**は1本ひけます。

---

*多角形（たかくけい／たかっけい）…三角形・四角形・五角形など，3つ以上の線分（＝辺）で囲まれた平面図形。辺が3本なら三角形，辺が4本なら四角形，辺が5本なら五角形，辺が n 本なら n 角形という。

すると，三角形が 2 つ
できますね。

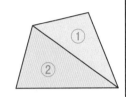

●部分を内角とする三角形，
●部分を内角とする三角形，
2 つの三角形ができます。

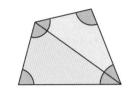

一方，この**四角形**の内角
は●部分ですから，

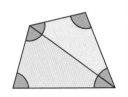

三角形のすべての内角の和が，
四角形の内角の和に等しいわけです。

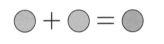

あっ！
ほんとニャ！

つまり，四角形は，2 つの三角形
（＝内角の和は 180°）に分けられるので，
四角形の内角の和は，

$$180° \times 2 = 360°$$

だとわかります。

同じように，**五角形の
1 つの頂点から対角線
をひく**と，

全部で 3 つの三角形が
できます。

ここでも，**三角形のすべ
ての内角の和は五角形の
内角の和**に等しいですね。

つまり，五角形は 3 つの三角形
（＝内角の和は 180°）に分けられるので，
五角形の内角の和は，

$$180° \times 3 = 540°$$

となります。

**…ニャんか，パターンが
見えてきたようニャ…**

では，もっと例を
見ていきましょう！

六角形は4つの三角形に，

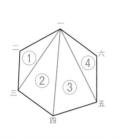

七角形は5つの三角形に，

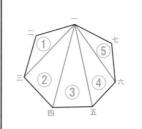

八角形は6つの三角形に分けられます。

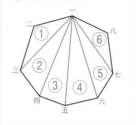

あ…！
辺の数より2少ない数の三角形ができてるニャ！？

そのとおり正解！

つまり，1つの頂点から対角線をひくと，

その頂点の両どなりにある2本の辺を除いて，

除く　除く

ほかすべての辺が「底辺」となる三角形ができると考えられるわけです。

ですから，辺の数がn本ある「n角形」として考えると，

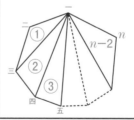

nより2少ない，$(n-2)$個の三角形に分けられるといえます。

多角形の「内角の和」　POINT

n角形の内角の和は，$180° \times (n-2)$である。

変形すると
$180° \times n - 360°$

(1)を考えましょう。
十角形は,
10 より 2 少ない
8 つの三角形に
分けられますので,

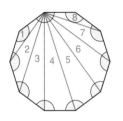

十角形の内角の和は,

$180° × (10 - 2)$

$= 180° × 8$

$= 1440°$ 答

となります。

(2)を考えましょう。
「正八角形」とは,
8 つの辺の長さと内角の
大きさがすべて等しい
八角形のことです。

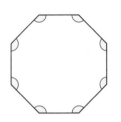

八角形の内角の和は,

$180° × (8 - 2)$

$= 180° × 6$

$= 1080°$

となります。

正八角形は内角の大きさがすべて
等しいので,8 でわれば,
1 つの内角の大きさがわかります。

$1080° ÷ 8 = 135°$ 答

n 角形の内角の和は $180° × (n-2)$ で
あるということがわかれば,簡単に
答えが出ますよね。この式はしっか
りと覚えておいてください。

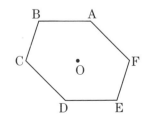

問4 （多角形の内角の和②）

右の図の六角形 ABCDEF の内角の和を,
内部の 1 つの点 O から各頂点にひいた線分で
三角形に分ける方法で求めなさい。

今回は，1つの頂点から
対角線をひく方法ではなく，
内部の1つの点 O から，
各頂点にひいた線分で
三角形に分ける方法で，
内角の和を求めなさい，
というわけです。

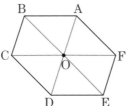

この方法だと，六角形から
6個の三角形ができます。

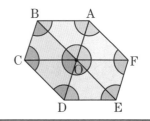

6個の三角形の内角の和は，
$$180° \times 6 = 1080°$$
となりますが，

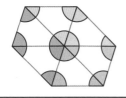

この**六角形の内角**は，
●部分ですから，

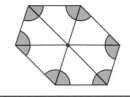

まんなかにある角が
余計ですよね。

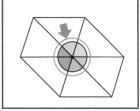

この部分は合計で
何度ですか？

え〜…と…
360°ニャ？

正解！

つまり，6個の三角形の内角の和
（ = 1080°）から，360°を**ひく**必要が
あるんです。

ひく

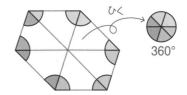

360°

したがって，
六角形の内角の和は，

$$180° \times 6 - 360° = 720°$$ 答

となります。

この方法では，**六角形では** 6 **個の三角形**
ができるので，n **角形では** n **個の三角形**
ができることがわかります。
したがって，n 角形の内角の和は，

$$180° \times n - 360°$$

という式で表せますね。

なお，頂点から対角線をひく方法で多角形の内角の和を求める式は，

$$180° \times (n-2)$$
$$= 180° \times n - 180° \times 2$$
$$= 180° \times n - 360°$$

と変形できます。

つまり，多角形の内角の和は，どちらの方法で求めても同じなんだよ，ということですね。

$$180° \times (n-2) = 180° \times n - 360°$$

問5 （多角形の外角の和）

右図の六角形
ABCDEF の外角の
和を求めなさい。

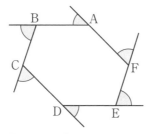

さあ，時間がないので，サクッと解きましょう。

「時間がない」って…
どういうことニャ？

本なニョに…

外角に加えて，六角形の**内角**も◯で示すと，

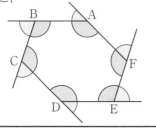

180°の角が，6つできますね。

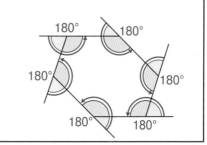

全部を合計すると，

$$180° \times 6 = \mathbf{1080°}$$

となりますが，

「**外角の和**」を求めたいので，**内角**（＝◯の部分）の和をひかないといけません。

ひく

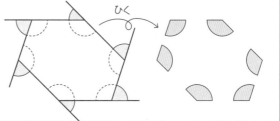

六角形の**内角**の和は,

$$180° \times (6 - 2)$$

$$= 180° \times 4$$

$$= 720°$$

となるので,

六角形の**外角**の和は,

$$1080° - 720° = 360°$$

となります。 答

この考え方は,
六角形だけでなく,
どんな多角形にも
あてはまるんですよ。

六角形では 6 個の **180°** ができるように,
n 角形では n 個の **180°** ができますよね。

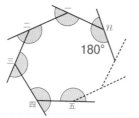

したがって, n 角形の外角の和は,

$$\underbrace{180° \times n}_{\text{内角と外角の和}} - \underbrace{180° \times (n - 2)}_{\text{内角の和}}$$

$$= 180° \times n - 180° \times n + 360°$$

$$= 360°$$

と, 常に $360°$ になるわけです。

多角形の「外角の和」

n 角形の外角の和は, 360°である。

（どんな多角形でも, 外角の和は常に $360°$ になる）

三角形も四角形も五角形も, 多角形は
みんな外角の和が $360°$ になるんです。

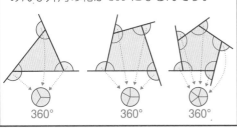

多角形の内角の和と外角の和は,
表裏一体の関係にあります。
内角の和や外角の和をたしたり
ひいたり, 柔軟な発想で考えら
れるようにしましょうね！

END

3 三角形の合同条件

問1 （合同な図形）

右の図で，△ABC と
合同な三角形を見つ
け，△ABC と合同で
あることを，記号 ≡
を使って表しなさい。

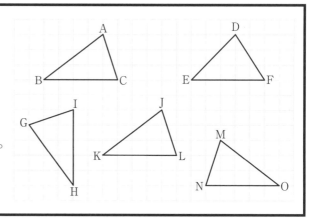

合同…?
どういう意味
だったかニャ?

小学校で
やったようニャ…

お金や物を
無理矢理うばう
ことだワン!

それは**強盗**! ダメ
ですよ!

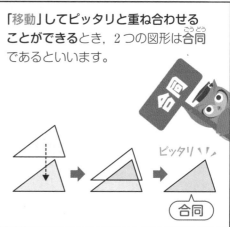

「移動」してピッタリと重ね合わせる
ことができるとき，2つの図形は合同
であるといいます。

ピッタリ

合同

この「移動」というのは，中1で習った「**平行移動・回転移動・対称移動**」の
どれかです。3つの移動を組み合わせても OK です。
どんな移動をしても，最後にピッタリと重なれば，合同であるといえます。

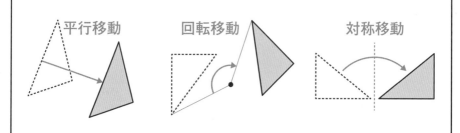

平行移動　　　　　回転移動　　　　　　対称移動

点 A から左に 4 マス,
下に 3 マスで点 B。
辺 BC は 5 マス。
点 C から上に 3 マス,
左に 1 マスで点 A。

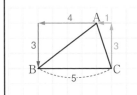

このような感じで,
頂点どうしの位置関係
や辺の長さなどを
おさえつつ,
合同な三角形を探して
いきましょう。

ニャるほど…

△DEF は,
点 D の位置が点 A と
ちがうので,
合同ではありません。

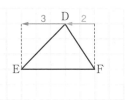

△GHI は, △ABC を左回りに 90°
回転させたものなので, 合同です。

$$\triangle ABC \equiv \triangle GHI \quad 答$$

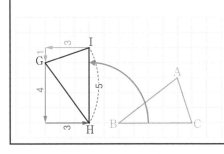

カンタンだったワン!
ボクでも解けたワン!

$$\triangle ABC = \triangle IHG \quad ✕$$

おしい!

え?
ちがうニョ?

合同であることを表す場合,
＝ ではなく ≡ という記号を使います。

「ごうどう」と読む

$$\underset{1 \quad 2 \quad 3}{\triangle ABC} \equiv \underset{1 \quad 2 \quad 3}{\triangle GHI}$$

対応
対応
対応

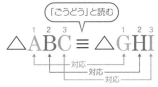

このとき,
左辺と右辺で対応する頂点の記号を
同じ順番で書かなければいけません。

だから「△IHG」だとダメなんですね

MEMO 図形の記号のつけ方

図形の頂点に記号をつけていく場合,
左上 (または上) の方から反時計回りに,
図形の周に沿って, A, B, C, …とアル
ファベット順につけていくのがふつう。
読み書きする場合も基本は同じ。
※ただし厳密なルールはない。

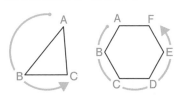

さて，△JKL は，△ABC を**平行移動**させた
だけのものなので，**合同**です。

△ABC ≡ △JKL 答

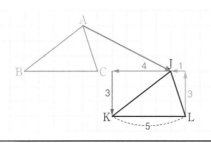

△MNO は，一見，△ABC とは
重なり合わないので，
合同ではなさそうですが，

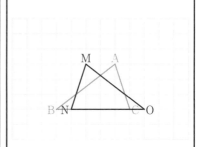

よく見ると，△ABC を**対称移動**させ
たものなので，**合同**です。

△ABC ≡ △MON 答
　　　　　　順番に注意

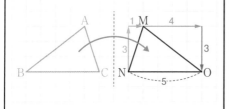

**対称移動させたら「逆」に見えるのに，
「合同」といっていいニャ？**

いいんです！　直線で折り返せば
ピッタリと重なり合う図形も，
「合同」といえるんですよ。
ということで，合同な図形の性質を
おさえておきましょう。

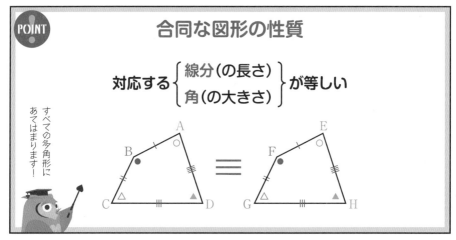

※「対角線」の長さも等しい。

先程の△ABC と△MON も，
対応する線分や角は**全部等しい**のですが，
（全部の線分や角じゃなくても）
いくつかの線分や角が等しければ「合同」
といえる条件が三角形にはあるんです。

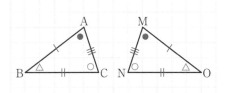

それを「三角形の合同条件」
といいます。
次の **3つ**の条件のうち，
どれか1つでもあてはまれば，
2つの三角形は「合同である」
といえるわけなんです。

これは超重要ポイントですよ !!!

POINT

三角形の合同条件

（2つの三角形は，次のどれかが成り立つとき合同である）

❶ 3組の辺がそれぞれ等しい。

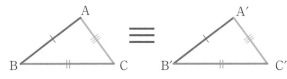

合同条件❶

$$（例）\begin{cases} AB = A'B' \\ BC = B'C' \\ CA = C'A' \end{cases}$$

❷ 2組の辺とその間の角がそれぞれ等しい。

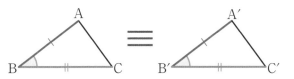

合同条件❷

$$（例）\begin{cases} AB = A'B' \\ BC = B'C' \\ \angle B = \angle B' \end{cases}$$

❸ 1組の辺とその両端の角がそれぞれ等しい。

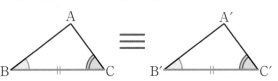

合同条件❸

$$（例）\begin{cases} BC = B'C' \\ \angle B = \angle B' \\ \angle C = \angle C' \end{cases}$$

❷は要するに，
「2組の辺」と「1つの角」
が等しければ合同
ということニャ？

ただ，「1つの角」は，
どの角でもいいわけでは
ないんですよ。

下図のように，
「2組の辺と1つの角」が等しくても，
1つの角が2組の辺の間にない場合，
合同にならないことがあるんです。
等しい2組の辺の間にある角が等しいことが
合同の条件なので，注意しましょう。

この角が等しくないとダメ

じゃあ，❸も
「1組の辺」と「2つの角」
が等しければ合同
というわけじゃニャい？

そう，「2つの角」は，
どの角でもいいわけでは
ないんですよ。

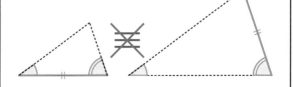

下図のように，
「1組の辺と2つの角」が等しくても，
2つの角が1組の辺の両端にない場合，
合同にならないことがあるんです。
等しい1組の辺の両端の角が等しいことが
合同の条件なので，注意しましょう。

問2 （三角形の合同条件①）

下の図で，合同な三角形の組を見つけ，記号≡を使って表しなさい。

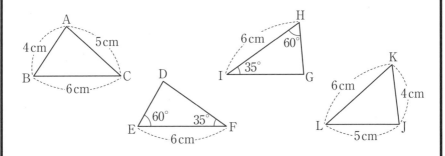

問2を考えましょう。
「三角形の合同条件」をもとに
合同な三角形を見つけます。
三角形を回転させて,
同じ向きで考えると
わかりやすいですよ。

△KLJ を左に回転させて
△ABC と同じ向きにして見てください。

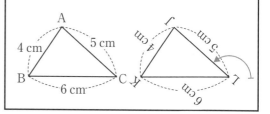

AB = JK = 4cm,
BC = KL = 6cm,
CA = LJ = 5cm
となるので,
3組の辺がそれぞれ等しいですよね。

合同条件①

したがって,

$$\triangle ABC \equiv \triangle JKL \quad 答$$

対応順にかく！

△DEF は,1つの辺と,
その両端の角が
示されていることに注目！

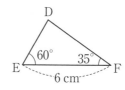

△HIG を△DEF と
同じ向きにして見ると,
EF = HI = 6cm,
∠E = ∠H = 60°, ∠F = ∠I = 35°
だとわかります。

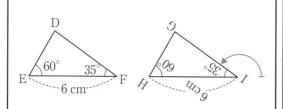

1組の辺とその両端の角が
等しいので,

$$\triangle DEF \equiv \triangle GHI \quad 答$$

合同条件③

「三角形の合同条件」を
知っていれば,重ね合わせ
なくても,2つの三角形が
合同かどうかを判別できる
んですね。

（三角形の合同条件②）

下図(1), (2)で，合同な三角形の組を記号 ≡ を使って表し，その合同条件
をいいなさい。ただし，それぞれの図で同じ印をつけた辺や角は等しい
ものとする。また，線分 AB と線分 CD の交点をそれぞれ M, O とする。

(1)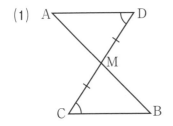

(2)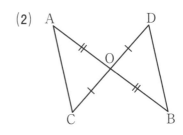

---

(1)を考えましょう。
上と下の三角形は，
1 組の辺と **1 組の角**が等しいので，

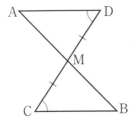

この辺が等しければ
「合同」になりますし，　合同条件❷

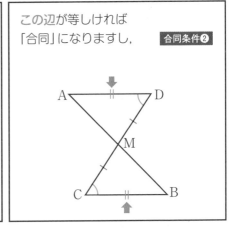

または**この角**が等しければ
「合同」になりますよね。　合同条件❸

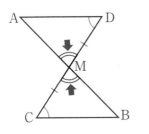

よく見ると，**対頂角**なので，
　　∠AMD = ∠BMC
となります。

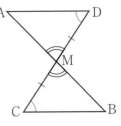

したがって，答えは
次のようになります。

$$\triangle AMD \equiv \triangle BMC$$

合同条件：
1 組の辺とその両端の角がそれぞれ
等しい。

答

合同条件 ❸

---

(2)を考えましょう。
左と右の三角形は，
2 組の辺がそれぞれ等しく，

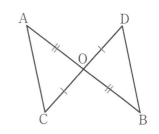

また，2 組の辺の**間にある角**も
対頂角のため等しいので，

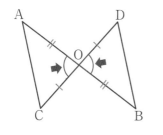

答えは次のようになります。

$$\triangle ACO \equiv \triangle BDO$$

合同条件：
2 組の辺とその間の角がそれぞれ等し
い。

答

合同条件 ❷

答えるときは，三角形が同じ向きであると
考えて，点の対応関係を明確に示しましょう。

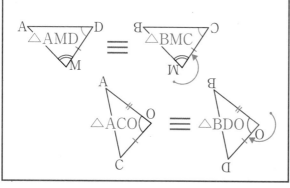

三角形の合同条件は，
次にやる**図形の証明**の
中で最も重要です。
ここで絶対に
覚えておきましょう！

END

4 証明の進め方

問1 （証明の進め方）

右の図で，線分ABとCDの交点をEとして，
DE＝CE，AD∥CBとする。このとき，
AE＝BEとなることを証明しなさい。

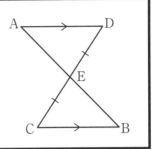

…ふぁ？
…「証明しなさい」？
どういうことニャ？

「しょうめい」かワン？

このことだワン！

照明

絶対いうと思ったニャ！

「証明」の意味を理解するために，まずは「仮定」と「結論」という用語を覚えましょう。

仮定　結論

またまた，めんどくさそうなことばが出てきたニャ…

いや，実は今までに何度も出ていた表現なんですよ。

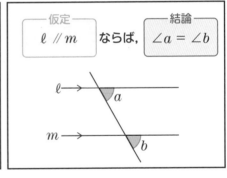

― 仮定 ―
$\ell \parallel m$ ならば，― 結論 ―
$\angle a = \angle b$

$\ell \rightarrow$
a
$m \rightarrow$
b

「平行線の性質」ニャ！
同位角ニャ！

そう。合同についても仮定と結論で表せますよ。

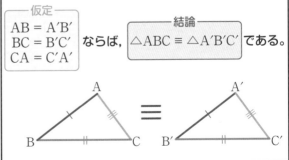

― 仮定 ―
AB＝A′B′
BC＝B′C′
CA＝C′A′ ならば，― 結論 ―
△ABC≡△A′B′C′ である。

A

B　　　C　≡　B′　　　C′
　　　　　　　　　　A′

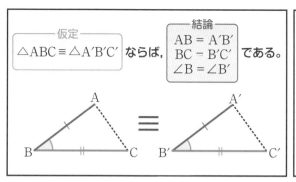

このように，数学では，図形の性質などについて，

| ㋐ | ならば，| ㋑ |

のような形で述べられることが多いんですね。

こういう表現がよく使われるんです。

このような文では，
「ならば」の前の㋐の部分を「仮定」，
「ならば」の後の㋑の部分を「結論」
というんです。

┌─ 仮定 ─┐　　　　┌─ 結論 ─┐
│ ㋐ │ **ならば，** │ ㋑ │
└──────┘　　　　└──────┘

MEMO ➤ **仮定と結論**

◎**仮定**…数学・論理学で，ある
　結論を導き出す推論（推理）の
　出発点となる**前提条件**。古く
　は「仮設」といった。

◎**結論**…数学・論理学の推論に
　おいて，前提条件から導き出
　された判断。

そして，「仮定」を出発点として，
「すでに正しいとわかっている性質」
を根拠に，すじ道を立てて「結論」
を導くことを「証明」というんです。

…ふぁ？
「すでに正しいと
わかっている性質」
って何ニャ？

これまでの授業で
学んだ，図形の性質
などのことです。

復習しておきましょう！

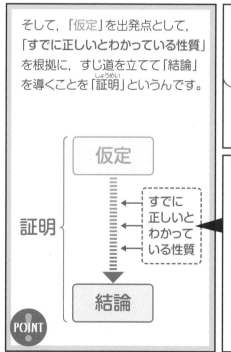

すでに正しいとわかっている性質

◎対頂角の性質　　　　　　　　（☞P.318）

◎平行線の性質　　　　　　　　（☞P.321）

◎平行線になる条件　　　　　　（☞P.321）

◎三角形の内角，外角の性質　　（☞P.324）

◎多角形の内角，外角の和　（☞P.327,331）

◎合同な図形の性質　　　　　　（☞P.334）

◎三角形の合同条件　　　　　　（☞P.335）

などなど

※等式の性質，面積・体積の公式なども使ってよい。　　　341

「証明」のときには，君たちは「**名探偵**」になってください。

名探偵も，事件現場の状況（仮定）から推理をして，正しい根拠を述べながら結論を導き，犯人が誰なのかを「証明」しますよね。

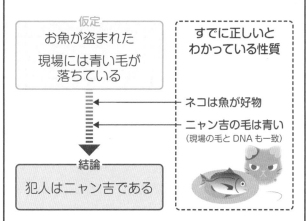

仮定
お魚が盗まれた
現場には青い毛が
落ちている

すでに正しいとわかっている性質

← ネコは魚が好物

← ニャン吉の毛は青い
（現場の毛とDNAも一致）

結論
犯人はニャン吉である

名探偵？

「証明」はそんなイメージで考えるといいかもしれません。

ニャんとなくわかるけど…犯人にされてるのがムカつくニャ！

ものを盗むのはよくないワン！

まさにドロボウネコだワン！

盗んでないニャ！

話聞いてるニャ？

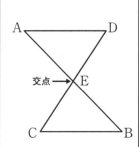

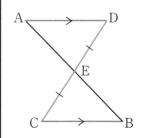

では，**問1**を解きながら，「証明」の進め方を確認していきましょう。問題文をしっかりと正しく読み取っていきますよ。

『線分 AB と CD の交点を E として，』

交点 → E

『DE＝CE，AD∥CB とする。』
ここまでが「仮定」です。

証明の問題では，**問題文で与えられている前提条件**が「仮定」なんです。

問題文

右の図で，線分 AB と CD の交点を E として，DE＝CE，AD∥CB とする。このとき，AE＝BE となることを証明しなさい。

※図に「平行」や「等しい」などの記号がない場合は，自分でかきこみましょう。

次に，『このとき，AE＝BE となることを証明しなさい。』とありますね。この『AE＝BE』が「結論」です。

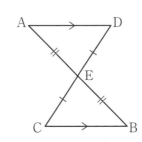

この「仮定」から「結論」を導くためには，どうすればよいか。ここは，自分で**推理**をしなければいけません。

考えて

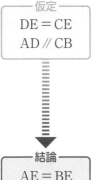

― 仮定 ―
DE＝CE
AD∥CB

↓

― 結論 ―
AE＝BE

そう，△AED と△BEC が**合同**であることを示せば，AE＝BE を証明できますよね。

※2つ以上の三角形が出てくる証明問題は，三角形の合同を根拠として使うパターンが多い。

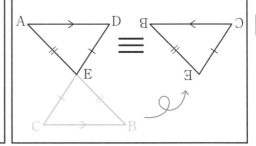

合同を示すために，今までに学んだ「**すでに正しいとわかっている性質（図形の性質）**」でわかる部分を全部あきらかにしていきましょう！

2直線が平行なので，**錯角**が等しい。

ここも等しいが今回は不要

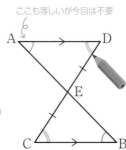

対頂角は等しい。

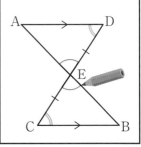

「1 組の辺とその両端の角が
それぞれ等しい」ので，
2 つの三角形は合同であると言えます。

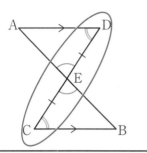

合同な図形は，
対応する線分が等しいので，
AE = BE であるといえます。

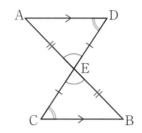

この問題で，仮定から結論を導くすじ道を
まとめると，以下のようになります。

つまり「三角形の合同条件」
をそろえて，「合同」である
ことを根拠に，結論に結び
つけるわけです。

ニャるほど…

```
┌─ 仮定 ─┐
│ DE = CE │
│ AD ∥ CB │
└────────┘
```

すでに正しいと
わかっている性質

$\begin{cases} \angle ADE = \angle BCE \\ \angle AED = \angle BEC \end{cases}$

※図形の性質を利用して
線分や角度の等しい部分
（仮定にはない部分）を
見つけ出す。

◎三角形の合同条件
（1 組の辺とその両端の角が
それぞれ等しい）

三角形の合同
△AED ≡ △BEC

◎合同な図形の性質
（合同な図形は，
対応する線分・角が等しい）

結論

AE = BE

テストで証明の答えをかくと，
次ページのようになります。
「三角形の合同の証明」では
基本的に，

……ので，　　←理由

　A = B　　　←等式

というように，
理由をいってから等式を示し，
3 つの等式を書いて
「合同条件」をそろえる
パターンが多いので，
覚えておきましょう。

証明

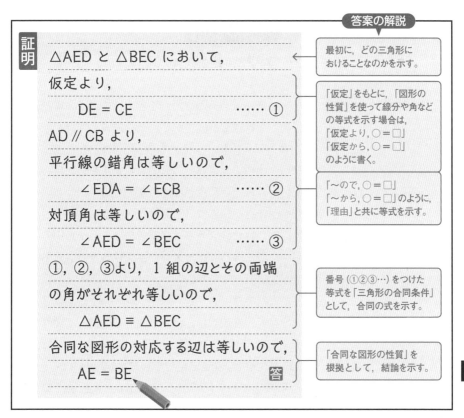

△AED と △BEC において，

仮定より，

    DE = CE   …… ①

AD // CB より，

平行線の錯角は等しいので，

    ∠EDA = ∠ECB   …… ②

対頂角は等しいので，

    ∠AED = ∠BEC   …… ③

①，②，③より，1 組の辺とその両端
の角がそれぞれ等しいので，

    △AED ≡ △BEC

合同な図形の対応する辺は等しいので，

    AE = BE   答

最初に，どの三角形に
おけることなのかを示す。

「仮定」をもとに，「図形の
性質」を使って線分や角など
の等式を示す場合は，
「仮定より，○ = □」
「仮定から，○ = □」
のように書く。

「〜ので，○ = □」
「〜から，○ = □」のように，
「理由」と共に等式を示す。

番号（①②③…）をつけた
等式を「三角形の合同条件」
として，合同の式を示す。

「合同な図形の性質」を
根拠として，結論を示す。

「仮定」だけでは「三角形の合同条件」
がそろわないので，図形の性質を
理由にいくつかの「**等式**」を示し，
3 つの合同条件をそろえる。
これが「三角形の合同」を使って証明
するときの重要ポイントです。

① 仮定   ② 等式   ③ 等式

三角形の合同

結論

こんな長い答え
書けるわけない
ニャ…！

ネコを
ニャめてんニョ？

最初は難しいと
思いますけど，
慣れれば大丈夫。
絶対にできるよう
になりますよ。

図形の証明の問題は，テストでは
超頻出です。中 3 で学習する「相似」
と合わせて，何度も練習して慣れて
おきましょう。

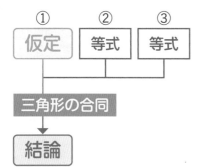

END

ユークリッド幾何学

　小学校では直感的な見方や考え方で図形を扱ってきました。この章では，対頂角，同位角，錯角，平行線などについて，その意味と性質を理解し，さらに多角形の内角・外角の和の求め方を学習しました。また，図形の合同について理解し，図形の性質を三角形の合同条件をもとにして確かめ，論理的に考察し，表現できるようになりました。

　図形を研究する学問を幾何学といいます。その歴史はピラミッドをつくったエジプトの測量学にまでさかのぼることができます。ナイル川の氾濫によって土地の測量が必要になるなど，人々が生活する上で必要不可欠なものとして幾何学が生まれたのです。

　古代エジプトで誕生した幾何学は，やがて，ギリシャ人の手によって学問として論理的に構成されていきます。古代ギリシャでは盛んに幾何学の研究がなされ，紀元前 300 年頃，エウクレイデス（ユークリッド）はその成果を「原論」にまとめ集大成するに至りました。「原論」ではまず，図形の最も基本となる幾何学的要素である点・直線・平面など 23 個の基礎的な概念に定義を与え，公理系を確立し，それらの定理を証明するという形がとられています。

　ユークリッド幾何学では直線はどこまでものばせるし，平面はどこまでも果てしなく平らな面，平行線は交わることなくどこまでも平行にのびると想定されています。ユークリッド幾何学は 19 世紀までの永きにわたって，唯一の幾何学でしたが，現在は曲面やゆがんだ空間の図形を探究する非ユークリッド幾何学という分野が存在します。

　初等幾何学とは二次元（点や直線や円など）・三次元（錐体や球など）の図形をユークリッド幾何学的に扱う分野で，中学や高校で扱う図形問題はこの分野に該当します。中学で初等幾何学の基本を学んだあとは，高校で初等幾何学の知識を深めるわけですが，2021 年から実施予定の新学習指導要領では「コンピューターなどの情報機器を用いて図形を表すなどして，図形の性質や作図について総合的・発展的に考察すること」が新たな目標として盛り込まれています。

（文：沖田一希）

中2
Chapter
12

三角形と四角形

この単元の位置づけ

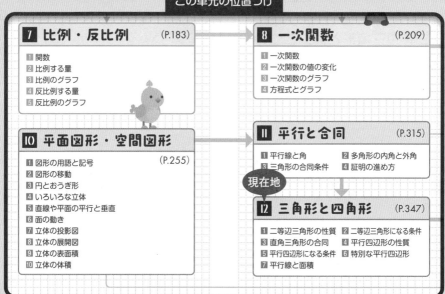

12
三角形と四角形

　ここでは，二等辺三角形や直角三角形，平行四辺形の性質について，それぞれを証明しながら学んでいきます。情報量が多い単元ですが，「定義」と「定理」は，ことばだけでなく図とセットでしっかり覚えてください。図をかきながら考えると，思考力・理解力が向上します。問題文や図から定義や定理の内容を見つけ出し，図にかき込む訓練が成績を向上させます。

Ⅰ 二等辺三角形の性質

問 1 （二等辺三角形の底角）

右の図の△ABCは，AB = ACの二等辺三角形である。
∠A の二等分線 AD をひいたとき，次の(1)・(2)が
成立することをそれぞれ証明しなさい。

(1) ∠B = ∠C

(2) AD ⊥ BC

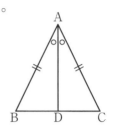

二等辺三角形とは，二つの辺
が等しい三角形のことである。
（定義）

このように，
**物事の意味をことばではっきりと
決めたものを定義**といいます。

二等辺三角形では，
等しい2辺の間の角を
頂角といい，

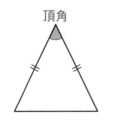

**頂角に対する辺
（頂角の対辺※）**を
底辺といい，

頂角以外の2つの角を
底角といいます。

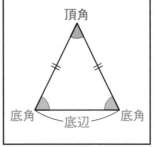

※対辺…三角形では，1つの頂点と向かい合っている辺。四辺形では1つの辺と向かい合っている辺。

仮に，二等辺三角形が
「さかさま」になっていて
も名前は変わりません。

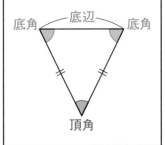

底角　　底辺　　底角

頂角

上の方にあっても
「底辺」とか「底角」
っていうニャ？

「底」じゃないニョに？

そう！　どんな場合も
等しい2辺の間の角が
「頂角」になるんです。

二等辺三角形には，
特別な**2つの性質**
があります。
まずはこれを
しっかり覚えて
ください。

POINT ! 　　　　　**二等辺三角形の性質**　　　　　定理

❶ **二等辺三角形の底角は等しい。**

❷ **二等辺三角形の頂角の二等分線**
　 は，底辺を垂直に二等分する。

頂角

頂角の二等分線

垂直

底角　　　　　　　　　　　　　底角

等しい
等しい

ふ～ん…でも
なんでこうなるニャ？

いい姿勢です！
常に「**なんで？**」と
疑問をもちながら話を
聞いてくださいね。

では，二等辺三角形は
本当にこの性質を
もっているのか。
それを今から証明して
いきましょう。

なんでワン？

ホ？

そこは疑問を
もたなくていいニャ！

349

(1)を証明しましょう。
△ABD と△ACD
において，

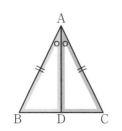

仮定から，
$$AB = AC$$
…… ①

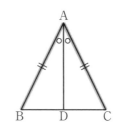

AD は∠A の**二等分線**
だから，
$$∠BAD = ∠CAD$$
…… ②

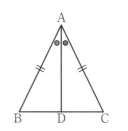

共通な辺だから，
$$AD = AD$$
…… ③
※「AD は共通」という表現も可。

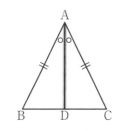

①，②，③より，
**2 組の辺とその間の角
がそれぞれ等しいから，**
$$△ABD ≡ △ACD$$

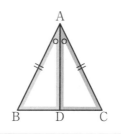

合同な図形の対応する
角は等しいから，
$$∠B = ∠C$$

終了
証明

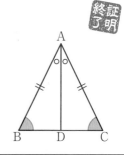

③の「共通」な辺って，何ニャの？

2 つの図形の辺や角がピッタリと
重なり合って一致している場合，
「共通」というんです。

辺が「共通」

角が「共通」

(1)の証明は，AB＝AC であるどんな
△ABC についてもあてはまります。
すなわち，
**どんな二等辺三角形であっても，
底角は等しい**ということです。

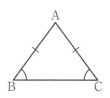

350

(2)を証明しましょう。
(1)より,

$$\triangle ABD \equiv \triangle ACD$$

※証明できたことは使ってよい。

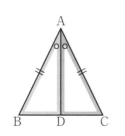

合同な図形の対応する
角は等しいから,

$$\angle ADB = \angle ADC$$

…… ①

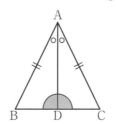

直線なので,

$$\angle ADB + \angle ADC$$
$$= 180°$$

…… ②

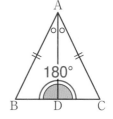

$$\angle ADB = \angle ADC$$

 =

ということは,

$$\angle ADB + \angle ADC$$
$$= 2\angle ADB$$

ともいえますよね。

確かに…

①, ②から,

$$2\angle ADB = 180°$$

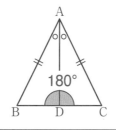

したがって,

$$\angle ADB = 90°$$

つまり,

$$AD \perp BC$$

 証明終了

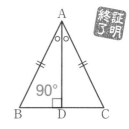

なお, 合同な図形の対応する辺は
等しいから,

$$BD = CD$$

これで,
**「二等辺三角形の
頂角の二等分線は,
底辺を垂直に
二等分する」**
という性質を証明
できましたね。

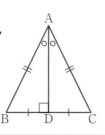

今まで様々な図形の性質を
学んできましたが,
この「二等辺三角形の性質」のように
**証明された性質のうち,
特によく使われる (基本になる) もの**
を「定理」といいます。

※定理は図形の性質を証明するときの根拠としてよ
く使われる。

定理

問2 （二等辺三角形の角の大きさ）

右の図で，同じ印を
つけた辺は等しいと
して，∠x の大きさ
を求めなさい。

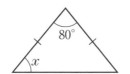

あ，これは
「二等辺三角形」ニャ？

そのとおり！
だから，二等辺三角形の
性質を利用できるんです。

二等辺三角形の**底角**は等しいので，
もう一方の底角も ∠x になります。

∠x が2つなので

$2\angle x$

と表せるんですね。

三角形の内角の和は 180°なので，

$$2\angle x + 80° = 180°$$

$$2\angle x = 100°$$

$$\angle x = 50°　\boxed{答}$$

となります。

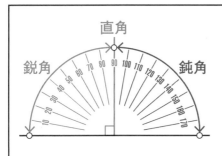

直角

鋭角　　　　鈍角

ちなみに，0°より大きく
180°より小さい範囲の角では，
90°より小さい角を「**鋭角**」，
90°に等しい角を「**直角**」※，
90°より大きい角を「**鈍角**」といいます。

※直角…2直線が**直交**して（垂直に交わって）できる**角**の
こと。角度でいうと「**90°**」になる。

この角の大きさによって，三角形は次の3種類に分類できるんです。

鋭角三角形
▶3つの角が「鋭角」
である三角形。

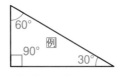

直角三角形
▶1つの角が「直角」
である三角形。*

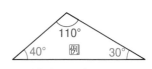

鈍角三角形
▶1つの角が「鈍角」
である三角形。

問2の三角形は…
鋭角三角形ニャ?

そのとおり正解!

なお,「**頂角**が**直角**の**二等辺三角形**」の場合は,
特別に「**直角二等辺三角形**」といいます。
「**直角三角形**」の仲間ですけどね。

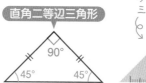
直角二等辺三角形

学校で使う
三角定規と同じ形

「正三角形」も
鋭角三角形ニャ?

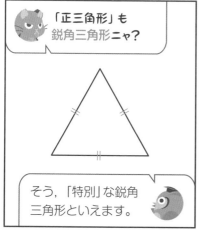

そう,「特別」な鋭角
三角形といえます。

正三角形とは,
三つの辺が等しい三角形のこと（定義）
なのですが,

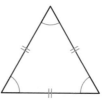

3つの角が (60°で) 等しい
という性質もあるんです。

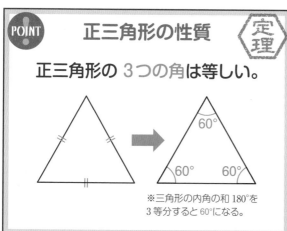

POINT 正三角形の性質 （定理）

正三角形の 3つの角は等しい。

※三角形の内角の和 180°を
3 等分すると 60°になる。

二等辺三角形や
正三角形の性質は
「証明」に使われます。
しっかり覚えて
おきましょうね!

END

二等辺三角形になる条件

問1 （二等辺三角形になる条件）

右の図の△ABC は，∠B = ∠C である。
∠A の二等分線 AD をひくことを用いて，
△ABC が AB = AC の二等辺三角形である
ことを証明しなさい。

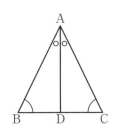

三角形の 2つの辺が等しいとき，2つの角は
等しいということは，前回で証明しましたよね。

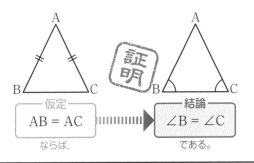

今回の問題は，
それとは「逆」のことを
証明する問題です。

三角形の 2つの角が等しいとき，2つの辺は
等しいことを証明せよ，というわけなんです。

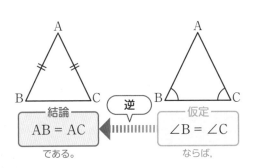

このように，
ある定理の仮定と結論
を入れかえたものを，
その定理の「逆」と
いいます。

実は,「平行線」の
ところで,この「逆」に
ついてはすでに
学んでいるんです。

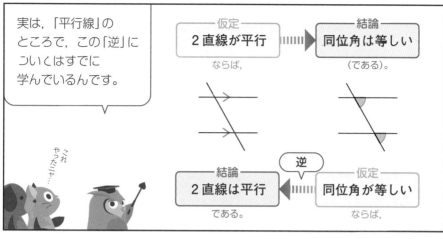

これ
やったニャ…

━━ 仮定 ━━
2直線が平行
ならば,

━━ 結論 ━━
同位角は等しい
(である)。

━━ 結論 ━━
2直線は平行
である。

逆

━━ 仮定 ━━
同位角が等しい
ならば,

この仮定と結論は「逆」も
成立する(正しい)のですが,
「逆」は成立しない(常に正し
いとはいえない)場合もある
んです。

どういうことニャ?

例えば,「$x \leqq 5$ ならば,$x < 7$ である」
は成立しますよね。
では,この「逆」は成立するでしょうか。

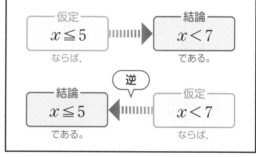

━━ 仮定 ━━
$x \leqq 5$
ならば,

━━ 結論 ━━
$x < 7$
である。

逆

━━ 結論 ━━
$x \leqq 5$
である。

━━ 仮定 ━━
$x < 7$
ならば,

…$x < 7$ ならば,
$x = 6$ の場合もあるから,
$x \leqq 5$ は成立しないニャ!

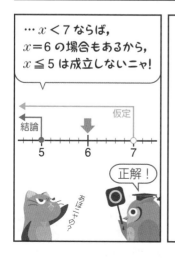

結論

仮定

5　6　7

正解!

このように,仮定に
あてはまるものの
うち,結論が成り立
たない場合の例を,
「反例」といいます。

反例

あることがらが正しく
ないことを示すには,
反例を1つでも
あげればいいんですよ。

ニャるほど…

相手を「論破」するときに
役立つ知識だニャ…

では，**問1**を考えていきましょう。
これもやはり，左右の三角形が
「合同」であることを根拠にすれば，
AB＝AC を証明できますよね。

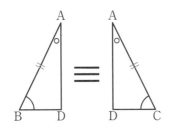

合同条件をそろえるためには，
とにかく対応する辺と角をくまなく
調べて，「等しい」といえるのかどうか，
徹底的にチェックしましょう。

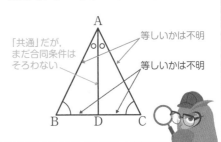

「共通」だが，
まだ合同条件は
そろわない

等しいかは不明

等しいかは不明

むむ…！
この2つの角は
等しいといえそうでは
ありませんか？

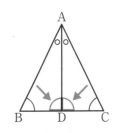

そう，三角形の内角の和は180°ですから，
180°から等しく○と△をひいた「**残りの角**」は，
当然，等しくなるはずです。

$$\angle ADB = \angle ADC$$

$180°－(○＋△)$　　　$180°－(○＋△)$

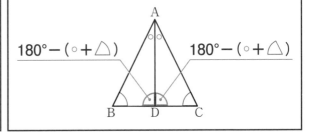

「1組の辺とその両端の角が
それぞれ等しい」から，
$$\triangle ABD \equiv \triangle ACD$$

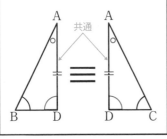

共通

合同な図形の対応
する辺は等しいから，
$$AB = AC$$

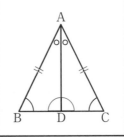

これで，二等辺三角
形の性質という定理
の「逆」も成立するこ
とが証明されました。
しっかり覚えておき
ましょう。

　　❶ 三角形の合同条件…〔3組の辺／2組の辺とその間の角／**1組の辺とその両端の角**〕がそれぞれ等しい。

二等辺三角形になる条件

① 三角形の 2 つの「辺」が等しい。

② 三角形の 2 つの「角」が等しい。

※等しい 2 つの角が「底角」となる。

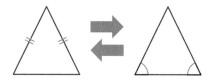

※**①**か**②**のどちらかがあてはまれば（もう一方も当然あてはまるので），二等辺三角形になる。

ここまでをすべてまとめて答えを書くと，以下のようになります。

証明

△ABD と △ACD において，

仮定から，∠B = ∠C

AD は ∠A の二等分線だから，

∠BAD = ∠CAD　　　……①

三角形の内角の和は 180°であるから，

残りの角も等しい。

したがって，

∠ADB = ∠ADC　　　……②

AD は共通だから，

AD = AD*　　　　　　……③

①，②，③より，1 組の辺とその

両端の角がそれぞれ等しいから，

△ABD ≡ △ACD

合同な図形の対応する辺は等しいから，

AB = AC　　　　　　**答**

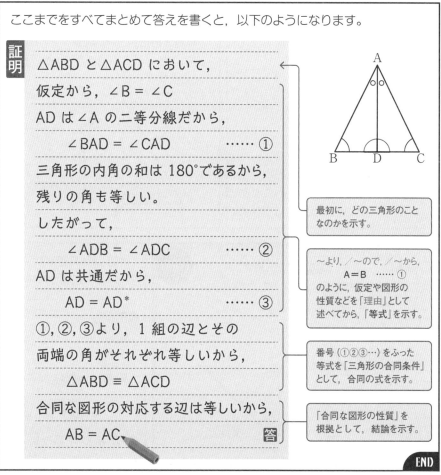

最初に，どの三角形のことなのかを示す。

～より，／～ので，／～から，
　　A＝B　……①
のように，仮定や図形の性質などを「理由」として述べてから，「等式」を示す。

番号（①②③…）をふった等式を「三角形の合同条件」として，合同の式を示す。

「合同な図形の性質」を根拠として，結論を示す。

END

*「AD＝AD」を省略して，「AD は共通 …… ③」のように書いてもよい（以下同様）。

直角三角形の合同

問1 （直角三角形の合同①）

右図の△ABC と△DEF で，

$\angle C = \angle F = 90°$

$AB = DE$

$\angle A = \angle D$

であるとき，

　　　△ABC ≡ △DEF

を証明しなさい。

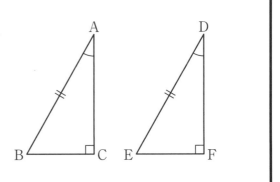

前に習った
直角三角形
だワン？

三角形の合同の条件
が微妙にそろわない
ニャ～

直角三角形は「特別」な
三角形なので，ちょっと
した特徴があるんですよ。

1つの角が「直角」である三角形を
「直角三角形」といいます。
直角以外の2つの角は必ず「鋭角」に
なります。

例

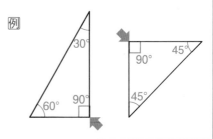

 POINT

「直角」の対辺を「斜辺」といいます。
ここは大事なので，必ず覚えてください。

※対辺…三角形で，1つの角に対する辺。

「対辺」が「斜辺」？
覚えるの「大変」だワン！

たいへん！

やかましいニャ！

たいしてうまくないニャ！

358

問1を考えましょう。
三角形の内角の和は
180°です。

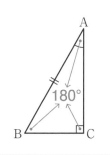

直角と1つの鋭角が等しいので，
残りの鋭角も，等しくなりますよね。

∠ABC ＝ ∠DEF

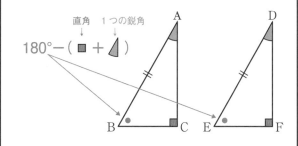

したがって，**1組の辺とその両端の
角がそれぞれ等しいので，**

△ABC ≡ △DEF　終証了明

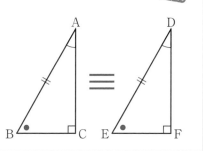

このように，直角三角形では，
斜辺と1つの鋭角が等しければ，
残りの鋭角も**自動的に等しくなり，**
三角形の合同条件を満たすので，
「合同」であるといえるわけです。

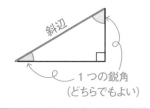

問2 （直角三角形の合同②）

右図の△ABC と△DEF で，

$\begin{cases} ∠C = ∠F = 90° \\ AB = DE \\ AC = DF \end{cases}$

であるとき，

　　　△ABC ≡ △DEF

を証明しなさい。

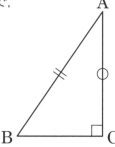

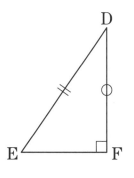

さっきと同じ問題が
出てきたワン！

いや…斜辺と，
1つの鋭角…じゃなくて，
他の1辺が等しいってことニャ？

そう，**問1**とちがうのは，
斜辺と「**他の1辺**」が等しいという点です。
ただ，これだけだと，
三角形の合同条件がそろいませんよね。

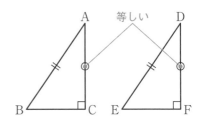

そこで，まさに「発想の転換」が
必要になってくるんです。
△DEF を（対称移動で）裏返して，

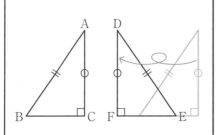

AC と DF を重ね合わせるんです。
AC＝DF なので，ピッタリ重ねる
ことができるんですね。

合体！

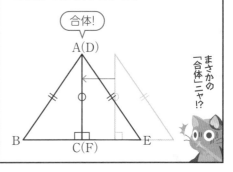

まさかの
「合体」
ニャ
！？

∠C＋∠F＝180°なので，点 B, C, E
は一直線上に並び，**二等辺三角形**で
ある△ABE ができます。

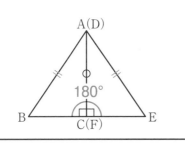

二等辺三角形の底角は等しいので，
∠B ＝ ∠E

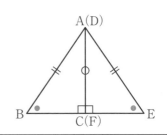

直角と1つの鋭角が等しいので，
残りの鋭角も等しくなります。

$$\angle BAC = \angle EDF$$

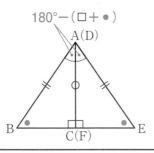

したがって，**2組の辺とその間の角が
それぞれ等しい**（または1組の辺と
その両端の角がそれぞれ等しい）ので，

$$\triangle ABC \equiv \triangle DEF$$

終了証明了

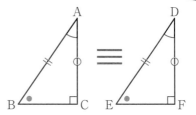

このように，直角三角形では，
斜辺と他の1辺が等しければ，
残りの鋭角も**自動的に等しくなり**，
三角形の合同条件を満たすので，
「合同」であるといえるわけです。

直角三角形の場合は，
通常の「三角形の合同条件」のほかに，
次の合同条件を使うことができます。
斜辺が等しいことが大前提ですから，
注意しましょう。

POINT

直角三角形の合同条件

定理

2つの直角三角形は，次のどちらかが成り立つとき合同である。

**❶ 斜辺と1つの鋭角が
それぞれ等しい。**

**❷ 斜辺と他の1辺が
それぞれ等しい。**

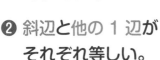

END

4 平行四辺形の性質

問1 （平行四辺形の性質の証明①）

右の図の平行四辺形 ABCD において，
次の(1), (2)であることを証明しなさい。

(1) AB = DC，AD = BC

(2) ∠A = ∠C，∠B = ∠D

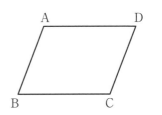

平行四辺形？
小学校で少しやったニャ…

そうですね。
まずは平行四辺形の
定義から確認しましょう。

平行四辺形とは

2 組の対辺がそれぞれ平行な四角形を
平行四辺形という。（定義）

（平行四辺形 ABCD を □ABCD と書くこともある）

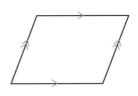

四角形では，向かい合う辺を「対辺」，
向かい合う角を「対角」といいます。

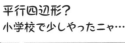

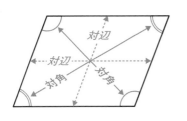

※三角形の場合，1つの角に対する辺を対辺という。

ニャン吉も
大変な体格
だワン!

ワン太の方が
大変な体格
だニャ!

メタボだニャ!

「対辺」と「対角」
ですからね…

362

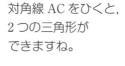

(1)を考えます。
平行四辺形では,
2 組の対辺が等しい
ということですが,
本当にそうなのか。
証明しましょう。

対角線 AC をひくと,
2 つの三角形が
できますね。

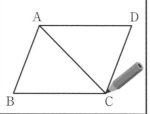

2 つの三角形の合同を
示せば,対応する辺は
等しいので,(1)を証明
できるというわけです。

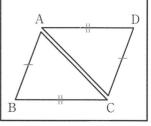

対角線をひく!?
そんな斬新な発想が必要ニャ?

平行四辺形では,**対角線をひいて**
2 つの三角形をつくり,**三角形の**
合同を根拠に証明するパターンが
多いんです。

慣れれば大丈夫ですよ

△ABC と△CDA において,
AC は共通だから,

$$AC = CA \cdots\cdots ①$$

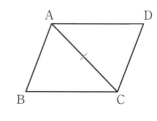

平行線の錯角は等しいので,
AD // BC より,

$$\angle BCA = \angle DAC \cdots\cdots ②$$

AB // DC より,

$$\angle BAC = \angle DCA \cdots\cdots ③$$

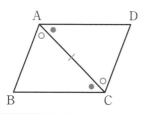

①, ②, ③より,
1 組の辺とその両端の角が
それぞれ等しいから,

$$\triangle ABC \equiv \triangle CDA$$

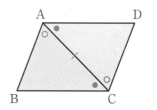

合同な図形の**対応する辺**は等しいから，

　AB = CD，BC = DA

したがって，

　AB = DC，AD = BC 　証明了

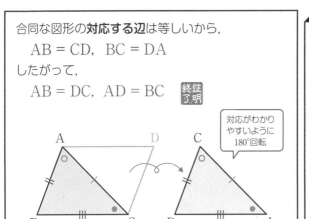

対応がわかり
やすいように
180°回転

(2)を考えます。
平行四辺形では，
2 組の**対角**が等しい
ということですが，
本当にそうなのか。
(1)に続けて証明して
いきましょう。

合同な図形の**対応する角**は
等しいから，

　∠ABC = ∠CDA

すなわち，

　∠B = ∠D 　証明了

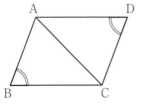

平行四辺形 ABCD において，

　∠A = ∠BAC + ∠DAC

　∠C = ∠DCA + ∠BCA

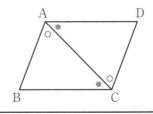

したがって，②，③より，

　∠A = ∠C 　証明了

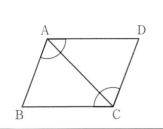

はい，これで「**平行四辺形では，
対辺と対角がそれぞれ等しい**」
という性質が証明されましたね。
まずはこれをしっかり覚えましょう。

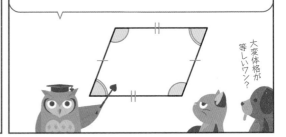
大変体格が
等しいワン？

364

問2 （平行四辺形の性質の証明②）

右の図の平行四辺形 ABCD について，
対角線の交点を O とするとき，

$$OA = OC,\ OB = OD$$

となることを証明しなさい。

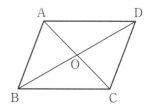

これはつまり，平行四辺形で
は**対角線がそれぞれの中点**で
交わることを証明しなさい，
という問題なんですね。

対角線 AC と BD の中点

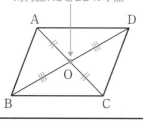

まず，仮定と図形の性質から，等しいと
考えられる部分を徹底的に洗い出します。

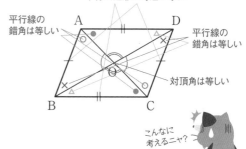

平行四辺形の対辺は等しい

平行線の
錯角は等しい

平行線の
錯角は等しい

対頂角は等しい

こんなに
考えるニャ？

すると，三角形の合同条件がそろい，合同
な図形の性質で証明できる部分が見えてき
ます。今回は，△ABO と△CDO の合同を
根拠にしましょう。

※△ADO と△CBO の合同を考えてもよい。

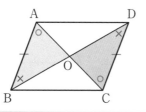

平行四辺形の 2 組の対辺は
それぞれ等しいので，

$$AB = CD\ \cdots\cdots ①$$

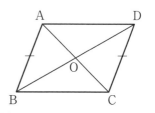

12

三角形と四角形

4 平行四辺形の性質

平行線の錯角は等しいから，
AB∥DC より，

∠ABO = ∠CDO …… ②

∠BAO = ∠DCO …… ③

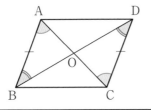

①，②，③より，1 組の辺と
その両端の角がそれぞれ等しいから，

△ABO ≡ △CDO

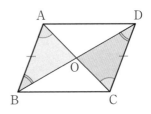

合同な図形の対応する辺は等しいから，

OA = OC，OB = OD

> 対応がわかり
> やすいように
> 180°回転

では，平行四辺形の性質
をまとめます。
これは非常によく使う
重要な「定理」ですから，
絶対に覚えて
おきましょう！

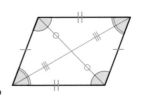

POINT # 平行四辺形の性質　〔定理〕

平行四辺形の定義から，次の性質を導くことができます。

❶ 2 組の対辺はそれぞれ等しい。

❷ 2 組の対角はそれぞれ等しい。

❸ 対角線はそれぞれの中点で交わる。

問3 （平行四辺形の性質）

下の図の □ABCD で，x，y の値をそれぞれ求めなさい。

(1)

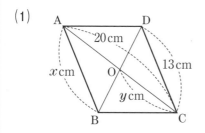

(2)

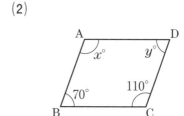

---

(1)を考えましょう。
平行四辺形では，**2組の
対辺はそれぞれ等しい**ので，

$$x = 13\,\text{cm}$$

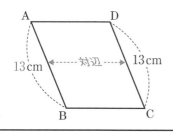

また，対角線 AC が 20 cm であり，
対角線はそれぞれの中点で交わるので，

$$AO = OC = 10\,\text{cm}$$

$$x = 13\,\text{cm},\quad y = 10\,\text{cm} \quad 答$$

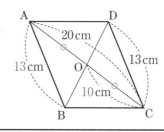

---

(2)は簡単ですね。
平行四辺形では，
2組の対角はそれぞれ等しいので，

$$x = 110°,\quad y = 70° \quad 答$$

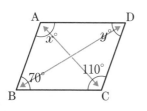

このように，平行四辺形の性質を
使えば，よくわかっていない辺の
長さや角の大きさが簡単にわかる
というわけですね。

ニャるほど。こういった「定理」は
覚えておくと便利ニョね…

END

12
三角形と四角形
4 平行四辺形の性質

S 平行四辺形になる条件

「2 組の対辺がそれぞれ平行な四角形を平行四辺形という」（定義）
…ということは,

平行四辺形

四角形があって, 2 組の対辺が
それぞれ平行であれば, その四角形
は「平行四辺形」だといえますよね。

認定

これは平行四辺形だ!

同様に,「平行四辺形の性質」に 1 つでもあてはまる四角形があったら,
その四角形は「平行四辺形」といえるんです。

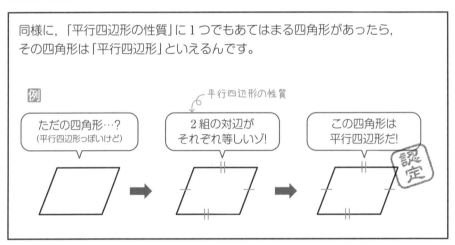

例

ただの四角形…?
（平行四辺形っぽいけど）

平行四辺形の性質

2 組の対辺が
それぞれ等しいゾ!

この四角形は
平行四辺形だ!

認定

これはつまり,「平行四辺形の性質」という定理の
「逆」が成り立つというわけなんですね。

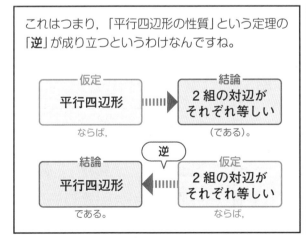

―仮定―
平行四辺形

ならば,

―結論―
2 組の対辺が
それぞれ等しい

（である）。

逆

―結論―
平行四辺形

である。

―仮定―
2 組の対辺が
それぞれ等しい

ならば,

次のように,
平行四辺形になる条件
は全部で 5 つあります。
重要な定理ですから,
しっかり覚えて
おいてください。

POINT

平行四辺形になる条件

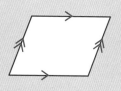 定理

四角形は，次のどれか 1 つでも成り立てば，平行四辺形である。

**⓪ 2 組の対辺が
それぞれ平行である。（定義）**

**❶ 2 組の対辺が
それぞれ等しい。**

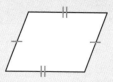

**❷ 2 組の対角が
それぞれ等しい。**

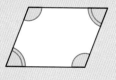

**❸ 対角線がそれぞれの
中点で交わる。**

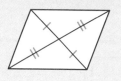

**❹ 1 組の対辺が
平行で等しい。**

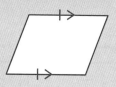

…ん？
最後の❹は
「平行四辺形
の性質」には
ないニャ？

平行四辺形の
「定義」と「性質❶」を
半分ずつたした
ような条件ですね。

2 組でなく，1 組だけでも
その対辺が平行で等しければ，
平行四辺形になるよってこと。
これらの条件をしっかり
覚えてから次に進みましょう！

END

12

三角形と四角形 ∫ 平行四辺形になる条件

369

問1 （長方形と平行四辺形の関係）

平行四辺形が，長方形，ひし形，正方形になるためには，それぞれ
どんな条件を加えればよいか。下図の(1)～(4)にあてはまる条件を，
次の⑦～①の中からすべて選びなさい。ただし，同じ記号を何度
選んでもよい。

⑦ AB = BC　　⑦ AC = BD　　⑦ ∠A = ∠B　　① AC ⊥ BD

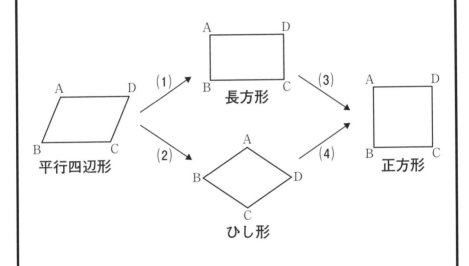

…ふぁ？　条件？
どういうことニャ…？

以前，平行四辺形の
定義を学びましたよね。

2 組の対辺が
それぞれ平行な
四角形を
平行四辺形という。

この定義を見て，
「え？ これだけ？
おかしくない？」
と疑問に思った人は，
すばらしいです！

ニャんで？

「2 組の対辺がそれぞれ平行な四角形」なら，**長方形や正方形だってあてはまる**じゃん！と，話をうのみにせず，広い視野で考えられているからです。

あっ！確かにそうだニャ！

結論からいうと，実は，長方形，正方形，ひし形は，平行四辺形の一種で，**「特別な場合」の平行四辺形**なんです。

え？ そうなニョ？

つまり，**無数**にある平行四辺形の中で，**ある条件**にあてはまったものだけが，特別に長方形・正方形・ひし形とよばれているわけなんです。

POINT

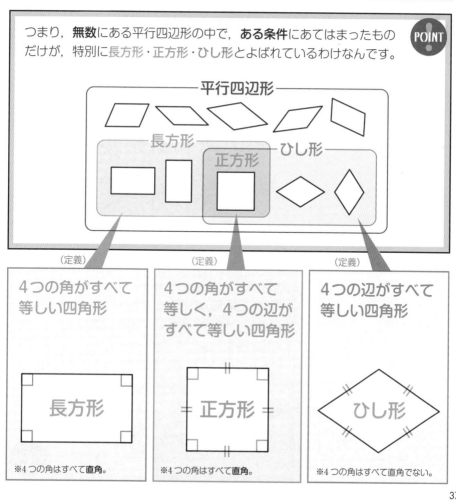

平行四辺形

長方形

正方形

ひし形

（定義）

4 つの角がすべて等しい四角形

長方形

※4 つの角はすべて**直角**。

（定義）

4 つの角がすべて等しく，4 つの辺がすべて等しい四角形

正方形

※4 つの角はすべて**直角**。

（定義）

4 つの辺がすべて等しい四角形

ひし形

※4 つの角はすべて直角でない。

正方形は、なんで長方形とひし形の間にあるニャ？

長方形とひし形の**両方の性質**が合わさっているからです。
4つの角・辺がすべて等しい**「奇跡の激レア平行四辺形」**が正方形なんですよ。

さらに、これら3つの四角形は、**「対角線」**についても、特別な性質をもつんです。

長方形 ━━ **正方形** ━━ ひし形
4つの角がすべて等しい
4つの辺がすべて等しい

四角形の対角線の性質 POINT

長方形の対角線の長さは等しい。

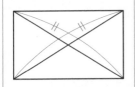

正方形の対角線は、長さが等しく、垂直に交わる。

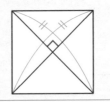

ひし形の対角線は、垂直に交わる。

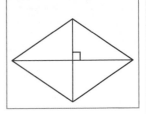

※平行四辺形の性質❸（対角線は**それぞれの中点で交わる**）ももっている。

なお、長方形は、4つの角が直角で、対角線はそれぞれの中点で交わることから、

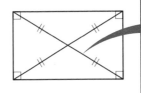

「直角三角形」の「斜辺の中点」は、この三角形の3つの頂点から等しい距離にある。

という性質も導くことができるんです。
これもついでに覚えておきましょう。

斜辺の中点

POINT

(1)を考えましょう。
平行四辺形と比べた長方形の特徴 (ちがい) は
次の2点ですね。
◎4つの角がすべて等しい。
◎対角線の長さは等しい。

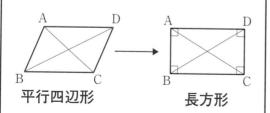

平行四辺形 → 長方形

したがって,

④ AC = BD

⑤ ∠A = ∠B

のどちらか一方があてはま
れば, 平行四辺形は長方形
になるというわけです。
問題文には「**すべて**選びな
さい」とあるので,
両方を答えましょう。

④, ⑤ 答

(2), (3), (4)も同様に, **前の四角形とのちがい**は何かを考え,
あてはまるものをすべて答えましょう。

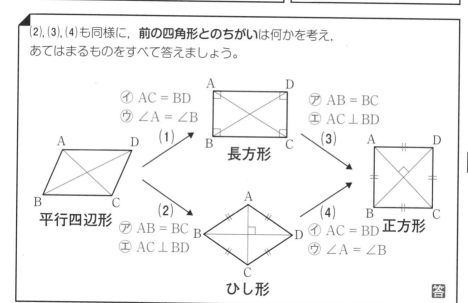

④ AC = BD
⑤ ∠A = ∠B

⑦ AB = BC
⑤ AC ⊥ BD

長方形

⑦ AB = BC
⑤ AC ⊥ BD

ひし形

④ AC = BD
⑤ ∠A = ∠B

正方形

答

長方形と
ひし形を
「合成」したのが
正方形ニャ?

なるほど。
そんなイメージ
で覚えても
いいですね。
ゲームっぽく

長方形, ひし形, 正方形の定義や
性質は似ているところが多いので,
どこがどうちがうのかに注目しながら
確実に覚えましょう。

END

1 平行線と面積

問1 （平行線と面積）

右の図で，AD∥BC であるとき，
図の中から面積の等しい三角形
の組をすべて見つけて，それぞれ
式で表しなさい。

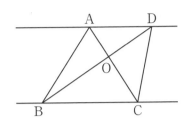

面積が同じ
三角形？
どこワン？

また三角形の合同で
証明するパターン
じゃないニョ？

三角形があっても，必ず三角形の
合同条件を使うとは限りません。
今回は**平行線の性質**がポイントです。

中1で学んだように，
平行な2直線の「距離」とは，
平行線間にひいた垂線の長さであり，
その長さは常に同じですよね。

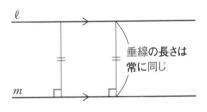

垂線の長さは
常に同じ

つまり，**問1**のように，
底辺 BC に平行な直線上に
頂点をもつ三角形の場合，

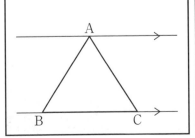

平行線間にひいた垂線の長さが，
三角形の「**高さ**」になるわけです。

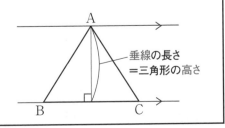

垂線の長さ
＝三角形の高さ

三角形の面積は

$$底辺 \times 高さ \times \frac{1}{2}$$

ですから,

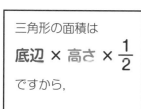

底辺と高さが**同じ**であれば，頂点がどこにあっても，三角形の**面積**は同じになるんです。

面積は同じ

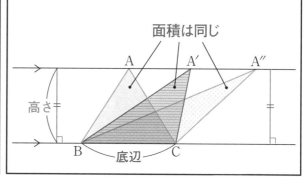

このように，図形の面積は**等**しいまま，**形を変えること**を**等積変形**といいます。

さて，**問1**は AD∥BC です。
△ABC と△DBC は底辺と高さが同じなので，面積が等しくなります。

$$△ABC = △DBC \quad 答①$$

「△ABC」は，三角形 ABC の**「名前（記号）」**として使ってきましたが，このように，三角形 ABC の**「面積」**を表すこともあるんですね。

また，重なった部分を除いた三角形どうしも，面積が等しくなります。

$$△ABO = △DOC \quad 答②$$

面積は同じ

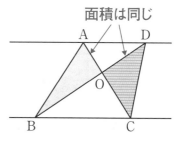

さらに，AD を底辺と考えると，
△ABD と△ACD も底辺と高さが同じで，
面積が等しくなります。

$$△ABD = △ACD \quad 答③$$

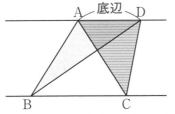

以上，①・②・③が**問1**の答えになります。

……ふぁ!？ ニャにこれ？
上の辺を底辺として見たら，
別の三角形が出てきたニャ！

少し見方を変えるだけで，様々
な三角形が見えてくるんですよ。
答えは1つとは限らないんです。

POINT

底辺が共通な三角形の等積変形

1つの直線上の2点 B，C と，その直線の同じ側にある※2点 A，D について，

❶ AD // BC ならば，
　△ABC = △DBC

❷ △ABC = △DBC ならば，
　AD // BC

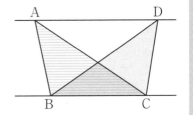

※その直線をはさんで反対側にある2点ではなく，同じ側にある2点という意味。

この性質を使うと，例えば下図のように，土地の面積を変えずに，
境界線をきれいにひき直すこともできるんです。便利なんですね！

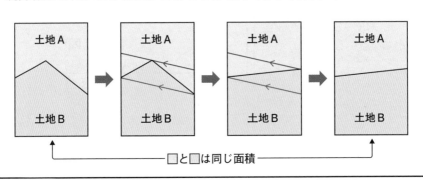

右の四角形 ABCD で，
辺 BC の延長上に点 E をとり，
四角形 ABCD と面積が等しい
△ABE をかきなさい。

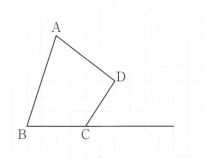

…何をどうすれば
いいニョか…
全くわからんニャ…

そういうときは，とり
あえず**対角線**をひいて
三角形をつくってみて，
そこから考えましょう。

対角線 BD をひいてみ
ましょう。

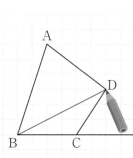

……ふぁ!?
……何もできる気が
しないニャ…

!?

ちょっとダメそうですね。
別の方法を考えましょう。

対角線 AC をひいてみましょう。
2 つの三角形ができましたね。

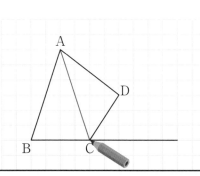

BC の延長上に点 E をとるので，
イメージとして，このような感じで，
△ABE をかけばいいということです。

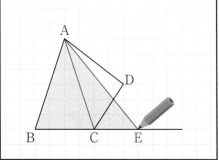

「だいたいこんな感じの
答えになるだろうなぁ」と
イメージすることは，
解答を導くうえで
とても大切ですからね。

…ニャんとなく…
見えてきたようニャ…

さあ，ここで使うのが，問1で学んだ，
底辺と**平行**な直線上に頂点があれば，
三角形の**面積**は**同じ**という性質です。

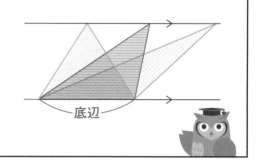

底辺

AC を**底辺**と考え，AC に**平行**で点 D
を通る直線をひきます。

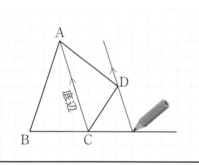

頂点 D がこの直線上にあれば，
底辺 AC は共通なので，△ACD の
面積は常に同じになりますよね。

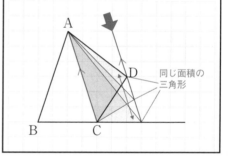

同じ面積の
三角形

つまり，三角形の頂点が BC の
延長上の点 E にきても，
面積は変わらないわけです。

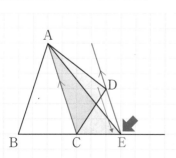

したがって，点 A と E を結ぶと，
  △ACD ＝ △ACE
となり，下の図が答えになります。

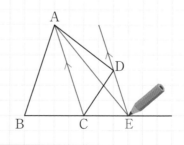

答

△ABC の面積は共通だから，四角形 ABCD と
△ABE は面積が等しいといえますよね。

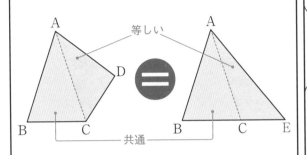

A
等しい
D
B　　C
共通

A

B　　C　E

三角形の底辺を決めて
その底辺に平行な線を
かけばいいニャ？

そう，その平行な線上で，
三角形の頂点を動かして
考えてみるといいですよ。

ちなみに，**問2**で
かいた図をもとに，
四角形 ABCD ＝△ABE
を**証明**する場合は，
このようにかきましょう。

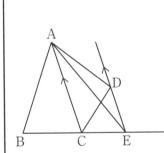

A

D

B　　C　E

証明

△ACD と△ACE において，

AC を底辺と見ると，共通で等しい。

また，AC ∥ DE より，高さも等しい。

したがって，

　△ACD ＝△ACE　　　　　　… ①

　四角形ABCD ＝△ABC ＋△ACD … ②

　△ABE ＝△ABC ＋△ACE　　　… ③

①，②，③より，

　四角形ABCD ＝△ABE　　　　答

12

三角形と四角形

7 平行線と面積

**また新パターン
の証明ニャ!?
こんニャの
書けないニャ!!**

ネコをニャめてんニョ？

証明はいろいろ
な解答の書き方
があるので，
最初は難しい
ですよね。

最初のうちは，解説の解答を真似して，
そのまま何回も書き写してください。
慣れてくると，だんだんパターンと
コツが身についてきますから，
とにかく練習あるのみです！

END

ナポレオンの定理

　フランス革命終盤の混乱期にクーデターによって軍事独裁政権を樹立し，その後皇帝に就任したナポレオン。彼は数学大好き人間として有名で，才能にも優れていたようです。若き日のナポレオンは，故郷のコルシカ島から大陸へ渡り陸軍幼年学校に入学し，代数，三角法，幾何などを学びました。卒業後はラプラス変換などで有名な数学者のラプラスに認められ，陸軍士官学校に入学。数学の勉強ができる砲兵科を選択し，難なく数学の教程をおさめ，16歳で砲兵少尉となりました。ちなみに，ナポレオン政権時代，ラプラスは内務大臣に登用されています。

　「ナポレオンの定理」は，ナポレオンが自ら見つけた定理といわれています。その内容は，「任意の三角形に対し，各辺を一辺とした正三角形をつくる。それらの正三角形の重心*をそれぞれ結んでできる三角形は正三角形となる」というものです。各正三角形の重心を結ぶと，また正三角形が出てくるというのが面白いですね。

　３つの正三角形をもとの三角形の外側にかく場合と内側にかく場合の２つの場合がありますが，いずれも正三角形となります。また，この２つの正三角形の面積の差は，もとの三角形の面積と等しくなります。３つの正三角形の重心を結んでできる正三角形をナポレオン三角形とよびますが，ナポレオン三角形の重心は元の三角形の重心と一致します。

　ナポレオンの定理の証明は少し複雑な計算になりますが，高校１年で習う正弦定理，余弦定理と高校２年で習う加法定理などを用いて証明することができます。

任意の三角形

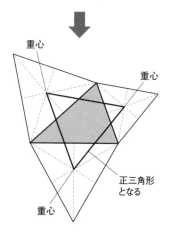

重心

重心

重心

正三角形
となる

　*三角形の重心…3本の中線（＝頂点と対辺の中点を結んだ線）の交点。　　　　　　　　　　（文：沖田一希）

中3

Chapter 13

相似な図形

この単元の位置づけ

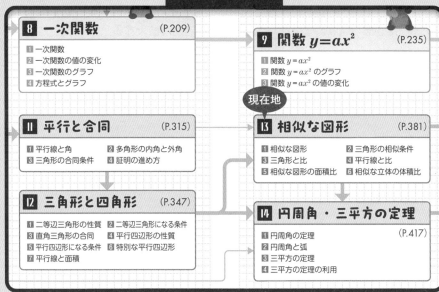

13 相似な図形

「相似」とは，縮小コピー，拡大コピーの関係です。高校受験でも頻出かつ得点差がつきやすい単元なので，神経を集中して学んでください。

証明問題では，2つの三角形が1点でつながった「蝶々型」，大きな三角形の中に小さな三角形がある「マトリョーシカ型」，補助線として平行線などをひく必要のある「隠れ相似型」などが頻出。よく出るパターンを演習しておきましょう。

Ⅰ 相似な図形

さあ，今度は「相似」
について学びましょう。

そうじ？

そうじは得意だワン!
いつもやらされてるワン

それは「掃除」ニャ!
言うと思ったニャ!!

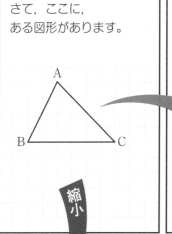

さて，ここに，
ある図形があります。

2倍
拡大

縮小

この図形の形を変えないで，一定＊の割合で
大きくすることを「**拡大する**」といいます。
拡大した図形を「**拡大図**」といいます。

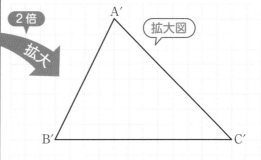

拡大図

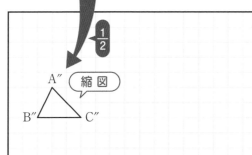

½

A″　縮図

B″　　C″

逆に，形を変えずに一定の割合で
小さくすることを「**縮小する**」といいます。
縮小した図形を「**縮図**」といいます。

そして，
このようにして
できた図形（拡大図や縮図）は，
もとの図形と「相似」である
というんです。

相似

＊一定（いってい）…1つに決まっていて変わらないこと。つまり，「これ」と決めたら途中で変えないこと。

ちなみに，もとの図形と同じ形の拡大図や縮図であれば，どんなに**回転**していても**裏返し**になっていても，相似である関係に変わりはありません。

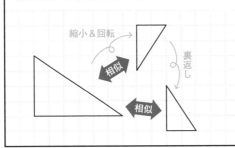

裏返しになってても「相似」ニャの？

そう。「合同」と同じように，**裏返し（＝線対称移動）**でも，形が同じなら「相似」なんですよ。

<ruby>方眼<rt>ほうがん</rt></ruby>のマス目を参考にしながら，左ページの△ABCと△A′B′C′を見比べると，**対応する辺の長さ**はそれぞれ2倍になっていますよね。

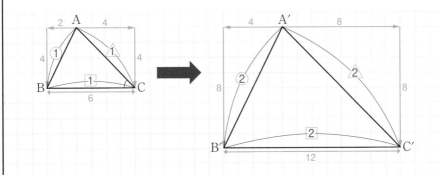

つまり，**対応する辺の長さの比**が，すべて「1：2」になっているんです。

$$AB : A'B' = 1 : 2$$
$$BC : B'C' = 1 : 2$$
$$AC : A'C' = 1 : 2$$

※△ABCとその縮図である△A″B″C″の場合，対応する辺の長さの比はすべて「1：$\frac{1}{2}$（＝2：1）」となる。

このように，相似な2つの図形で**対応する線分の長さの比**を「<ruby>相似比<rt>そうじひ</rt></ruby>」といいます。

相似比

拡大・縮小されたとき，
「辺の長さ」は
変わるけど，
「角の大きさ」は
変わらないニャ？

そうなんです！
相似な図形は
「形は同じ」なので，
**対応する角の大きさは
常に等しい**んです。

∠A＝∠A′
∠B＝∠B′
∠C＝∠C′
となります。

まとめると，
相似な図形には，
次のような
性質があります。
相似は ∽ という
記号で表しますから，
あわせておさえて
おきましょう。

POINT　　**相似な図形の性質**

❶ 対応する線分の長さの比はすべて等しい。

❷ 対応する角の大きさはそれぞれ等しい。

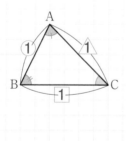

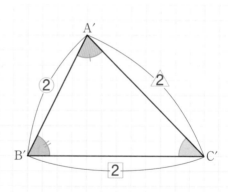

相似な図形は，記号 ∽ を使って次のように表す。

$$\triangle ABC \, \infty \, \triangle A'B'C'$$

（対応する頂点は同じ順に並べて書く）

※相似の記号∽は，英語の Similar（似ている，類似した）の頭文字 S を横にしたものといわれている。

ちなみに，相似な図形の対応する点どうしを通る直線が，
すべて 1 点 O に集まり，

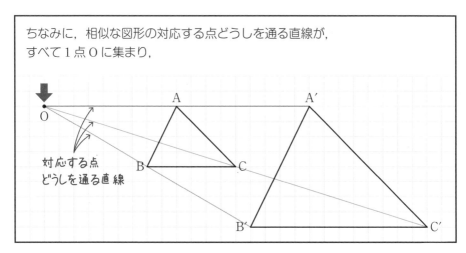

対応する点
どうしを通る直線

O から対応する点どうしの
距離の比が等しいとき，

$$OA : OA' = OB : OB' = OC : OC'$$

距離の比が等しい

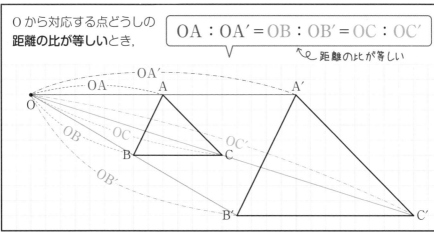

それらの図形は，点 O を**相似の中心**として，
「**相似の位置にある**」といいます。*

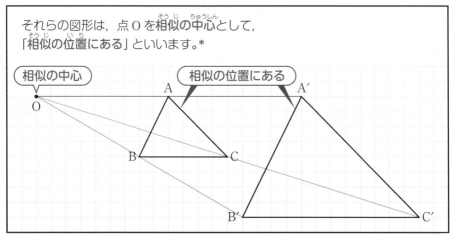

相似の中心

相似の位置にある

*相似なのかどうか不明な 2 つの図形でも，相似の位置にあることがわかれば，相似であるといえる。

問1 （相似な図形）

右の図で，△ABC ∽ △DEF であるとき，
次の問いに答えなさい。

(1) △ABC と△DEF の相似比を求めなさい。

(2) 辺 EF の長さを求めなさい。

(3) ∠D の大きさを求めなさい。

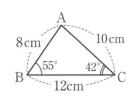

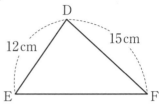

ふぁ！
ついに問題が
出てきたニャ…

相似の問題は，最初に，
対応する線分はどれな
のかを確認するところ
から始めましょう。

(1)は，相似比を求める
問題ですね。
△ABC ∽ △DEF
だから，対応する線分は

 AB：DE

 BC：EF

 CA：FD

となります。

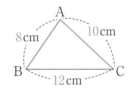

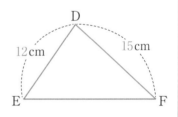

長さがわかっている部分について，
対応する線分の長さの比をそれぞ
れかくと，

 AB：DE ＝ 8：12

 CA：FD ＝10：15

となります。

※EF は長さが不明なので無視。

さらに，

 AB：DE ＝ 8：12 ＝2：3

 CA：FD ＝10：15 ＝2：3

と，どちらも 2：3 になりますね。
対応する線分の長さの比はすべて等し
いので，△ABC と△DEF の相似比は，

    2：3 **答**

となります。

⑵を考えましょう。

相似な図形では，対応する線分の長さの比はすべて等しいので，線分 EF の長さを x とおくと，

$$\mathrm{BC} : \mathrm{EF} = 12 : x = 2 : 3$$

となります。

> 対応する線分の比なので，$8 : 12$ や $10 : 15$ でも OK！

この比例式を解けば，答えが出ます。

$$12 : x = 2 : 3$$
$$2x = 3 \times 12$$
$$2x = 36$$
$$x = 18$$

$$18\,\mathrm{cm} \quad \boxed{答}$$

❶ 比例式の性質（$a : b = m : n$ ならば $an = bm$）

⑶を考えましょう。

三角形の内角の和は $180°$ なので，

$$\angle A + 55° + 42° = 180°$$
$$\angle A = 180° - 97°$$
$$\angle A = 83°$$

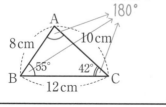

合わせて $180°$

相似な図形では，対応する角の大きさはそれぞれ等しいので，$\angle A$ に対応する $\angle D$ の大きさも，$83°$ になります。

$$83° \quad \boxed{答}$$

ニャンか…
今まで習ってきた知識を組み合わせて解いてるニャ？

そのとおり！
「数学は積み重ねが大事」とよくいわれるのは，まさにそういうことなわけです。

相似な図形は，テストで超頻出の重要項目です。相似な図形の性質をはじめ，相似の意味やイメージをしっかりおさえておいてくださいね。

END

2つの三角形が「相似」なのかわからないとき，**相似**になるための条件（相似であると決定してよい場合）というのが，3つあるんです。

それが「**三角形の相似条件**」です。次の3つのうち，どれか1つでも成り立てば「相似である」といえるわけです。「**三角形の合同条件**」（☞P.335）と似ているので，見比べると覚えやすいですよ。

POINT

三角形の相似条件
（2つの三角形は，次のどれかが成り立つとき相似である）

❶ 3組の辺の比がすべて等しい。

相似条件❶

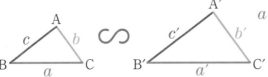

$$a : a' = b : b' = c : c'$$

❷ 2組の辺の比とその間の角がそれぞれ等しい。

相似条件❷

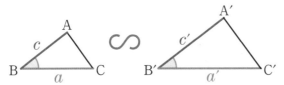

(例) $\begin{cases} a : a' = c : c' \\ \angle B = \angle B' \end{cases}$

❸ 2組の角がそれぞれ等しい。

相似条件❸

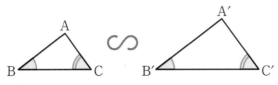

(例) $\begin{cases} \angle B = \angle B' \\ \angle C = \angle C' \end{cases}$

問 1 （相似条件）

下のそれぞれの図で，相似な三角形を記号∽を使って表しなさい。
また，そのときに使った相似条件をいいなさい。

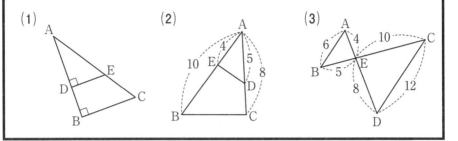

(1)

(2)

(3)

---

(1)の図にある「三角形」は，
△ABC と △ADE ですね。

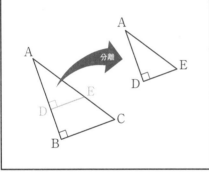

相似な図形かどうかは，
向きをそろえて考えると，対応する
辺や角がわかりやすくなります。
図には「辺の長さ」がかいてないので，
「角」で考えましょう。

考えて

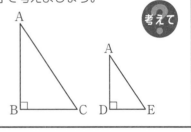

∠A は共通なので等しく，
∠Bと∠Dは同じ直角なので，

$\angle A = \angle A$，$\angle B = \angle D$

となります。

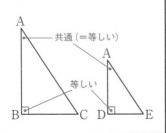

これは，**三角形の相似条件❸**，
「2 組の角がそれぞれ等しい」
にあてはまりますね。

したがって，求める答えは，

$\triangle ABC \backsim \triangle ADE$

相似条件：2 組の角がそれぞれ等しい。 **答**

となります。

13

相似な図形 **2** 三角形の相似条件

(2)を考えましょう。
図にある「三角形」は,
△ABC と △ADE ですね。

△ADE を, 左右反転させて,
少し回転させると, △ABC と向きが
そろってわかりやすくなりますね。

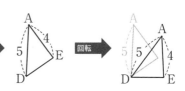

図には「辺の長さ」がかいてあるので,
「辺の比」を考えてみましょう。

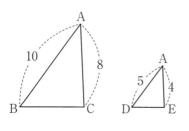

対応する辺の長さを比べてみると,
  AB：AD＝10：5＝2：1
  AC：AE＝ 8 ：4＝2：1
となります。

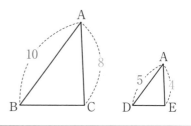

また, ∠A は共通なので,
  ∠BAC＝∠DAE
です。

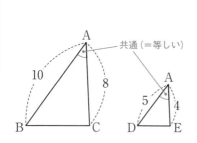

これは, **三角形の相似条件❷**に
あてはまるので, 求める答えは,

△ABC∽△ADE

相似条件：2 組の辺の比とその
間の角がそれぞれ等しい。**答**

となります。

(3)を考えましょう。
図にある「三角形」は,
△ABE と △DCE ですね。

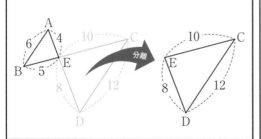

△DCE を回転させ,

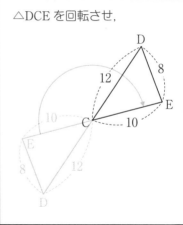

△ABE と △DCE の
向きをそろえて考えましょう。
対応する辺の長さを比べてみると,

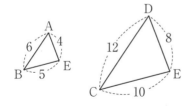

AB：DC＝6：12＝1：2
BE：CE＝5：10＝1：2
EA：ED＝4：8 ＝1：2
となります。

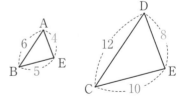

これは, **三角形の相似条件❶に**
あてはまるので, 求める答えは,

△ABE∽△DCE

相似条件：3 組の辺の比が
それぞれ等しい。 **答**

となります。

※AD や BC が「直線」であるとはいえないため,
「対頂角が等しい」ことによる三角形の相似条件
❷は使えないので注意。

このように, 相似だと思われる三角形を
見つけたら, 向きをそろえて考え, 対応
する辺の比や角が等しくないか, 1 つず
つチェックすればいいんですね。

向きをそろえて考えるのが難しいニャ…
△ABC とかの名前を書く順番もまちがえそうだニャ…

問2 （相似条件と証明）

∠C＝90°の三角形 ABC で，点 C から辺 AB に
垂線 CD をひく。このとき，次の問いに答えな
さい。

(1) △ABC ∽ △CBD となることを証明しなさい。

(2) AB＝5cm，AC＝4cm，BC＝3cm のとき，
CD の長さを求めなさい。

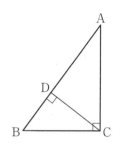

ふぁ!? 出た!
久しぶりの「証明」ニャ!?

どうやるんだったニャ？

相似について考えるときは，
まず，向きをそろえて
考えましょう。

(1)は，△ABC と △CBD の相似を証明する
問題ですね。向きをそろえて考えます。
このイメージ，大丈夫ですか？

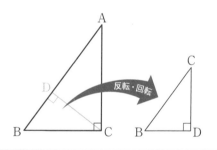

反転・回転

問題文にある「仮定」より，
　　∠ACB ＝ ∠CDB ＝ 90°

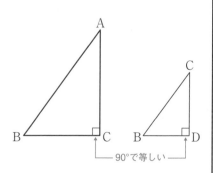

90°で等しい

また，∠B は共通で等しいので，
　　∠ABC ＝ ∠CBD

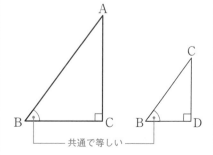

共通で等しい

「2つの角がそれぞれ
等しい」ということは，
三角形の相似条件**❸**
を満たしますよね。
これを根拠に証明を
すればいいんです。

証明

△ABC と △CBD において，

仮定より，

∠ACB = ∠CDB = 90° ……①

また，∠B は共通 ……②

①，②より，2 組の角がそれぞれ

等しいので，

△ABC ∽ △CBD **答**

---

(2)では，まずそれぞれの線分の
長さを図にあてはめましょう。

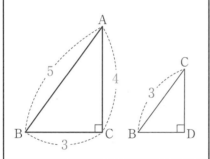

対応する線分の長さの比は等しいので，

$$AB : CB = AC : CD$$

この比例式に各辺の長さを代入して
計算すると，

$$5 : 3 = 4 : CD$$

$$5 \times CD = 12$$

$$CD = 2.4$$

$$2.4 \text{cm} \left(\frac{12}{5} \text{cm} \right)$$ **答**

❶ 比例式の性質 $(a : b = m : n$ ならば $an = bm)$

相似な図形は，**対応する線分の
長さの比はすべて等しい**ため，
このように**比例式**にして
答えを求めることが多いんです。

ニャるほど…
数学的に考える感じニャ…

図形の証明では，対象になる図形を
抜き出して，向きをそろえてかくと，
辺や角の対応がわかりやすくなりま
す。少し手間ですが，確実に解くた
めに必ず実行しましょう。

END

3 三角形と比

問1 （三角形と比）

右の図で，DE∥BC とします。このとき，
次の(1), (2)となることをそれぞれ証明しな
さい。

(1) △ADE ∽ △ABC

(2) AD：DB＝AE：EC

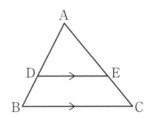

**出た!!! 恐怖の
「証明しなさい」ニャ…!**

どうすればいいのかわからんやつニャ!

平行な2直線があるときは，
平行線の性質を考えることで，
正解が見えてくることが多いんですよ。

2直線に1直線が交わるとき，
2直線が平行ならば，
同位角や**錯角**は等しい。
この平行線の性質を使って，
相似の条件をそろえましょう。

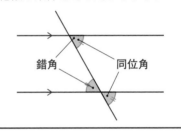

錯角　　同位角

---

(1)を考えましょう。
DE∥BC より，

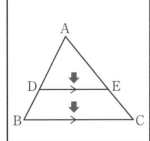

平行線の同位角は
等しいので，

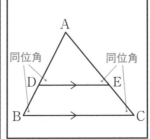

同位角　　　同位角

∠ADE ＝ ∠ABC
∠AED ＝ ∠ACB

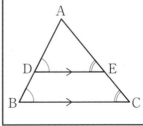

394

「2組の角がそれぞれ
等しい」ということは,
三角形の相似条件❸
を満たしますよね。
これを根拠に証明を
すればいいんです。

※①・②のどちらかを「共通な角だから,
∠DAE＝∠BAC」にしてもよい。

証明	△ADE と △ABC において,
	DE // BC より,
	平行線の同位角は等しいので,

∠ADE ＝ ∠ABC　　……①

∠AED ＝ ∠ACB　　……②

①,②より,

2組の角がそれぞれ等しいので,

△ADE ∽ △ABC　　答

相似な図形は，対応する線分の
長さの比はすべて等しいので，

AD : AB = AE : AC = DE : BC

となることをおさえておきましょう。

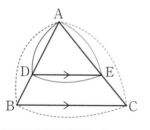

(2)は，(1)とはちがって，

AD : DB = AE : EC

となることを証明する問題です。

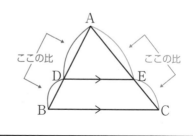

ここの比　　　　　ここの比

あ……比べてる部分が
ちがうニャ？

そうなんです。
これを証明するのは
結構難しいので，
ヒントを出しましょう。

まず，点 E を通り，
辺 AB に平行な直線を
ひき，

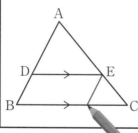

辺 BC との交点を F
とします。これで
考えてみてください。

考えて

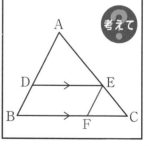

さあ，いいですか？
今回も，2つの三角形
の**相似**を根拠として，
証明を展開していき
ますからね。

平行な2直線に
1直線が交わっている
のをイメージすると，

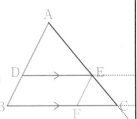

同位角は等しいので，
$$\angle AED = \angle ECF$$
となります。

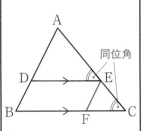

また別の視点から，
平行な2直線に1直線が
交わっているのをイメージすると，

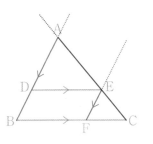

同位角は等しいので，
$$\angle DAE = \angle FEC$$
となります。

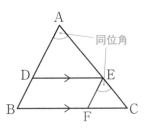

**2組の角がそれぞれ
等しいので，**
$$\triangle ADE \varpropto \triangle EFC$$
となります。

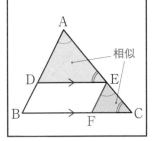

相似な図形の対応する
線分の長さの比は
すべて等しいので，

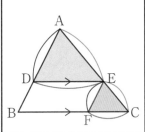

$$AD : EF = AE : EC$$
が成り立ちます。

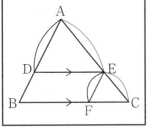

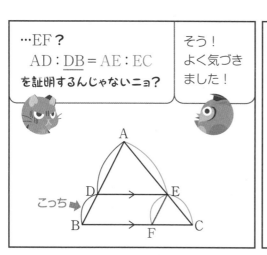

…EF？

$AD : \underline{DB} = AE : EC$

を証明するんじゃないニョ？

そう！
よく気づきました！

ここで使うのが，
平行四辺形の性質の１つ，
「2組の対辺はそれぞれ等しい」
です。

❗ 平行四辺形の性質
➡ ❶ 2組の対辺はそれぞれ等しい。
　 ❷ 2組の対角はそれぞれ等しい。
　 ❸ 対角線はそれぞれの中点で交わる。

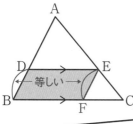

四角形 DBFE は
平行四辺形ですから，
　　$EF = DB$
となりますよね。

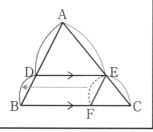

したがって，
　　$AD : EF = AE : EC$
　　⬇
　　$AD : DB = AE : EC$
も成り立つんです。

このような筋道と根拠をもとに，
証明を展開していきましょう。

証明

点 E を通り，辺 AB に平行な直線
をひき，辺 BC との交点を F とする。
△ADE と △EFC で，
平行線の同位角は等しいので，
DE // BC より，
　　∠AED = ∠ECF　　　……①
AB // EF より，
　　∠DAE = ∠FEC　　　……②
①，②より，2組の角がそれぞれ等
しいので，
　　△ADE ∽ △EFC
よって，AD : EF = AE : EC
四角形 DBFE は平行四辺形なので，
　　EF = DB
したがって，AD : DB = AE : EC
　　　　　　　　　　　　　　答

こんな証明がいちから
できるわけないニャ!
ネコをニャメてんニョ!?

まあまあ

これは，次の「定理」が
成り立つ理由を説明する
ためのものですから，
できなくても大丈夫です。

とにかく，
三角形の中に，
1 つの辺に平行な直線
があるときは，

平行

各辺の**長さの比**は，
次のように
等しくなるんだよ，
ということを
覚えておいてください。
特に❷は要注意ですよ。

POINT 　　　　**三角形と比の定理**　　　　定理

△ABC の辺 AB，AC 上の点をそれぞれ D，E とするとき，

❶ DE∥BC ならば

$\underline{AD}:\underline{AB}=\underline{AE}:\underline{AC}=\underline{DE}:\underline{BC}$

❷ DE∥BC ならば

$\underline{AD}:\underline{DB}=\underline{AE}:\underline{EC}$

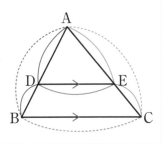

また，ある定理の仮定と結論を入れかえたものを，その定理の「**逆**」といいます
が，三角形と比の定理は，「**逆**」も成立するんです。

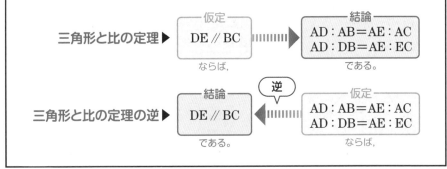

三角形と比の定理 ▶ 　┌ 仮定 ┐　DE∥BC　ならば，　┈┈┈▶　┌ 結論 ┐　AD:AB＝AE:AC　AD:DB＝AE:EC　である。

逆

三角形と比の定理の逆 ▶ 　┌ 結論 ┐　DE∥BC　である。　◀┈┈┈　┌ 仮定 ┐　AD:AB＝AE:AC　AD:DB＝AE:EC　ならば，

つまり, △ABC で, AD : AB = AE : AC となるように,	もしくは, AD : DB = AE : EC となるように, 点 D, E をとると,	DE // BC となる。 …が**成立する**という ことです。
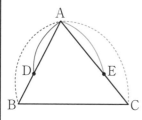	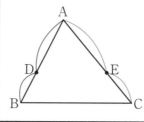	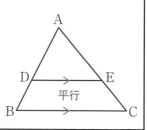

POINT ## 三角形と比の定理の逆 　定理

△ABC の辺 AB, AC 上の点をそれぞれ D, E とするとき,

❶ $\underline{AD} : \underline{AB} = \underline{AE} : \underline{AC}$　ならば
　 DE // BC

❷ $\underline{AD} : \underline{DB} = \underline{AE} : \underline{EC}$　ならば
　 DE // BC

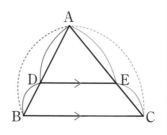

この「逆」が成り立つことの証明は
次のとおりです。
サッと目を通して, とにかく,
三角形と比の定理は「逆」も成り立つ
ことをおさえておいてくださいね。

結局また「相似」を
根拠にするわけニャ…

証明

△ADE と △ABC において,
仮定より, AD : AB = AE : AC　…①
共通な角より, ∠DAE = ∠BAC …②
①, ②より, 2組の辺の比とその間
の角がそれぞれ等しいので,
　　△ADE ∽ △ABC
対応する角はそれぞれ等しいので,
∠ADE = ∠ABC
同位角が等しいので, DE // BC

問2 （中点連結定理）

右の図で，△ABC の辺 AB，AC の
中点をそれぞれ M，N とすると

$$MN \parallel BC, \quad MN = \frac{1}{2}BC$$

となることを証明しなさい。

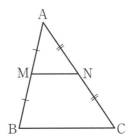

△AMN と△ABC に
おいて，仮定より，

$$AM : AB = 1 : 2$$

$$AN : AC = 1 : 2$$

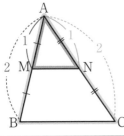

∠A は共通なので，

$$\angle MAN = \angle BAC$$

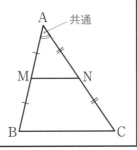

---

2 組の辺の比と
その間の角が
それぞれ等しいので，

$$△AMN \backsim △ABC$$

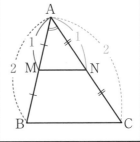

相似な図形の対応する
角は等しいので，

$$\angle AMN = \angle ABC$$

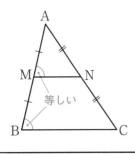

同位角が等しいので，

$$MN \parallel BC$$

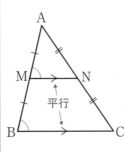

相似比*は 1 : 2 なので，

$$MN : BC = 1 : 2$$

$$MN = \frac{1}{2}BC$$

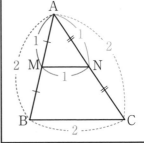

---

*相似比…相似な図形で，対応する線分の長さの比のこと。

このような流れで，証明を展開しましょう。

証明

△AMN と △ABC において，

仮定より，　AM：AB＝1：2

　　　　　　AN：AC＝1：2

よって，

　　AM：AB＝AN：AC＝1：2 ……①

共通な角なので，

　　∠MAN＝∠BAC　　　　　……②

①，②より，2 組の辺の比とその間の角がそれぞれ等しいので，

　　△AMN∽△ABC

相似な図形の対応する角は等しいので，

　　∠AMN＝∠ABC

同位角が等しいので，MN∥BC

①より，相似比は 1：2 なので，

　　MN：BC＝1：2

よって，MN＝$\frac{1}{2}$BC　　　　　答

別解

① **三角形と比の定理の逆**（AM：MB＝AN：NC ならば，MN∥BC）を使う。

② **平行線の性質**（2 直線が平行ならば，同位角は等しい）を使う。

③ **三角形の相似**（2 組の角がそれぞれ等しい）を示す。

④ 相似比 1：2 を根拠に，MN＝$\frac{1}{2}$BC を示す。

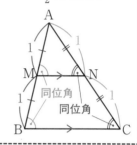

このことから，次の定理も成り立ちます。最後にこれをおさえておきましょう。

 POINT

中点連結定理

定理

△ABC の辺 AB，AC 上の中点をそれぞれ M，N とすると，次の関係が成り立つ。

$$MN ∥ BC, \quad MN = \frac{1}{2} BC$$

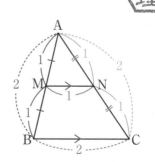

END

4 平行線と比

問1 （平行線と比①）

右の図で，3直線 a, b, c は $a /\!/ b /\!/ c$ です。
この3直線が，直線 ℓ とそれぞれ点 A，B，C
で交わり，直線 ℓ' とそれぞれ点 A′，B′，C′ で
交われば，AB：BC ＝ A′B′：B′C′ となることを
証明しなさい。

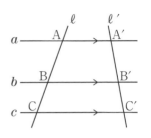

…ふぁ!?
ニャにこれ?
どう証明するニャ?

実はこれ，前回やった
三角形と比の定理（❷）
を使って証明できるんです。

まず，平行な2直線があります。

1点から出る2つの
線分が，平行な2直線
に交わりました。

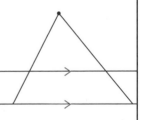

このとき，下図の「□：○」と「△：
◎」は等しくなるんですよ，という
のが，三角形と比の定理なんですね。

等しい

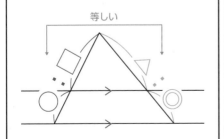

この定理を使うために，まず点 A を
通り直線 ℓ' に平行な直線 m を ひき，
直線 b, c との交点を D，E とします。

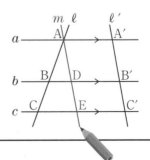

すると，△ACE で，三角形と比の定理が使えますよね。

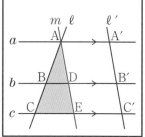

△ACE で，BD // CE であるから，
$$AB : BC = AD : DE$$

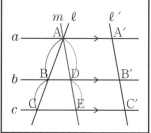

また，四角形 ADB′A′ と四角形 DEC′B′ は，どちらも**平行四辺形**＊ですよね。

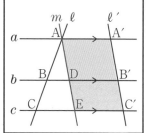

平行四辺形では
「**2 組の対辺はそれぞれ等しい**」ので，
$$AD = A′B′, \quad DE = B′C′$$

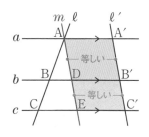

このような論理で，証明を展開しましょう。

証明

点 A を通り，直線 $ℓ'$ に平行な直線 m をひき，直線 b，c との交点を，それぞれ D，E とする。
△ACE で，BD // CE であるから，
　　$AB : BC = AD : DE$ … ①
四角形 ADB′A′ と四角形 DEC′B′ はどちらも平行四辺形なので，
　　$AD = A′B′, \quad DE = B′C′$ … ②
①，②から，
　　$AB : BC = A′B′ : B′C′$ 答

したがって，
$$AB : BC = AD : DE$$
$$AB : BC = A′B′ : B′C′$$
となります。

ニャるほど…
自分で直線をひいて定理をあてはめるニョね…

平行な 3 つの直線に 2 つの直線が交わるとき，次の定理が成り立つんです。

13

相似な図形

4 平行線と比

POINT　平行線と比　定理

平行な 3 つの直線 a, b, c が,
直線 ℓ とそれぞれ A, B, C で交わり,
直線 ℓ' とそれぞれ A′, B′, C′ で交わるとき,
次の関係が成り立つ。

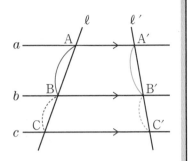

$$AB : BC = A'B' : B'C'$$

※AB : A′B′ = BC : B′C′ と
　AB : AC = A′B′ : A′C′ も成り立つ

問2　(平行線と比②)

下の図で, 直線 ℓ, m, n が平行であるとき, x の値を求めなさい。

(1)

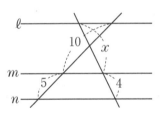

(2)

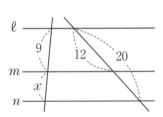

さあ, これはもう簡単ですよね。先程学んだ「**平行線と比**」の定理にそれぞれの線分の値をあてはめれば, x の値が求められます。

わかるニャ…

---

(1)を解きましょう。

$$x : 4 = 10 : 5$$
$$x \times 5 = 4 \times 10$$
$$5x = 40$$
$$x = 8 \ \text{答}$$

※10 は 5 の 2 倍なので, x も 4 の 2 倍だと考えてもよい。

---

(2)を解きましょう。

$$9 : x = 12 : 8$$
$$9 \times 8 = x \times 12$$
$$72 = 12x$$
$$x = 6 \ \text{答}$$

※20 − 12 = 8 より。

問3 （三角形の角の二等分線の性質）

右の図の△ABC で，∠A の二等分線と
辺 BC との交点を D とするとき，

  AB : AC = BD : DC

となることを証明しなさい。

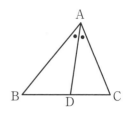

AB : AC の比と，BD : DC の比。
この 2 つの比が等しいことを
証明せよ，という問題ですね。

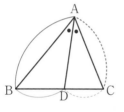

……ん？
三角形と比の定理とか，その逆とか，
中点連結定理とか，平行線と比の定理とか，
いろんな定理が全くあてはまらなくニャい？

そう，「このまま」では，
どんな定理もあてはまらず，
らちがあかないんですよね。

そういうときに試してほしいのが，
この 3 枚のカード* です！

▶どこかの線分に
平行な線をかく。

▶どこかの線分を
延長した線をかく。

▶どこかの頂点を
結ぶ対角線をかく。

図形の問題は，
このカードのどれか
を使う（または組み合
わせて使う）と
解ける場合が
結構多いんですよ。

今回は**平行線**と
延長線のカードを
使いますよ。

変なカードが
急に出てきたニャ!?

*教科書などにはない，本書オリジナルのカードです。図形問題で困ったときに使えるものだと覚えておきましょう。　　　405

まず，点 C を通り，AD と
平行な線をひきます。

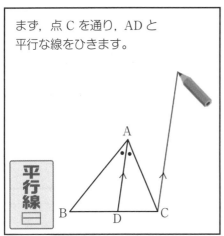

次に，BA の延長線をひき，
AD と平行な線との
交点を E とします。
すると…？

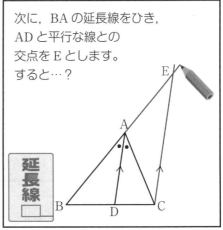

平行線の**同位角**は
等しいので，
$$∠BAD = ∠AEC$$

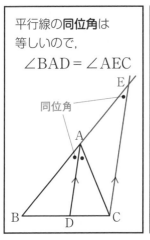

平行線の**錯角**は
等しいので，
$$∠DAC = ∠ACE$$

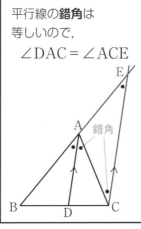

2 つの角が等しいので，
△ACE は，AC = AE
の**二等辺三角形**になり
ますね。

さて，ここで，△BCE において，
三角形と比の定理を使います。

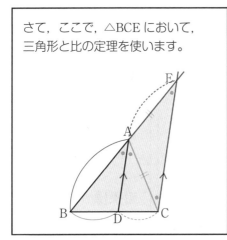

AD // EC より，
$$BA : AE = BD : DC$$

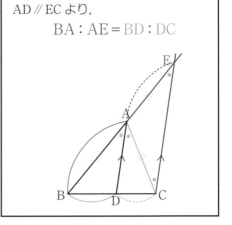

△ACE は**二等辺三角形**なので，

$$AE = AC$$

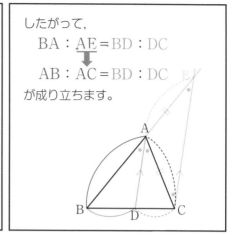

等しい

したがって，

$$BA : AE = BD : DC$$

$$AB : AC = BD : DC$$

が成り立ちます。

このような流れで，証明を展開していきましょう。

証明

点 C を通り，AD に平行な直線をひき，BA の延長との交点を E とする。
仮定より，角の二等分線なので，

$$\angle BAD = \angle DAC \quad \cdots\cdots ①$$

AD ∥ EC より，同位角は等しいので，

$$\angle BAD = \angle AEC \quad \cdots\cdots ②$$

AD ∥ EC より，錯角は等しいので，

$$\angle DAC = \angle ACE \quad \cdots\cdots ③$$

①，②，③より，∠ACE = ∠AEC
2 つの角が等しいので，
△ACE は二等辺三角形となる。
よって，AC = AE　　　　　　　　　　……④
△BCE において，三角形と比の定理より，

$$BA : AE = BD : DC \quad \cdots\cdots ⑤$$

④，⑤より，

$$AB : AC = BD : DC$$

答

△ABC で，
∠A の二等分線と
辺 BC との交点を
D とすると，

$$AB : AC = BD : DC$$

となる。
これを「**三角形の角の二等分線の性質**」といいます。

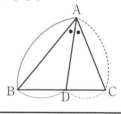

平行線と比の定理は，三角形と比の定理とあわせて，しっかり覚えておきましょう。

END

相似な図形の面積比

さて，ここに**相似**な 2 つの平面図形があります。
「**相似比**」は **1：2** です。

※相似比…相似な図形の対応する線分の長さの比。

掃除機？

「**相似比**」だニャ！

あほニャの？

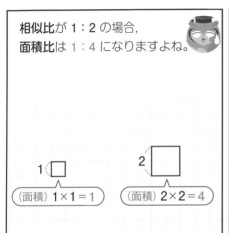

相似比が **1：2** の場合，
面積比は **1：4** になりますよね。

1 □
（面積）1×1＝1

2 □
（面積）2×2＝4

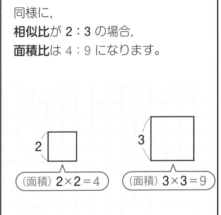

同様に，
相似比が **2：3** の場合，
面積比は **4：9** になります。

2 □
（面積）2×2＝4

3 □
（面積）3×3＝9

1 辺が 2 倍になると，
面積は 2×2＝4 倍に
なるニョね…

そう。面積は「縦×横」
なので，**面積比**は結局，
相似比を「**2 乗**」した
値になるんですよ。

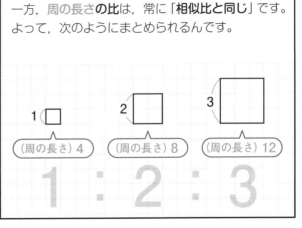

一方，周の長さの比は，常に「**相似比と同じ**」です。
よって，次のようにまとめられるんです。

1 □
（周の長さ）4

2 □
（周の長さ）8

3 □
（周の長さ）12

1 ： 2 ： 3

相似な図形の面積比

相似な 2 つの平面図形で,

相似比が $m:n$ ならば,
面積比は $m^2:n^2$ である。

※相似な平面図形では, **面積比は相似比の 2 乗に等しい。**
(周の長さの比は相似比に等しい)

問 1 （相似な図形の相似比と面積比①）

右の図の△ABC ∽ △DEF において,
相似比は 2:3 である。このとき,
次の問いに答えなさい。

(1) △ABC と△DEF の面積を a, h
を使ってそれぞれ表しなさい。

(2) △ABC と△DEF の面積比を求め
なさい。

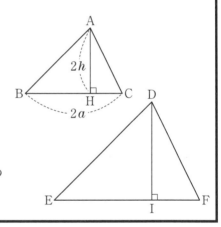

はい, 相似な図形の面積比は, 本当に $m^2:n^2$ になるのか？
問題を通じて確認していきますよ。

(1)を考えましょう。
三角形の面積は,

$$底辺 \times 高さ \times \frac{1}{2}$$

で求められますから,

△ABC の面積は,

$$2a \times 2h \times \frac{1}{2}$$
$$= 2ah$$

と表すことができます。

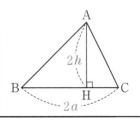

△DEF の底辺と高さは不明ですが,
△ABC と△DEF の相似比は 2：3 ですから,
△DEF の底辺 EF は,

$2a$ ： EF ＝ 2：3

$2a$×3 ＝ EF×2

$6a$ ＝ 2EF

EF ＝ $3a$

となります。

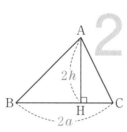
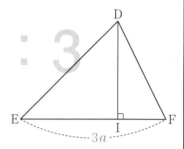

同じように，△DEF の高さ DI は,

$2h$ ： DI ＝ 2：3

$2h$×3 ＝ DI×2

$6h$ ＝ 2DI

DI ＝ $3h$

となります。

したがって，△DEF の面積は,

$$△DEF = 3a×3h×\frac{1}{2}$$

$$= \frac{9}{2}ah$$

と表せます。

$$△ABC = 2ah$$

$$△DEF = \frac{9}{2}ah \quad 答$$

---

(2)を考えましょう。
△ABC と△DEF の面積比は,

$$2ah ： \frac{9}{2}ah$$

となりますよね。

比を簡単にするため,

前項と後項に $\dfrac{2}{ah}$ をかけると,

※比 a：b の a を「前項」，b を「後項」ともいう。

$$\left(2ah×\frac{2}{ah}\right) ： \left(\frac{9}{2}ah×\frac{2}{ah}\right)$$

$$= \left(2ah×\frac{2}{ah}\right) ： \left(\frac{9}{2}ah×\frac{2}{ah}\right)$$

$$= 4：9$$

となります。
やはり，面積比は相似比 (2：3) の 2 乗
(2^2：$3^2 = 4$：9) になるということですね。

$$△ABC ： △DEF = 4：9 \quad 答$$

問2 （相似な図形の相似比と面積比②）

下の2つの円について，周の長さの比，
および面積の比をそれぞれ求めなさい。

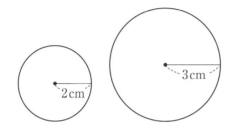

半径の異なる円は
「相似な図形」ですよね。
したがって，**相似な図形の面積比**があてはまるんですよ。

半径 r の円周の長さ ℓ，
面積 S は，

$$\ell = 2\pi r$$

$$S = \pi r^2$$

でしたね。

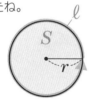

よって，円周の長さと面積は，
このようになります。

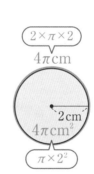
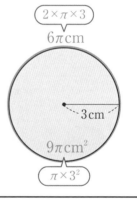

$2 \times \pi \times 3$
$6\pi\,\mathrm{cm}$

$2 \times \pi \times 2$
$4\pi\,\mathrm{cm}$

$4\pi\,\mathrm{cm}^2$
$\pi \times 2^2$

$9\pi\,\mathrm{cm}^2$
$\pi \times 3^2$

したがって，
周の長さの比は，

$4\pi : 6\pi = 2 : 3$ 答

面積比は，

$4\pi : 9\pi = 4 : 9$ 答

となります。

…あ！ 面積比は
相似比（2：3）の
2乗（$2^2 \times 3^2 = 4 : 9$）
になってるニャ！

周の長さの比は
相似比（2：3）と
同じだワン！

相似比が $m : n$ ならば，面積比は $m^2 : n^2$
である。覚えておきましょう。

END

1 相似な立体の体積比

問1 (相似な立方体の体積比)

1辺の長さが a の立方体の積み木で，下の図のように相似な2つの立方体 P，Q を作った。立方体 P，Q について，表面積の比と体積比をそれぞれ求めなさい。

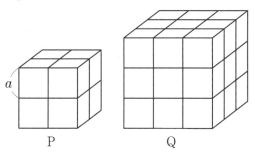

立方体でも「相似」な図形とかいうニャ!?

そう。いうんです!

空間図形でも，平面図形と同じように，1つの立方体を全く形を変えずに拡大・縮小したものは，もとの立体と「相似」だといえるんです。

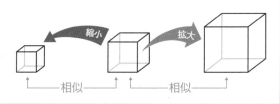

例えば，立方体 A と，A の1辺を **2倍**に拡大した B があります。

この2つの立方体は「相似」であり，「**相似比**」は 1:2 です。

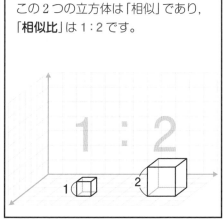

Aの体積を,

$$1 \times 1 \times 1 = 1$$

だとすると,

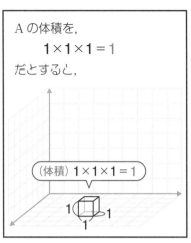

（体積）$1 \times 1 \times 1 = 1$

Aの1辺を**2倍**にしたBの体積は,

$$2 \times 2 \times 2 = 8$$

となります。

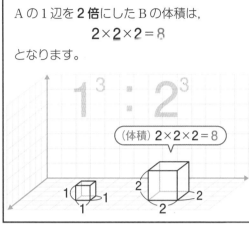

$1^3 : 2^3$

（体積）$2 \times 2 \times 2 = 8$

2次元の**面積**は, 1辺が**2倍**になると
2倍 × 2倍 = 4倍
になりますが,

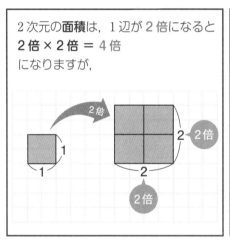

3次元の**体積**は, 1辺が**2倍**になると
2倍 × 2倍 × 2倍 = 8倍
にもなるわけですね。

倍々ゲームみたいに
増えていくニャ…

体積は「**縦×横×高さ**」
なので, **体積比**は結局,
相似比を「**3乗**」した値
になるんですね。

ですから, 問1の立方体PとQのように, **相似比**
が**2:3**の場合は, **体積比**は**8:27**になります。

$2^3 : 3^3$

（体積）$2 \times 2 \times 2 = 8$

（体積）$3 \times 3 \times 3 = 27$

一方，「**表面積の比**」は「相似な図形の面積比」と同じですから，相似比の「**2 乗**」と等しくなります。

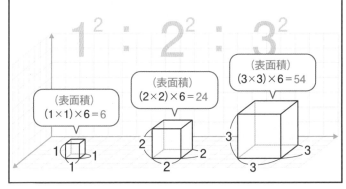

(表面積)
$(1×1)×6=6$

(表面積)
$(2×2)×6=24$

(表面積)
$(3×3)×6=54$

したがって，相似な立体の体積比は，次のようにまとめられます。

相似な立体の体積比

POINT

相似な 2 つの空間図形で，

相似比が $m:n$ ならば，

体積比は $m^3:n^3$ である。

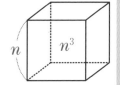

※相似な立体 (空間図形) では，**体積比は相似比の 3 乗に等しい。**
（**表面積の比**は相似比の **2 乗**に等しい）

さて，**問 1** で確認しましょう。
立方体 P の 1 辺の長さは $2a$ ですから，1 つの面の面積は，
$$2a×2a=4a^2$$
となります。

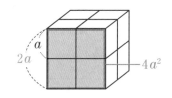

立方体 Q の 1 辺の長さは $3a$ ですから，1 つの面の面積は，
$$3a×3a=9a^2$$
となります。

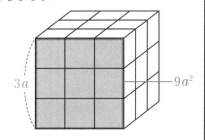

立方体は6つの面があるので，
立方体Pの表面積は，
$$4a^2 \times 6 = 24a^2$$
立方体Qの表面積は，
$$9a^2 \times 6 = 54a^2$$
となります。

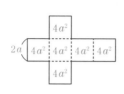

したがって，**表面積の比**は，
$$24a^2 : 54a^2 = 4 : 9 \quad \boxed{答}$$
となります。
相似比（2：3）の**2乗**と等しいですね。

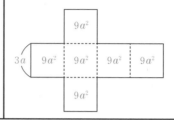

立方体Pの体積は，
$$2a \times 2a \times 2a = 8a^3$$

立方体Qの表面積は，
$$3a \times 3a \times 3a = 27a^3$$

したがって，**体積比**は，
$$8a^3 : 27a^3 = 8 : 27 \quad \boxed{答}$$

となります。
相似比（2：3）の**3乗**と等しいですね。

したがって，**体積比**は，
$$8a^3 : 27a^3 = 8 : 27 \quad \boxed{答}$$

となります。
相似比（2：3）の**3乗**と等しいですね。

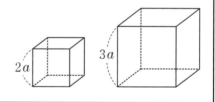

三角錐や球などのあらゆる立体で，
体積比は相似比の**3乗**になります。

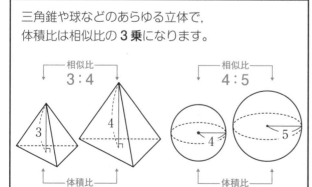

図をかかなくても，
きちんと比例式を
つくって計算すれば，
表面積や体積は
求められます。
しっかりと応用できる
ようにしましょう！

END

フラクタル図形

　20世紀の初頭，スウェーデンのコッホが考案した「コッホ雪片」という図形があります。まず，正三角形をかいて，正三角形の各辺をそれぞれ3等分し，辺を分割した2点を頂点とする正三角形をえがく作図を無限にくり返すことによってつくることができる図形です。コッホ雪片の周の長さは永遠にのびていきますが，面白いことにその面積は常に一定で，最初にえがいた正三角形の1.6倍です。

　一般的に，複雑な形状をしているように見える図形でも，拡大すればするほど細部の複雑さはなくなってなめらかな形になるものですが，コッホ雪片はどんなに拡大してもなめらかになることなく，同じ形状をもち続けます。このような図形のことを「フラクタル図形」*とよびます。

　フラクタル図形は自然界にいっぱい存在します。雪の結晶，雲，海岸，樹木の枝分かれ，貝殻や人の肺組織や腸の内壁構造など自然界の様々な場所でフラクタル図形を見つけることができます。激しい閃光を走らせる稲妻もフラクタルの一種です。稲妻の枝分かれした細部を拡大すると放電によるさらなる稲妻の形状が見て取れます。スーパーで売られているブロッコリーもフラクタルの形状です。

　実はこれらのフラクタル図形を見ていると安らぎを覚えたり何かしらの刺激が前頭葉に入ることが研究であきらかになっているそうです。ぜひ，ネットでフラクタル図形を検索してじっと眺めてみてください。きっと気持ち良くなってくるはずです。

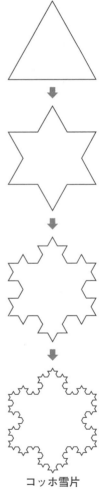

コッホ雪片

*全体と部分が同じ形をしていることがフラクタル図形の特徴で，この特徴のことを「自己相似性」という。　（文：沖田一希）

Chapter 14

円周角・三平方の定理

この単元の位置づけ

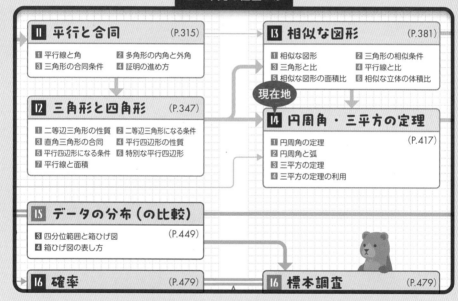

11 平行と合同 (P.315)
1 平行線と角 2 多角形の内角と外角
3 三角形の合同条件 4 証明の進め方

13 相似な図形 (P.381)
1 相似な図形 2 三角形の相似条件
3 三角形と比 4 平行線と比
5 相似な図形の面積比 6 相似な立体の体積比

現在地

12 三角形と四角形 (P.347)
1 二等辺三角形の性質 2 二等辺三角形になる条件
3 直角三角形の合同 4 平行四辺形の性質
5 平行四辺形になる条件 6 特別な平行四辺形
7 平行線と面積

14 円周角・三平方の定理
1 円周角の定理 (P.417)
2 円周角と弧
3 三平方の定理
4 三平方の定理の利用

15 データの分布（の比較）
3 四分位範囲と箱ひげ図 (P.449)
4 箱ひげ図の表し方

16 確率 (P.479)

16 標本調査 (P.479)

　「平面図形」の章では円とおうぎ形の基本を学びましたが，ここではそれをベースに「円周角の定理」を学びます。

　「三平方の定理」とは，紀元前6世紀にピタゴラスが発見した，直角三角形の3辺の比に関する定理です。古代エジプト人も使っていた知識を私たちに理解できないはずはありません。ここで完璧に身につけましょう

Ⅰ 円周角の定理

問1 （円周角の定理）

下の図で，∠x の大きさをそれぞれ求めなさい。

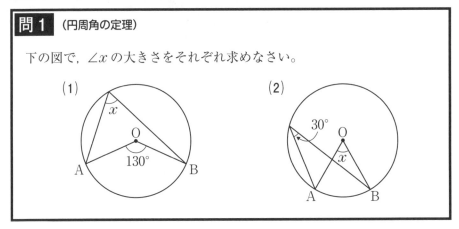

(1)

(2)

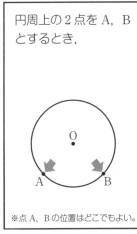

円周上の2点を A，B とするとき，

※点 A，B の位置はどこでもよい。

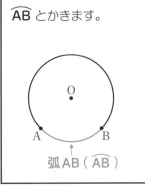

A から B までの円周の部分を「弧 AB」といい，$\overarc{AB}$ とかきます。

弧AB（$\overarc{AB}$）

さて，$\overset{\frown}{AB}$ を除いた
円周上（のどこか）に
点 P をとり，

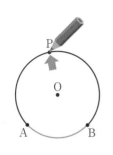

点 P と A を直線で結び，

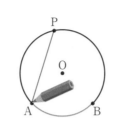

点 P と B も
直線で結びます。

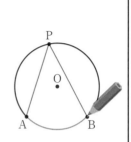

このときにできる∠APB のことを，
「$\overset{\frown}{AB}$ **に対する**円周角」というんです。

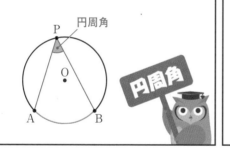

また逆に，$\overset{\frown}{AB}$ のことを，
「**円周角∠APB に対する弧**」
といいます。
※対する…2 つのものが向かい合う。対応する。

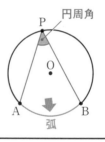

ちなみに，円周上の
2 点 A，B と，中心 O
を半径で結んだとき，

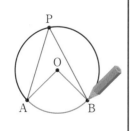

このときにできる角は
（$\overset{\frown}{AB}$ に対する）中心角
というんですよね。

中1で学びました

**点 P はどこにあっても
いいニャ？**

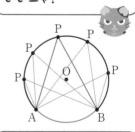

$\overset{\frown}{AB}$ を除く円周上なら
どこでも OK です！

なお，不思議なことに，
点 P が円周上のどこにあっても，
$\overset{\frown}{AB}$ に対する**円周角**∠APB（▲）の
大きさは，常に変わらないんです。

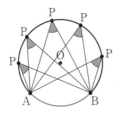

さらに不思議なことに，
円周角の大きさは，常に
「（同じ弧に対する）**中心角**の**半分**」
になるんですよ。

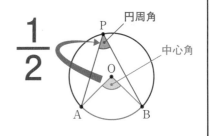

ニャんで？

不思議だニャ…

信じられませんか？
ただ，信じられないこ
とにも，必ず何かしら
の理由があるものです。
証明していきましょう。

まず，点 P，O を通る
直径 PC をひきます。

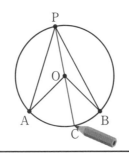

円の**半径**はどこも同じ
長さですから，

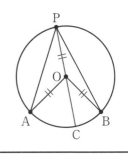

△OPA と△OPB は，
どちらも**二等辺三角形**になります。

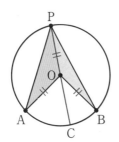

二等辺三角形は，**「底角」が等しい**
という性質があります。

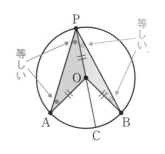

ここで，**三角形の外角の性質**（三角形の外角は，そのとなりにない2つの内角の和に等しい）を使います。

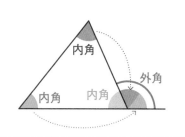

この図で考えると，
三角形の**外角**はここです。

△OPA
の外角

△OPB
の外角

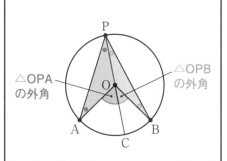

三角形の外角の性質から，
∠AOC は「● が2つ」の大きさになりますよね。

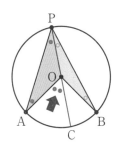

同じように，
∠BOC は「○ が2つ」の大きさです。

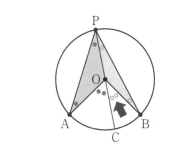

∠AOB は
● ● ○ ○
であるのに対して，

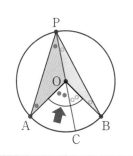

∠APB は
● ○
ですから，∠AOB の
半分の大きさですね。

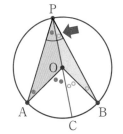

したがって，
$$\angle APB = \frac{1}{2}\angle AOB$$
となります。

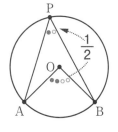

これで，円周角の大きさは，**中心角の半分**になることが証明できましたね。これは，点 P が（ $\overparen{AB}$ を除く）円周上のどこにあっても成り立つ「定理」なんです。

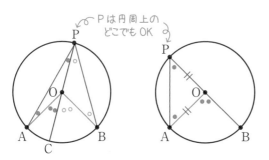

ですから，例えば，点 P がこのような位置にあっても，

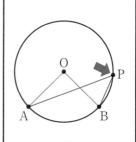

点 P，O を通る直径をひくと，△OAP と△OBP は二等辺三角形になります。

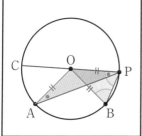

△OAP の底角は等しいので，外角∠AOC は

● ● ＝ ● × 2

になります。

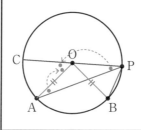

△OBP の底角は等しいので，外角∠BOC は

▽ ＋ ▽ ＝ ▽ × 2

になります。

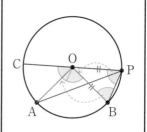

∠APB は（▽ － ●）となり，∠AOB は（▽ × 2 － ● × 2）＝ 2（▽ － ●）となります。

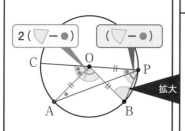

つまり，**円周角は中心角の半分**になるわけです。この定理を「**円周角の定理**」といいます。

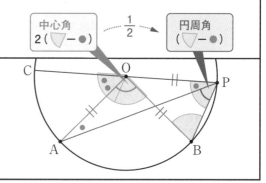

中心角
2（▽ － ●）

$\frac{1}{2}$

円周角
（▽ － ●）

円周角の定理

1つの弧に対する円周角の大きさは一定であり、その弧に対する中心角の半分である。

$$\angle APB = \frac{1}{2} \angle AOB$$

---

(1)を考えましょう。
∠xは $\overset{\frown}{AB}$ の円周角ですよね。

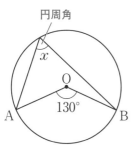

円周角の定理より，円周角は中心角の半分の大きさなので…？

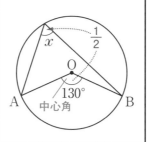

$130 \times \frac{1}{2} = 65$
だから，
　　∠$x = 65°$ **答**
だニャ!

そのとおり正解!

ボクの方が先に正解したワン!

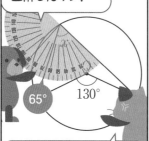

いや，分度器を使ってる時点で失格だニャ!

(2)を考えましょう。
∠xは $\overset{\frown}{AB}$ の中心角で，$\overset{\frown}{AB}$ の円周角が30°となっていますね。

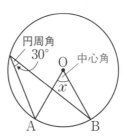

したがって，
円周角の定理より，

$$30° = \frac{1}{2} \times \angle x$$

$$\frac{1}{2} \times \angle x = 30°$$

$$\angle x = 30° \times 2$$

$$= 60° \boxed{答}$$

となります。

なお、「1つの弧に対する円周角の大きさは一定」という話なわけですが、

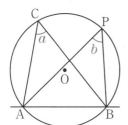

点Pが円Oの
「周上」にある場合

$$\angle a = \angle b$$

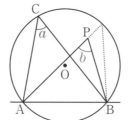

点Pが円Oの
「内部」にある場合

$$\angle a < \angle b$$

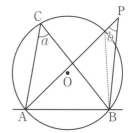

点Pが円Oの
「外部」にある場合

$$\angle a > \angle b$$

この円周角の定理の逆
も成り立つんですよ。

わかったワン!!

わかるの早っ!!

なんでそういうのだけ
ムダにうまいニャ…!?

説明しましょう。
4点 A, B, C, P が
あります。

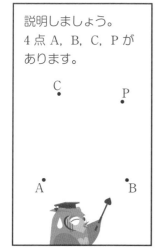

2点 C, P が、

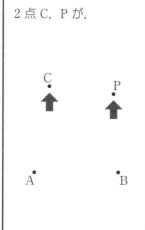

直線 AB の「同じ側」
にあって、

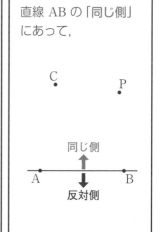

∠APB = ∠ACB
ならば,

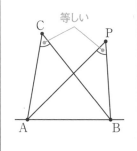
等しい

この 4 点は
同じ円周上にある。

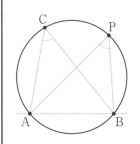

このような定理を
「円周角の定理の逆」
というわけです。
ついでに覚えておいて
くださいね。

円周角の定理の逆

POINT

**4 点 A, B, C, P について,
2 点 C, P が
直線 AB の同じ側にあって
∠APB = ∠ACB ならば,
この 4 点は同じ円周上にある。**

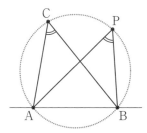

ふ～ん…でもこの
「同じ側」ってなんニャ?

2 点 C, P が
直線 AB をはさんだ
位置 (反対側) にない
ということです。

もし, 点 P が,
直線 AB について
点 C と同じ側では
なく**反対側**にある
場合, たとえ
　∠APB = ∠ACB
だとしても,
同じ円周上には
きませんよね。
だから「同じ側」という
条件が必要*なわけです。

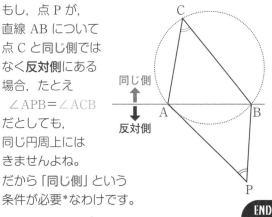

同じ側
反対側

END

---

*直線 AB が円の「直径」である場合は例外。

2 円周角と弧

問 1 （直径と円周角）

下の図で，線分 AB が直径であるとき，∠x の大きさを求めなさい。

(1)

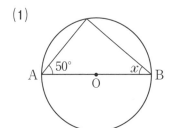

(2)

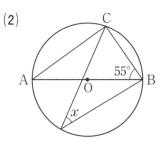

「AB が直径」
というのは，
前回学んだこの図が，

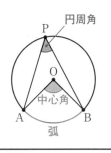

このように変わった
だけなんです。
直径がつくる**中心角**は
180°となります。

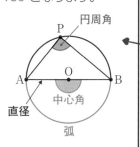

さらに，**円周角**は
**中心角（180°）の
半分**ですから…？

円周角は必ず
「90°」になるニャ？

正解！

POINT

直径と円周角
（円周角の定理の特別な場合）

定理

半円の弧に対する円周角は直角である。

$\left(\begin{array}{l}\text{線分 AB を直径とする円の周上} \\ \text{に A，B と異なる点 P をとれば，} \\ \angle\text{APB} = 90° \text{である。}\end{array}\right)$

※逆に「円周角である ∠APB＝90°ならば，
線分 AB は直径になる」ともいえる。

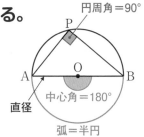

円周角＝90°

中心角＝180°

直径

弧＝半円

(1)を考えましょう。
線分 AB が直径で，
$\overset{\frown}{AD}$ は半円の弧
ですから，

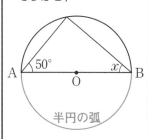

半円の弧

これに対する円周角は
直角（90°）になります。

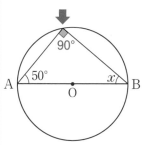

三角形の内角の和は
180°ですから，

$\angle x = 180° - (50° + 90°)$
$= 180° - 140°$
$= 40°$

$\angle x = 40°$ 答

とわかります。

---

(2)を考えましょう。
まず，半円の弧に対す
る円周角は直角（90°）
になります。

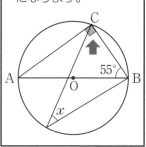

$\overset{\frown}{BC}$ に注目すると，
$\angle x$ は**円周角**です。

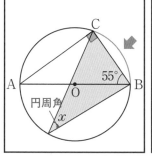

円周角

また，見方を変えると，
$\angle$CAB も，同じ $\overset{\frown}{BC}$ の
円周角ですよね。

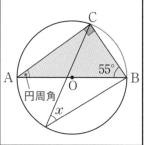

円周角

1つの弧に対する円周角の大きさは**一定**なので，
$\angle$CAB $= \angle x$
となります。

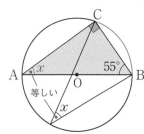

等しい

三角形の内角の和は
180°ですから，

$\angle x = 180° - (55° + 90°)$
$= 180° - 145°$
$= 35°$

$\angle x = 35°$ 答

とわかります。

このように，様々な
角度から，弧と円周角
の対応を考えられる
ようになりましょうね。

ニャるほど…

三角形の内角・外角の性質
もよく使うニョね…

右の図で，$\overset{\frown}{AB} = \overset{\frown}{CD}$ であるとき，
$\angle x$ の大きさを求めなさい。

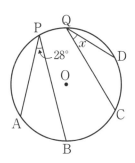

1つの円で，**中心角の等しいおうぎ
形の弧の長さや面積は等しい。**

（おうぎ形の弧の長さと面積は**中心角に比例する**）

この性質は中1で学びました。

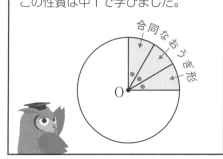

これは逆に，
等しい弧に対する中心角は等しい

（弧の長さが等しければ，中心角も等しい）

ともいえるんです。

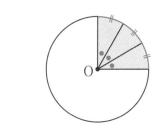

この性質を利用するために，
点Oと4点 A，B，C，D を
それぞれ結びます。

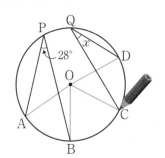

$\overset{\frown}{AB} = \overset{\frown}{CD}$ より，
等しい弧に対する中心角は等しいので，

$$\angle AOB = \angle COD$$

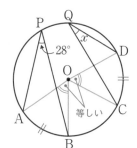

円周角の定理より,

$$\angle APB = \frac{1}{2} \angle AOB$$

等しい

$$\angle CQD = \frac{1}{2} \angle COD$$

したがって,

$$\angle APB = \angle CQD$$

$\angle APB = 28°$ なので,

$$\angle x = 28° \quad 答$$

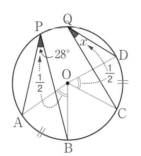

これで, 弧の長さが等しければ円周角も等しくなることが確認できましたね。ここから, 次のことがいえます。

また定理ニャ…?

---

1 つの円において,

❶ **等しい円周角に対する弧は等しい。**

❷ **等しい弧に対する円周角は等しい。**

※等しい弧に対する弦も等しい。

この定理によると, 例えば, 1 つの円で弧の長さが 2 : 3 の場合, 円周角の大きさも 2 : 3 になる (比例関係にある)んですね。覚えておきましょう。

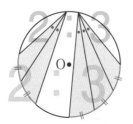

さあ, これで円周角に関する定理はすべてマスターできました。
ただ, これは基礎の基礎。
この定理を応用して, 様々な問題を解けるよう, 練習しましょうね。

ニャ〜い　　　やるワン!

END

問 1 （三平方の定理①）

右の図の三角形 ABC は，
∠C＝90°の直角三角形である。
BC＝a，CA＝b，AB＝c とするとき，

$$a^2 + b^2 = c^2$$

の関係が成り立つことを証明しなさい。

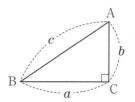

はい，今回の授業では
数学史上最も有名な定理の1つ，
「三平方の定理」を
マスターしましょう！

三平（さんぺい）の方（ほう）？

「さんへいほうの
ていり」です。

三平ってだれニャ…？

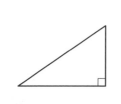

1つの直角三角形が
あるとします。

※直角三角形であれば，
どんな形でもよい。

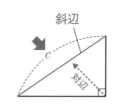

直角の対辺である
斜辺の長さを c として，

斜辺
対辺

他の2辺の長さを
a，b とします。

c
b
a

このとき，なんと不思議なことに，
a^2とb^2の和が，
c^2と等しくなるんです！

$$a^2 + b^2 = c^2$$

これを「三平方の定理」というんです。
ピタゴラス*さんが発見したので，
「ピタゴラスの定理」ともいいます。

*紀元前6世紀に活躍したギリシアの数学者・哲学者。
【参考】平方…2つの同じ数をかけ合わせること。2乗。

三平方の定理

POINT

三平方の定理
（ピタゴラスの定理）

〔定理〕

直角三角形の
直角をはさむ2辺の長さをa，b，
斜辺の長さをcとすると，
次の関係が成り立つ。

$$a^2 + b^2 = c^2$$

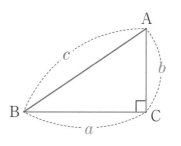

ピタゴラスさんは，
次のような模様を見て，
「面積」の関係から
この定理を発見したと
いわれています。

面積の関係？

正方形や，それを半分
にした直角二等辺三角
形が並んでるなあ…

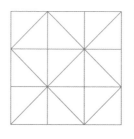

中央に**直角二等辺三角
形**があるなあ…

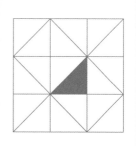

その右側に**正方形**が
あって,

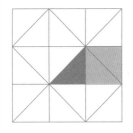

下にも**正方形**が
あるなあ。

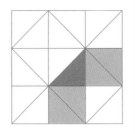

…あれ？
斜辺にも**正方形**が
見えるぞ…？

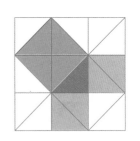

右の**正方形**と
下の**正方形**の面積を
それぞれ2とすると,

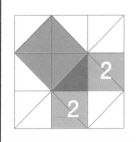

ここの正方形の面積は
8だから,

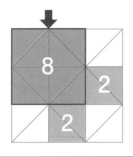

8から4（＝1×4）を
ひいて,

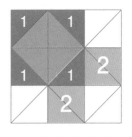

斜辺の**正方形**の面積は
4になるではないか！

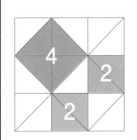

つまり,
$$a^2 + b^2 = c^2$$
という関係が成り立つ
のではないか？

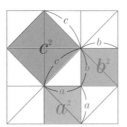

このような感じで,
ピタゴラスの定理が
発見されたわけです。

ニャるほど…
天才は見方や考え方が
ふつうじゃないニョね…

◆の四隅に合同な◣が
4つできるというのが
ポイントです。

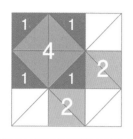

ちなみに，この定理は，a と b の長さが異なる直角
三角形にもあてはまります。

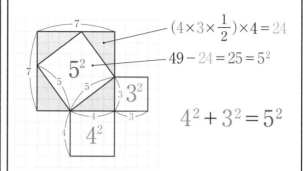

$$(4 \times 3 \times \frac{1}{2}) \times 4 = 24$$

$$49 - 24 = 25 = 5^2$$

$$4^2 + 3^2 = 5^2$$

はい，これをふまえて，
問 1 を考えましょう。

$$a^2 + b^2 = c^2$$

の関係が成り立つことを
証明しなさいという問題ですね。

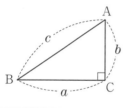

ピタゴラスが
すでに証明してるん
じゃないニョ？

ピタゴラスを
疑ってるワン？

…いや，自分でも証明できるようにして
おくと，より理解が深まりますからね。

三平方の定理の証明は
数百とおりもの
方法があるのですが，
その中でも
最も基本的なやり方で
証明してみましょう。

数百も
あるニャ…？

まず，△ABC と合同な三角形をつくり，
時計回りに 90°回転させて，△ABC とつなげます。

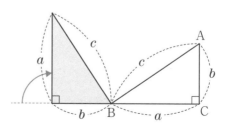

このとき，
三角形の内角と外角の性質より，
ここ（↓）は直角（90°）になります。

●＋○＝90°
180°−（●＋○）＝90°

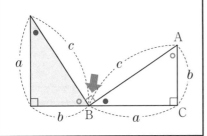

同様に，△ABC と合同な三角形 3 つを，
1 辺が c の正方形のまわりにかくと，
正方形 EFCD ができます。

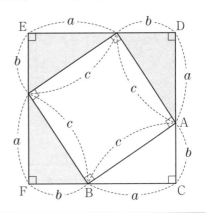

1 辺が c の正方形の面積は，

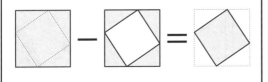

で求められますよね。

この面積の関係を利用して，
直角三角形の 3 辺の長さの
関係を証明しましょう。

証明

右の図のように，
1 辺が c の正方形の面積は
正方形 EFCD − △ABC × 4
であるから，

$$c^2 = (a+b)^2 - \frac{1}{2}ab \times 4$$
$$= (a^2 + 2ab + b^2) - 2ab$$
$$= a^2 + b^2$$

したがって　$c^2 = a^2 + b^2$　**答**

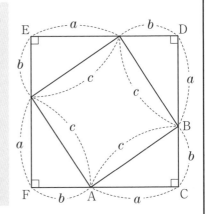

ちなみに,
最もシンプルで美しい
証明の仕方は,「相似」
を使うことです。

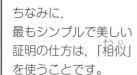

そうじ?
「美しい」って何ニャ?

「そうじ」をすれば
美しくなるワン!

やかましいニャ!
いちいち出てくるニャ!!

問1にもどりましょう。
∠C＝90°の直角三角形
があります。

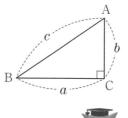

点Cから,辺ABに垂線をひき,
その交点をDとしましょう。

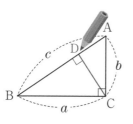

三角形は,2組の角がそれぞれ等しけ
れば,「相似」になりますよね。(☞P.388)
これを利用して,証明をします。

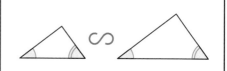

△ABCと△CBD
において,直角なので,
∠ACB＝∠CDB＝90°

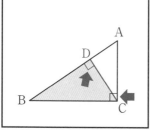

∠B（●）は共通なので,
∠ABC＝∠CBD

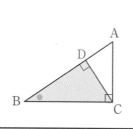

2組の角がそれぞれ
等しいので,
△ABC ∽ △CBD

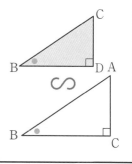

また，△ABCと△ACD
において，直角なので，
∠ACB＝∠ADC＝90°

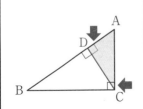

∠A（○）は共通なので，
　　∠BAC＝∠CAD

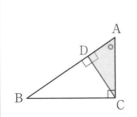

2組の角がそれぞれ
等しいので，
　　△ABC ∽ △ACD

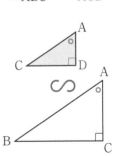

したがって，
この3つの三角形は
すべて相似になります。
斜辺の長さを比べると，
相似比は $a:b:c$ です。

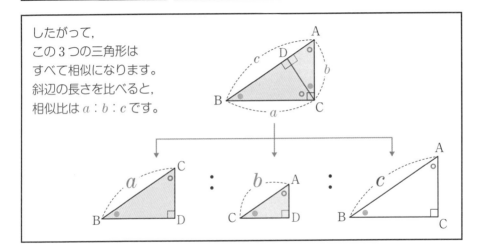

相似な図形の面積比は，
相似比の2乗に等しい※ので，

$$a^2:b^2:c^2$$

（△CBD の面積）＋（△ACD の面積）
＝（△ABC の面積）であるから，

$$a^2+b^2=c^2$$

※相似比が $m:n$ ならば，面積比は $m^2:n^2$ である。

どうですか？　きれいな1本の筋道
でつらぬかれた，全く無駄のない
簡潔な証明になっていますよね？
こういう証明の仕方もあるんです。

確かに，こっちの方が
シンプルだニャ…

問2 （三平方の定理②）

下の図の直角三角形で，x の値をそれぞれ求めなさい。

(1)

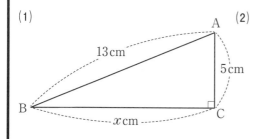

(2)

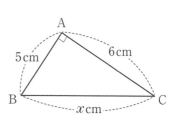

(1)を考えましょう。
各辺の長さを
三平方の定理にあてはめると，

$$5^2 + x^2 = 13^2$$

$$x^2 = 169 - 25$$

$$x^2 = 144$$

$x > 0$ より，　$x = 12$ 答

(2)を考えましょう。
斜辺が x cm であることに注意しつつ，
三平方の定理にあてはめると，

$$5^2 + 6^2 = x^2$$

$$x^2 = 25 + 36$$

$$x^2 = 61$$

$x > 0$ より，　$x = \sqrt{61}$ 答

ふぁ…!?
めっちゃカンタンに
解けたニャ…!!!?

これが三平方の定理
の威力です。

直角三角形がどんな形
になっていようと，
直角の**対辺**が斜辺に
なりますから，
そこだけまちがえない
ように注意しましょう。

ちなみに，
三平方の定理も「**逆**」
が成り立つんですよ。

三平方の定理の「逆」?

スラゴタピの定理
のことだワン？

スラゴタピの定理

$a^2+b^2=c^2$

⁉️

「ピタゴラス」を
「逆」にしただけニャ！

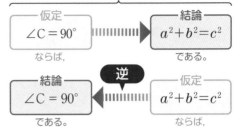

ある定理の**仮定**と**結論**を入れかえたものを，
その定理の「**逆**」といいますよね。

三平方の定理

┌─仮定─┐
∠C = 90°
ならば，

┌─結論─┐
$a^2+b^2=c^2$
である。

逆

┌─結論─┐
∠C = 90°
である。

┌─仮定─┐
$a^2+b^2=c^2$
ならば，

つまり，ある三角形で
$$a^2+b^2=c^2$$
ということがわかれば，

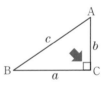

その三角形は

$$∠C = 90°$$

の**直角三角形である**
といえるわけです。

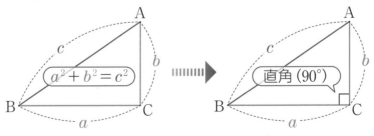

POINT ❗

三平方の定理の逆

定理

三角形の3辺の長さ a，b，c の間に $a^2+b^2=c^2$ という関係が
成り立てば，その三角形は，長さ c の辺を斜辺とする直角三
角形である。

$a^2+b^2=c^2$ ⟹ 直角 (90°)

438

問3 （三平方の定理の逆）

次の長さを3辺とする三角形について，直角三角形かどうかを答えよ。

(1) 9cm，15cm，12cm

(2) 6cm，3cm，5cm

(1)を考えましょう。
一番長い「15cm」が斜辺なので，下図のような三角形を想定します。

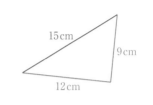

この三角形に
$$a^2 + b^2 = c^2$$
の関係が成り立つかを考えると，

$$\underbrace{144 + 81 = 225}\ \underbrace{225}$$
$$12^2 + 9^2 = 15^2$$

となり，成り立ちます。
したがって，
「直角三角形」です。答

(2)を考えましょう。
一番長い「6cm」が斜辺なので，下図のような三角形を想定します。

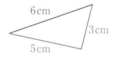

この三角形に
$$a^2 + b^2 = c^2$$
の関係は，

$$\underbrace{25 + 9 = 34}\ \underbrace{36}$$
$$5^2 + 3^2 \neq 6^2$$

成り立ちません。
したがって，
直角三角形ではありません。答

三平方の定理やその「逆」は，様々な場面で使えるので，今後も様々な単元に出てきます。証明の方法までふくめて，完璧に覚えておきましょう。

END

三平方の定理の利用

（三平方の定理の利用①）

右の図の二等辺三角形 ABC について，
高さ AH と面積を求めなさい。

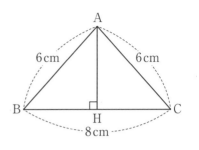

…ふぁ？　高さが
かいてないニャ…!?

どうやるニャ？

「三平方の定理」は，様々
な場面で利用できるんで
すよ。今回はその練習を
していきましょう！

まずは，中 2 で学んだ「二等辺三角形の性質」
を思い出してください。

❗ 二等辺三角形の性質
　❶ 二等辺三角形の底角は等しい。
　❷ 二等辺三角形の頂角の二等分線は，
　　 底辺を垂直に 2 等分する。

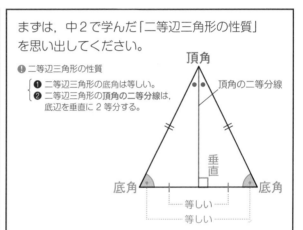

これをふまえて**問 1** を考えましょう。
頂点 A から底辺 BC にひいた垂線は，
底辺を二等分します。

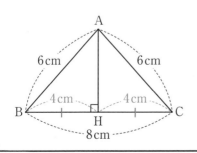

△ABH が**直角三角形**なので，
三平方の定理が使えますね。

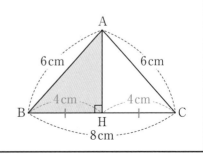

AH を $h\,\mathrm{cm}$ とおいて,
$$a^2 + b^2 = c^2$$
にあてはめましょう。

$$4^2 + h^2 = 6^2$$

$$h^2 = 36 - 16$$

$$h^2 = 20$$

$$h = 2\sqrt{5}$$

$(h > 0$ より$)$

AH $= 2\sqrt{5}$ cm 答

このように,
直角三角形で考えると,
三平方の定理が利用で
きるわけです。

ニャるほど…!
二等辺三角形の性質を
忘れてたニャ…

高さがわかれば,
面積も求められますね。

❶三角形の面積：底辺×高さ×$\dfrac{1}{2}$

$$8 \times 2\sqrt{5} \times \dfrac{1}{2}$$

$$= 8\sqrt{5}$$

面積 $8\sqrt{5}$ cm^2 答

では次に, 私たちが
ふだんよく使っている
2つの三角定規を
出してください。

この形は, 正方形や正三角形を半分に切った形の
特別な直角三角形なんですね。
この3辺の比と角の大きさを
完璧に暗記しましょう。

POINT
特別な直角三角形の3辺の比

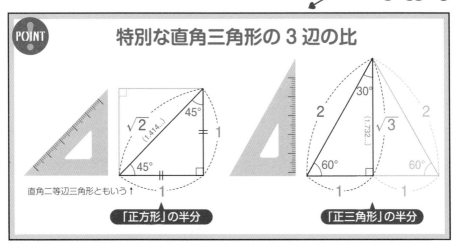

直角二等辺三角形ともいう↑

「正方形」の半分

「正三角形」の半分

次の(1), (2)の図について，x, y の値をそれぞれ求めなさい。

(1)

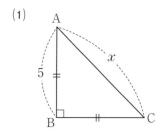

(2)

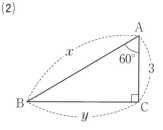

さっき覚えた
三角定規の形だワン！

そう，「特別な直角三角形」の3辺の比は暗記しましたよね？

(1)は，「直角二等辺三角形」ですから，3つの角が「45°，45°，90°」である特別な直角三角形ですよね。よって，3辺の比は 1：1：$\sqrt{2}$ になります。

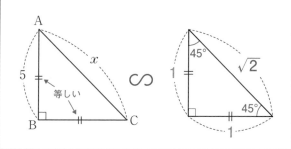

AB を1とすると，AC は $\sqrt{2}$ であるということですから，

$$AB：AC = 1：\sqrt{2}$$

という比例式※が立てられます。

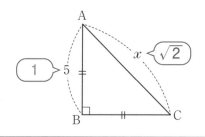

AB＝5，AC＝x なので，

$$5：x = 1：\sqrt{2}$$

$$x = 5\sqrt{2}$$ 答

※比例式…$a：b＝c：d$ のように，比が等しいことを表す式。

(2)は，3つの角が「30°，60°，90°」である特別な直角三角形ですね。
よって，3辺の比は 1：2：$\sqrt{3}$ になります。

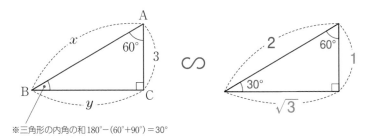

※三角形の内角の和 180°−(60°+90°)＝30°

AB：AC＝**2**：**1**

だから，

$$x：3＝2：1$$

$$x＝6 \quad \text{答}$$

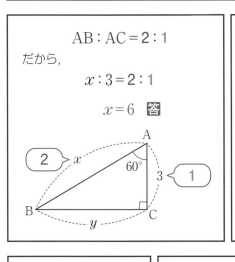

AC：BC＝**1**：$\sqrt{3}$

だから，

$$3：y＝1：\sqrt{3}$$

$$y＝3\sqrt{3} \quad \text{答}$$

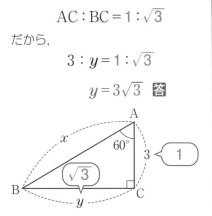

このように，特別な
直角三角形の辺の比
を覚えておくと，
簡単に解けますよね。

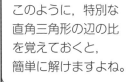

逆に，覚えてないと解け
ない問題もあるニャ…

特に $\sqrt{2}$ と $\sqrt{3}$ のところがまぎらわしいですね。
$\sqrt{2}$ は正方形の対角線（直角二等辺三角形の斜辺），
$\sqrt{3}$ は正三角形の高さです。覚えておきましょう。

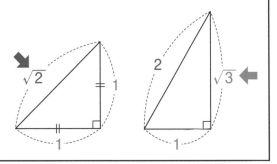

問3 （三平方の定理の利用③）

右の図のように，半径 8cm の円 O で，中心からの距離が 4cm である弦 AB がある。円の中心 O から AB に垂線をひき，AB との交点を H とする。このとき，線分 AH の長さと弦 AB の長さを求めなさい。

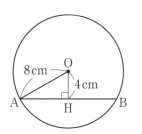

中1で，「弦の**垂直二等分線**は，円の**中心**を通る」という円の性質を学びましたよね。

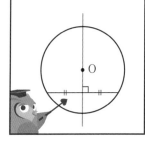

これは逆に考えると，「**円の中心から弦にひいた垂線は，弦を二等分する垂直二等分線になる**」ということでもあるんですよ。この性質を利用します。

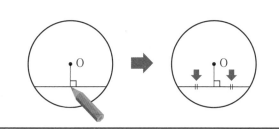

△OAH は直角三角形なので，AH ＝ $x$cm とすると，三平方の定理が使えますね。

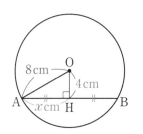

三平方の定理より，

$$OA^2 = AH^2 + OH^2$$
$$8^2 = x^2 + 4^2$$
$$x^2 = 64 - 16$$
$$x = \sqrt{48} \quad (x > 0 \text{ より})$$
$$x = 4\sqrt{3}$$

弦 AB は AH の 2 倍の長さなので，

$$AB = 4\sqrt{3} \times 2 = 8\sqrt{3}$$

$$AH = 4\sqrt{3}\text{cm}, \quad AB = 8\sqrt{3}\text{cm} \quad \boxed{答}$$

問4 （三平方の定理の利用④）

底面が 1 辺 8cm の正方形で，ほかの辺が 9cm の正四角錐がある。底面の正方形の対角線の交点を H とするとき，次の数量をそれぞれ求めなさい。

(1) 線分 AH の長さ
(2) 正四角錐の高さ
(3) 正四角錐の体積

…これは，ニャんか自分で解けそうだニャ

ホ…！ スゴイ！
成長しましたね！
では，自分で解いて
みてください。

…まず，△ABH を真上から見て考えると，

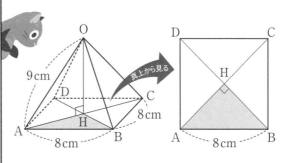

真上から見る

例の「特別な二等辺三角形（直角二等辺三角形）」であることがわかるニャ。

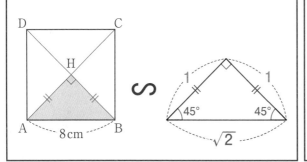

$AH : 8 = 1 : \sqrt{2}$
ということとニャので，
$$AH \times \sqrt{2} = 8$$
$$AH = \frac{8}{\sqrt{2}}$$
$$= \frac{\sqrt{64}}{\sqrt{2}}$$
$$= \frac{4\sqrt{2^2}}{\sqrt{2}}$$
$$= 4\sqrt{2}$$

線分 AH の長さがわかるニャ!

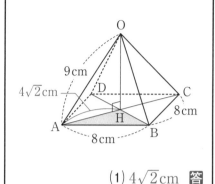

(1) $4\sqrt{2}$ cm 答

別解

直角三角形 ABC で三平方の定理を使い,

$$AC^2 = 8^2 + 8^2 = 128$$
$$AC = \sqrt{128} = 8\sqrt{2}$$

$$AH = AC \times \frac{1}{2}$$
$$= \frac{8\sqrt{2}}{2}$$
$$= 4\sqrt{2} \text{ 答}$$

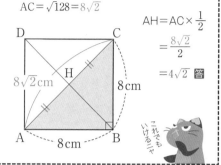

これでもいけるニャ

次に，正四角錐の高さは線分 OH の長さだから，△OAH を考えるニャ!
これは直角三角形だから，三平方の定理が使えるニャ!

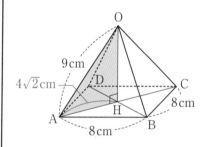

△OAH で，三平方の定理より，

$$OA^2 = AH^2 + OH^2$$

これに数値を代入すると，

$$9^2 = (4\sqrt{2})^2 + OH^2$$
$$81 = 32 + OH^2$$
$$OH^2 = 49$$

OH＞0 より，

$$OH = 7$$

だニャ!! (2) 7 cm 答

…スゴイ!
完璧な説明ですよ…!

フフフ…! 簡単ニャ!
最後は「錐体の体積」を求めればいいニャ…?

錐体の体積 (V) は，
底面積 (S) × 高さ (h) × $\frac{1}{3}$
で求めるニャ!

中1でやったニャ

$$V = \frac{1}{3} S h$$

(体積) (底面積 × 高さ)

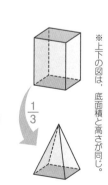

※上下の図は，底面積と高さが同じ。

$\frac{1}{3}$

底面積は，8cm 四方の正方形なので，

$$8 \times 8 = 64 \ (\text{cm}^2)$$

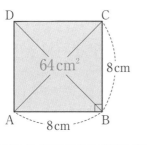

正四角錐の高さは，
(2)より，7cm だニャ！

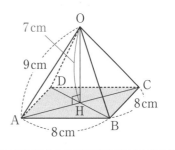

したがって，体積は，

$$\frac{1}{3} \times 64 \times 7 = \frac{448}{3}$$

となるニャー!!!

(3) $\dfrac{448}{3}$ cm³ 答

スゴイ！ 完璧！
満点です！

ついに覚醒したニャ！
すべてのナゾは
簡単に解けるニャ〜!!!

なんで
$\dfrac{1}{3}$
をかけるワン？

…ふぁ…!?
…知らんがニャ！

その証明には高校数学の「積分」を
使う必要があって難しいので，
今は知らなくて大丈夫ですよ。

三平方の定理は，直角三角形が関係
する問題だと必ずといっていいほど
使われる定理です。ちゃんと使いこ
なせれば大きな得点源にもなります
から，しっかりものにしましょう！

END

ピタゴラス数

　本文中でも触れましたが三平方の定理の証明は数百通りもあります。自然数の比で三平方の定理が成り立つものを「ピタゴラス数」といいます。組み合わせは無数にありますが，よく出題される「$3:4:5$」，「$5:12:13$」くらいは覚えておきましょう。

　$1 = 1^2$，$1 + 3 = 2^2$，$1 + 3 + 5 = 3^2$，$1 + 3 + 5 + 7 = 4^2$，$1 + 3 + 5 + 7 + 9 = 5^2$，…と奇数を順番に加えた数字は平方数になりますが，このことよりピタゴラス数を見つけることができます。

$$\boxed{1 + 3 + 5 + 7} + \boxed{9} = 5^2 \qquad\qquad \boxed{1 + 3 + 5 + \cdots + 21 + 23} + \boxed{25} = 13^2$$

$$\boxed{4^2} + \boxed{3^2} = 5^2 \qquad\qquad\qquad\qquad\qquad \boxed{12^2} + \boxed{5^2} = 13^2$$

$$\text{より } 3:4:5 \qquad\qquad\qquad\qquad\qquad\qquad \text{より } 5:12:13$$

$$\boxed{1 + 3 + 5 + 7 + \cdots + (2n - 3)} + \boxed{(2n - 1)} = n^2$$

$2n - 1 = (2p + 1)^2$ とすると $n = 2p^2 + 2p + 1$ なので，

$$\boxed{(2p^2 + 2p)^2} + \boxed{(2p + 1)^2} = (2p^2 + 2p + 1)^2$$

$$\text{より } 2p + 1 : 2p^2 + 2p : 2p^2 + 2p + 1$$

　辺の比から角度を求めたり，角度から辺の比を求める問題では単純に $1:1:\sqrt{2}$ ，$1:2:\sqrt{3}$ となっているばかりではなく，整数倍となっている場合があるので注意が必要です。整数倍だけではありません。例えば，$\sqrt{3}:2\sqrt{3}:3$ は，$\sqrt{3}$ でわると $1:2:\sqrt{3}$ となります。

　「$\angle C = 90°$ のとき，$a^2 + b^2 = c^2$」のように，三平方の定理は直角三角形のみに成立する定理ですが，高校ではこの定理を拡張して，直角三角形以外にも成り立つ第二余弦定理「$\angle C = \gamma$ のとき，$a^2 + b^2 - 2ab \cos \gamma = c^2$」を学びます。細かい説明は省略しますが，第二余弦定理で $\gamma = 90°$ のとき $\cos 90° = 0$ なので，$a^2 + b^2 = c^2$ となり，三平方の定理の形が現れます。

（文：沖田一希）

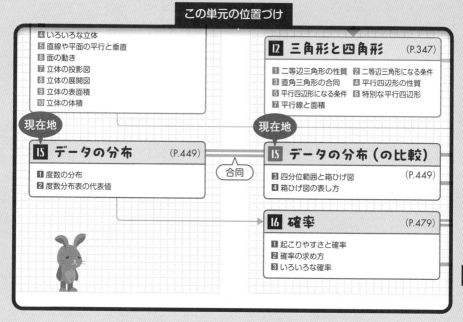

データの分布

この単元の位置づけ

　この「データの分布」では，目的に合わせて
データを整理・比較し，その傾向や特徴を読み
取って活用する術（すべ）を学びます。階級値，度数，ヒ
ストグラム，中央値（メジアン）など，ふだん使
わない用語がたくさん出てきますが，実は簡単な
ことを難しそうに表しているだけ。意味をきちん
と理解しておけば日常生活でも非常に活きる分野
ですから，しっかりおさえておきましょう。

Ⅰ 度数の分布

さあ、今度は、多くの「データ（資料）」を集めて、それを**整理**し、その傾向や特徴をつかんで**活用**する、という方法について勉強していきますよ。

※データ…物事の推論の基礎となる事実。または参考となる資料や情報のこと。

データ？

男女が約束をして会うことかワン？

それは**デート**！

例えば、クラスの男子20人全員で、柔道の大会をやるときを考えてみましょうか。

「体重別」に組み合わせを考えたいので、全員に自分の体重（kg）を紙に書いて提出してもらいました。
これが「データ」になります。

56	41	47	50
49	63	56	53
44	58	64	51
53	55	46	59
54	52	54	45

データ

次に、体重を5kgごとの区間で、グループ分けをしましょう。

※「1kgごと」の区間では、細かすぎて「グループ」ができません。目的に合わせて、なるべくきりのいい値で均等に区間を設定します。

| 体重（kg） |
| 以上　　未満 |
| 40〜45 |
| 45〜50 |
| 50〜55 |
| 55〜60 |
| 60〜65 |

このように整理した1つ1つの区間を階級といいます。

| 体重（kg） |
| 以上　　未満 |
| → 40〜45 |
| → 45〜50 |
| → 50〜55 |
| → 55〜60 |
| → 60〜65 |

階級

また、**階級の数値の範囲を階級の幅**といい、

階級の幅

40　　　　　45

※「5kgごと」の区間なので階級の幅は5kg。

階級の真ん中の値を階級値といいます。

階級の幅

40　　42.5　　45

↑── 階級値

さて，階級が決まったら，データを
それぞれの階級に振り分けていきます。

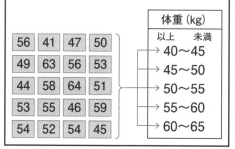

体重 (kg)
以上　　未満
→ 40〜45
→ 45〜50
→ 50〜55
→ 55〜60
→ 60〜65

例えば，「40〜45」の階級に
あてはまる人は2人なので，

体重 (kg)
以上　　未満
40〜45
45〜50
50〜55
55〜60
60〜65

「40〜45」の階級の右側
に2（人）と記入します。

体重 (kg)	度数（人）
以上　　未満	
40〜45	2
45〜50	
50〜55	
55〜60	
60〜65	

同じように，それぞれの階級にあてはまる人数を
右側にかき，下の欄に合計をかきましょう。
※振り分けがわかりやすいように色分けしています。

体重 (kg)	度数（人）
以上　　未満	
40〜45	2
45〜50	4
50〜55	7
55〜60	5
60〜65	2
合計	20

このように，各階級に入る**データの個数**
をその階級の**度数**といいます。
そして，階級ごとの度数を整理した表を
度数分布表といいます。
まずはこういった用語をしっかりおさえ
ましょう。

度数分布表

体重 (kg)	度数（人）
以上　　未満	
40〜45	2 ←
45〜50	4 ←
50〜55	7 ←──度数
55〜60	5 ←
60〜65	2 ←
合計	20

度数の分布を
示した表ね…

問1 （度数の分布）

あるスポーツクラブAに所属する20人の小，中，高生の年齢を調べると，右の表のようになりました。これについて，次の問いに答えなさい。

所属する小，中，高生の年齢（単位：歳）

10,	15,	12,	8,	13,	12,	16,
17,	14,	11,	16,	12,	14,	17,
13,	9,	15,	12,	10,	16	

(1) 右の度数分布表を完成させなさい。

(2) 最も度数が多い階級の階級値を答えなさい。

(3) この表の分布の範囲を求めなさい。

年齢の度数分布表

年齢（歳）	度数（人）
以上　　未満	
6 〜 8	
8 〜 10	
10 〜 12	
12 〜 14	
14 〜 16	
16 〜 18	
合計	

では，度数分布表の問題をやってみましょう。まず，(1)を考えます。「度数」の列が空欄なので，ここをうめれば完成しますね。

データを各階級に振り分けましょう。階級別に ＼ □ ○ △ × などの印を入れながら数えると，正確に数えられますよ。

6歳以上8歳未満の階級にあてはまる人はいないので，度数は0です。その他の階級にも，数えた度数をかき，合計も出しましょう。

年齢の度数分布表

年齢（歳）	度数（人）
以上　　未満	
6 〜 8	0
＼ 8 〜 10	2
□ 10 〜 12	3
○ 12 〜 14	6
△ 14 〜 16	4
× 16 〜 18	5
合計	20

答

(2)を考えましょう。
度数分布表で
「最も度数の多い階級」は,
度数が6の「12 〜 14」ですね。

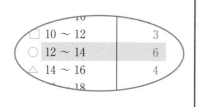

10 〜 12	3
12 〜 14	6
14 〜 16	4

「階級値」というのは,
その階級の真ん中の値です。
「12 〜 14」の階級の真ん中の値は,

$$\frac{12 + 14}{2} = 13$$

階級

⑫—⑬—⑭
↑
階級値

ということで,階級値は,

13（歳）**答**

(3)を考えましょう。
「分布の範囲」というのは,
データが分布している
範囲のことです。

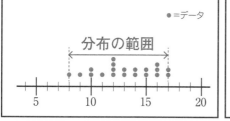

●=データ

データの最大値から最小値をひくと,
「分布の範囲」が求められます。

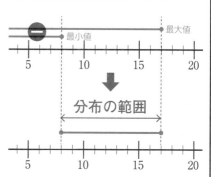

最小値　　　　　　　最大値

分布の範囲

このデータでは,
最大の値は17で,
最小の値は8なので,
$$17 - 8 = 9$$
したがって,分布の範囲は,

9（歳）**答**

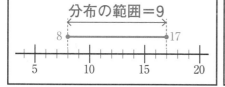

分布の範囲＝9

さて,度数分布表の見方やつくり方
がわかりましたね。
今度はこの表の「分布の様子」が
一目でわかりやすくなるよう,
ヒストグラムをつくってみましょう。

ヒストグラム？

「ヒストグラム」というのは**柱状グラフ**
（長方形の柱を並べたグラフ）のことです。
横軸で**階級の幅**を，縦軸で**度数**を表します。

↑
度数

階級→

柱状グラフ？
……ふぁ!?
どういうことニャ!?

ことばだけだと
わかりづらいですよね。
では実際に，**問1**の度数分布
表をつくってみましょう。

まず，階級の幅
（年齢）を横軸に
連続して並べます。
横軸の右端には，
それらが何の数値
なのかわかるよう
に，単位（歳）を
かきます。

年齢の度数分布表

年齢（歳）	度数（人）
以上　未満	
6 ～ 8	0
8 ～ 10	2
10 ～ 12	3
12 ～ 14	6
14 ～ 16	4
16 ～ 18	5
合計	20

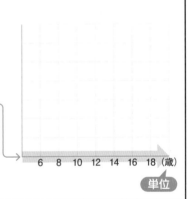

6　8　10　12　14　16　18　(歳)

単位

次に，度数を縦軸
にかきます。
下から上に数値が
上がっていくよう
にしますよ。
一番上には単位
（人）をかきます。

年齢の度数分布表

単位

年齢（歳）	度数（人）
以上　未満	
6 ～ 8	0
8 ～ 10	2
10 ～ 12	3
12 ～ 14	6
14 ～ 16	4
16 ～ 18	5
合計	20

（人）

6
5
4
3
2
1
0

6　8　10　12　14　16　18　(歳)

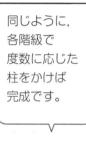

「6〜8」の階級は 0 人なのでかきません。「8〜10」の階級は 2 人なので，横軸の 8〜10 の間に度数 2 の柱 (長方形) をかきます。

年齢の度数分布表

年齢（歳）	度数（人）
以上　未満	
6 〜 8	0
8 〜 10	2
10 〜 12	3
12 〜 14	6
14 〜 16	4
16 〜 18	5
合計	20

同じように，各階級で度数に応じた柱をかけば完成です。

年齢の度数分布表

年齢（歳）	度数（人）
以上　未満	
6 〜 8	0
8 〜 10	2
10 〜 12	3
12 〜 14	6
14 〜 16	4
16 〜 18	5
合計	20

年齢の度数分布表

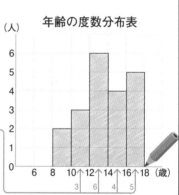

棒グラフとちがい，ヒストグラムは**底辺**が連続した**階級の幅**を表しているので，**柱と柱の間はあけないように注意***しましょう。

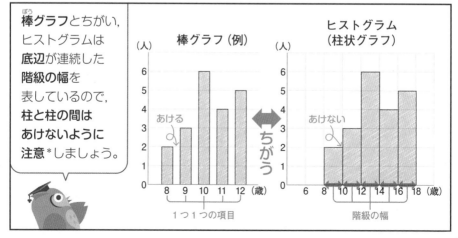

15

データの分布　1　度数の分布

*1 つ 1 つの項目の数値の大きさを示す「棒グラフ」は間をあけるが，ヒストグラムは間をあけないので注意！

455

なお，各長方形の「**上の辺の中点**」を**線分**で結んでできる折れ線グラフのこと
を**度数折れ線 (度数分布多角形)** といいます。

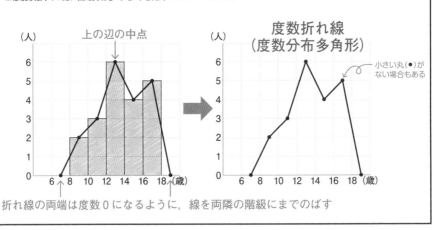

折れ線の両端は度数 0 になるように，線を両隣の階級にまでのばす

度数折れ線を使うと，**分布の
特徴**が簡潔でわかりやすく，
また**複数のデータを比べられ
る**という点で便利なんですよ。
ヒストグラムと度数折れ線の
つくり方は，しっかり覚えて
おきましょうね！

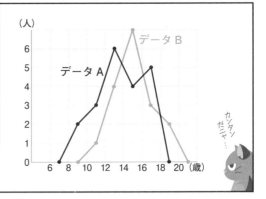

問2 (相対度数)

問1で求めた右の度数分布表
から，相対度数を求め，右の
表を完成させなさい。

年齢 (歳)		度数 (人)	相対度数
以上	未満		
6 ～	8	0	
8 ～	10	2	
10 ～	12	3	
12 ～	14	6	
14 ～	16	4	
16 ～	18	5	
合計		20	

「相対度数」？
どういう
意味かニャ？

学校が終わる前に
早く帰った回数の
ことだワン

…えーと，「早退」の度数
ではないですからね…

それぞれの階級の度数の，全体に対する割合のこと。各階級が全体に対してどのくらいの割合を占めているのかを（小数で）示したもので，データの散らばり具合などをつかむことができる。相対度数の合計は 1（100%）になる。

$$相対度数 = \frac{その階級の度数}{度数の合計}$$

例 相対度数 = 0.1 → 全体の 10%
　 相対度数 = 0.5 → 全体の 50%

これをふまえて，**問2**を考えましょう。「度数の合計」は 20 で，「6〜8」の階級の度数は 0 なので，相対度数は，

$$\frac{0}{20} = 0$$

となります。

年齢（歳）	度数（人）	相対度数
以上　　未満		
6 〜 8	0	0.00
8 〜 10	2	

「8〜10」の階級の度数は 2 なので，相対度数は，

$$\frac{2}{20} = 0.1$$

となります。
これは，この階級が全体の 1 割（10%）を占めているということです。

年齢（歳）	度数（人）	相対度数
以上　　未満		
6 〜 8	0	0.00
8 〜 10	2	0.10

同じように，それぞれの階級の計算をしていき，右のように表を完成させます。

※0.00 や 0.10 などの 0 は，かかなくてもまちがいではありません。ただ，0.15 や 0.25 など，ほかに小数第二位の数がある場合は，けた数をそろえる（小数第二位が 0 の場合は 0 までかく）のが一般的です。

年齢（歳）	度数（人）	相対度数
以上　　未満		
6 〜 8	0	0.00
8 〜 10	2	0.10
10 〜 12	3	0.15
12 〜 14	6	0.30
14 〜 16	4	0.20
16 〜 18	5	0.25
合計	20	1.00

答

15
データの分布
1
度数の分布

問3 （相対度数とそのグラフ）

スポーツクラブ A に所属する小，中，高生の年齢を調べると
下の表のようになりました。これについて，次の問いに答えなさい。

年齢（歳）		度数（人）	相対度数	累積度数
以上	未満			
6 ～ 8		0	0.00	0
8 ～ 10		8	0.08	8
10 ～ 12		32	0.32	（ ⓐ ）
12 ～ 14		29	0.29	（ ⓑ ）
14 ～ 16		18	0.18	87
16 ～ 18		13	0.13	（ ⓒ ）
合計		100	1.00	－

(1) 上の表の空欄ⓐ〜ⓒに入る
　　数値をそれぞれ答えなさい。

(2) 右のグラフに，スポーツクラ
　　ブ A の相対度数折れ線のグ
　　ラフをかき入れなさい。

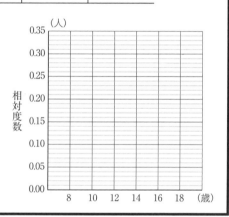

「累積度数」って何ニャ？

累積度数というのは，
**最初の階級から
ある階級までの度数を
全部加え合わせた値**
のことです。

例えば，「8〜10」の階級の累積度数は，
最初の階級（6〜8）の度数（0）と，
「8〜10」の階級の度数（8）を
加え合わせた値になります。

年齢（歳）		度数（人）	相対度数	累積度数
以上	未満			
6 ～ 8		0	0.00	0
8 ～ 10		8	0.08	8
10 ～ 12		32	0.32	（ ⓐ ）
12 ～ 14		29	0.29	（ ⓑ ）

(1)の@には，最初の階級（6〜8）から「10〜12」の
階級までの度数を全部加え合わせた値が入るので，

$$0 + 8 + 32 = 40 \quad \boxed{答}$$

年齢（歳）	度数（人）	相対度数	累積度数
以上　　未満			
6 〜 8	0	0.00	0
8 〜 10	8	0.08	8
10 〜 12	32	0.32	(40)
12 〜 14	29	0.29	(ⓑ)
14 〜 16	18	0.18	87

同じように考えて，
ⓑは，

$$40 + 29 = 69 \quad \boxed{答}$$

ⓒは，

$$87 + 13 = 100 \quad \boxed{答}$$

となります。

(2)を考えましょう。
縦軸が，「度数」ではなく「相対度数」
になっていますが，度数折れ線の
かき方は全く同じです。
折れ線は，両端が相対度数0になる
ように，両脇に延長しましょう。

※このグラフから，スポーツクラブAには，10〜14歳の
小・中学生が比較的多いということが一目でわかる。

$\boxed{答}$

このように，表は「グラフ」にする
ことで，非常に見やすくわかりや
すい（情報が伝わりやすい）ものに
なるんですね。

確かに，グラフだと，データの分布
の様子が一目でわかるニャ…

特に大学生や社会人になると，
表やグラフの作成・分析の機会が
格段に増えてきます。
この「データの活用」はその基礎の
基礎ですから，しっかりと着実に
身につけていきましょうね！

END

② 度数分布表の代表値

テニスクラブに所属する 20 人の学生の年齢を調べると，右の表のようになった。次の値を求めなさい。

(1) 平均値

(2) 中央値（メジアン）

(3) 最頻値（モード）

テニスクラブに所属する学生の年齢

10,	13,	12,	8,	14,
12,	16,	17,	14,	11,
18,	14,	14,	17,	13,
9,	15,	13,	10,	16,

突然質問ですが，自分の家から学校まで歩くと何分ですか？

…え？
…10 分かニャ？

9分とか11分のときもあるけど…

この前の体力測定で，50 m 走は，みんな何秒でしたか？

…えーと……
8秒くらいかニャ？

遅いヤツもいたけど…

ネコの体重はふつうどれくらいですか？

…うーん…
4 kg くらいかニャ〜

ピンキリだけど…

このように，たくさんの値（データ）がある中で，それらの代表として1つの値で表す場合がありますよね。このようなときに使う，**データ全体の特徴・傾向を表す1つの値**のことを「代表値」というんですよね。

小学6年で習ったはずですよ

代表値は，主に3種類あります。

基礎

代表値 ┬ 平均値 — データ全体の平均の値

├ 中央値（メジアン）— データを大きさの順に並べたときの中央の値

└ 最頻値（モード）— データの中で最も多く出てくる値

⑴の**平均値**とは，個々の「データの値の合計」を「データの総数」でわった値のことです。これが，代表値として最もよく使われる値なんですよ。

$$平均値 = \frac{データの値の合計}{データの総数}$$

平均の計算の仕方は，小学校で習いましたね。まず，「データの値の合計」を計算しましょう。

$10 + 13 + 12 + 8 + 14 +$
$12 + 16 + 17 + 14 + 11 +$
$18 + 14 + 14 + 17 + 13 +$
$9 + 15 + 13 + 10 + 16$
$= 266$

めんどーだニャ～

「データの総数」は20（人）なので，平均値は，

$$\frac{266}{20} = 13.3$$

となります。

13.3（歳） **答**

⑵の**中央値**とは，データを**大きさの順（小さい順）**に並べたときの「**中央の値**」のことです。
英語では median（中位数，中央値）というので，**メジアン**ともいいます。

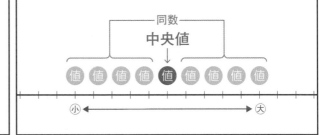

アジアン？

「メジアン」です。
アジアは関係ありません

例えば，5つの値を並べたとき，中央値は（小さい順で）3番目の値です。7つの値を並べたときは，中央値は4番目の値になります。

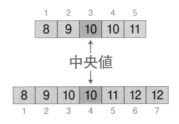

461

ただ，この問題のデータの総数は 20 (人) です。
このように，データの総数が「**偶数**」のときは，
中央の値が 2 つの値の間になってしまい，
一発で決まらないので，注意が必要です。

1	2	3	4	5	6	7	8	9	10	11	12	13	14	15	16	17	18	19	20
8	9	10	10	11	12	12	13	13	13	14	14	14	14	15	16	16	17	17	18

↑
中央

データの総数が偶数
の場合，中央にある
「**2 つの値の平均値**」
を中央値とします。

| 13 | 14 |

つまり，「**2 つの値**」を
たして 2 でわれば，
中央値が出るわけです。

$$\frac{(13+14)}{2} = 13.5$$

13.5 (歳) **答**

数直線で考えたとき
「**2 つの値**」のちょうど
中間が中央値である
ともいえます。

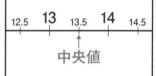

中央値

平均値とほぼ同じ値ニャ…
平均値と中央値は
何がどうちがうニャ？

平均値は，**極端な数値**の影響を
受けやすいので，そのまま信じる
のは少し危険なんですよ。

例えば，この前の 50 m 走で，
ワン太くんが途中で眠って
しまって，通常は 8.5 秒く
らいのところ，ゴールまで
45.5 秒かかったことがあり
ましたよね。

それはそれでスゴイのですが…

あったニャ…
完全にホラー
だったニャ…

その結果，通常なら
平均値は 8.3 秒なのに，
異常な値の影響を受けて，
なんと平均値が 15.7 秒に
なってしまったわけです。

「平均値」というのは，
こういう異常な値をふくむ
可能性もあるんですね。

▼通常

名前	時間（秒）
ネコ	8.0
ウサギ	7.4
ヒヨコ	9.4
イヌ	8.5
クマ	8.2
平均値	8.3

▼異常

名前	時間（秒）
ネコ	8.0
ウサギ	7.4
ヒヨコ	9.4
イヌ	45.5
クマ	8.2
平均値	15.7

一方，「中央値」は，値を大きさの順に並べるので，
こうした異常値の影響を受けにくいという利点が
あるんです。

※ただし，すべてのデータを考慮した
値にはならない（異常な値は無視され
る）という欠点もある。

名前	時間（秒）	
ウサギ	7.4	小
ネコ	8.0	
クマ	→8.2	
ヒヨコ	9.4	
イヌ	45.5	大

中央値

データに異常（極端）な
値がある場合は，
平均値よりも**中央値**を
使った方が，より実情
に近い値が出せるとい
うことですね。

そうやって使い分けるんです

ニャるほど……

---

(3)の**最頻値**とは，文字どおり
データの中で
最も多く出てくる値
のことです。
英語では mode（最頻値；流行）
というので，
モードともいいます。

ドーモ？　モード!!

小				
8			
9			
10	10		
11			
12	12		
13	13	13	
14	14	14	14	←最頻値
15			
16	16		
17	17		
18			

最頻値を求めるときも，
データを大きさの順に並
べ直しますが，同じ値ご
とにまとめながら並べる
とわかりやすくなります。

データの中で最も多く
出てくるのは，14 ですね。

14（歳）　答

463

問2 （度数分布表の代表値）

スイミングクラブに所属する 30 人の学生の年齢を調べて度数分布表にすると，右の表のようになった。次の値を求めなさい。

(1) 平均値

(2) 中央値（メジアン）

(3) 最頻値（モード）

年齢（歳）	度数（人）
以上　未満	
6 〜 8	2
8 〜 10	5
10 〜 12	8
12 〜 14	10
14 〜 16	4
16 〜 18	1
合計	30

さあ，最後に**度数分布表**から，それぞれの**代表値**を求める方法を学びましょう。

(1)の**平均値**は，

$$\frac{データの値の合計}{データの総数}$$

で求められますが，度数分布表から平均値を求める場合は，「データの値の合計」を出すのに，少し手間がかかります。

年齢（歳）	度数（人）
以上　未満	
6 〜 8	2
8 〜 10	5
10 〜 12	8
12 〜 14	10
14 〜 16	4
16 〜 18	1
合計	30

データの値の合計　　データの総数

まず，各階級の**階級値**を出します。

※階級値をかく場所はどこでもいいので，わかりやすいところにメモしましょう。

年齢（歳）	度数（人）	
以上　未満	階級値	
6 〜 8	7	2
8 〜 10	9	5
10 〜 12	11	8
12 〜 14	13	10
14 〜 16	15	4
16 〜 18	17	1
合計		30

あれ？ 「階級値」ってニャんだったニャ？

階級値
↓
8 　　　 9 　　　 10

←── 階級の幅 ──→

階級の真ん中の値が階級値です。

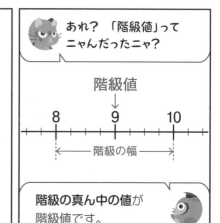

次に，各階級で，
$$7 \times 2 = 14$$
$$9 \times 5 = 45$$
のように，

（階級値）×（度数）

の値を求め，
それらの合計を出します。
この合計が
「データの値の合計」
になります。

年齢（歳）		度数（人）		（階級値）×（度数）
以上	未満	階級値		
6 ～	8	7	2	14
8 ～	10	9	5	45
10 ～	12	11	8	88
12 ～	14	13	10	130
14 ～	16	15	4	60
16 ～	18	17	1	17
合計		⟨30⟩		⟨354⟩

データの総数　　データの値の合計

平均値は，

$$\frac{データの値の合計}{データの総数}$$

で求められるので，

$$\frac{354}{30} = 11.8$$

と答えが出ます。

11.8（歳）**答**

ただ，注意したいのは，
**度数分布表の平均値は，
真の平均値ではない**
という点です。

ふぁ？
どういうことニャ!?

例えば，「8～10（8歳以
上10歳未満）」の階級で
考えてみましょう。

この階級の階級値は9ですが，極端
な場合，5人全員が8歳かもしれま
せんよね。**度数分布表では，正確な
値はわからない**んです。

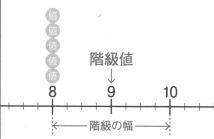

そこで，**階級値（＝その階級を代表
するおおよその値）** を使って，
おおざっぱに計算するわけです。
ですから，近い値にはなっても，
真の平均値にはならないんですね。

(2)の**中央値**を考えましょう。

データの総数は 30（人）で，**偶数**なので，中央に位置する 15・16 番目，
2 つの値の平均値が中央値になります。

1	2	3	4	5	6	7	8	9	10	11	12	13	14	15	16	17	18	19	20	21	22	23	24	25	26	27	28	29	30
7	7	9	9	9	9	9	11	11	11	11	11	11	11	11	13	13	13	13	13	13	13	13	13	13	15	15	15	15	17

↑
中央

度数分布表の中央値も「階級値」で
考えるので，データの値は「階級値」
で表示。

度数分布表で考えると，15 番目の値
は「10〜12」の階級（＝階級値は 11）
にあり，16 番目の値は「12〜14」の
階級（＝階級値は 13）にありますね。

年齢（歳）		度数（人）	
以上	未満		階級値
6	〜 8	7	2
8	〜 10	9	5
10	〜 12	11	8 ← 15 番目
12	〜 14	13	10 ← 16 番目

度数分布表では，中央の値の
「階級値」が中央値になります。
つまり，中央の値が 2 つある場合は，
2 つの値の**階級値どうし**をたして
2 でわれば，中央値が出るわけです。

$$\frac{(11+13)}{2} = 12$$

12（歳）**答**

---

(3)の**最頻値**を考えましょう。

度数分布表では，
「最も度数が多い階級の階級値」
が最頻値になります。

この表では，
「12〜14」の階級が最も度数が多く，
その階級値は 13 です。
よって，最頻値は 13 になります。
簡単ですね。

13（歳）**答**

年齢（歳）		度数（人）	
以上	未満		階級値
6	〜 8	7	2
8	〜 10	9	5
10	〜 12	11	8
12	〜 14	13	10 ⬅
14	〜 16	15	4
16	〜 18	17	1
合計			30

度数分布表では，代表値はすべて「階級値」で考えるということかニャ？

そのとおりです。階級値は「おおよその値」なので，「真の値」にはならないんですけどね。

では最後に，度数分布表から代表値を求める方法をまとめておくので，しっかり覚えて，テストでは満点を取れるようにしておきましょう！

!POINT

度数分布表からの代表値の求め方

平均値　❶各階級の「階級値」を求める

❷各階級の「(階級値)×(度数)」の値を合計する

$$❸平均値＝\frac{データの値の合計}{データの総数}$$

中央値　❶データの総数から中央の値がある階級を見つける

❷中央の値の「階級値」を中央値とする

※データの総数が「偶数」の場合は，2つの階級値の平均値を中央値とする。

最頻値　❶最も度数が多い階級を見つける

❷その階級の「階級値」を最頻値とする

メガネにも「度数」があるワン？

メガネやアルコールなどの度合いの強さを表すときにも「度数」を使いますが，データの「度数」とは別のものですね。

はい，今回は度数分布表から代表値を求める学習をしました。「平均値」が最もよく活用されますが，中央値や最頻値が求められる場合もあります。データの活用の基礎・基本となる部分ですから，完璧にしておきましょう。

いきなり
何の話ニャ？

END

3 四分位範囲と箱ひげ図

問1 （箱ひげ図のかき方）

あるテニススクール A に所属する
19 人の学生の年齢を調べると，
右の表のようになりました。
このデータの分布を表す箱ひげ図
をかきなさい。

所属する学生の年齢（単位：歳）

10,	15,	12,	8,	13,	12,	16,
17,	14,	11,	16,	12,	14,	16,
12,	9,	15,	12,	10		

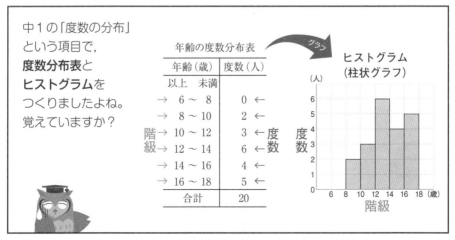

中1の「度数の分布」
という項目で，
度数分布表と
ヒストグラムを
つくりましたよね。
覚えていますか？

年齢の度数分布表

年齢（歳）	度数（人）
以上　　未満	
→ 6 ～ 8	0 ←
→ 8 ～ 10	2 ←
階→ 10 ～ 12	3 ←度 度
級→ 12 ～ 14	6 ←数 数
→ 14 ～ 16	4 ←
→ 16 ～ 18	5 ←
合計	20

ヒストグラム
（柱状グラフ）

ヒストグラムは，**各階級の分布がくわしくわかる**特徴がありますが，

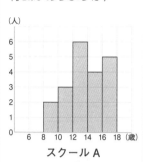

スクール A

1つのヒストグラムでは1つのデータの分布しか表せないので，例えばほかのスクールと比べたい場合など，**複数データの比較**がしづらいんです。

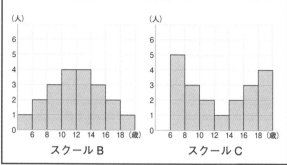

スクール B スクール C

全部重ねれば比較できるワン！

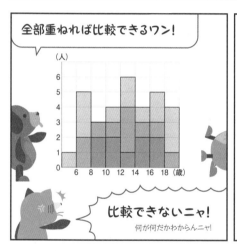

比較できないニャ！
何が何だかわからんニャ！

…ということで，
データの分布（散らばりぐあい）がシンプルにつかめて，
複数のデータの比較もできるよう，
アメリカの数学者が考えたのが，
「箱ひげ図」なんです。
この図のかき方を学びましょう。

まず，左から右へ，データを小さい順に並べます。
全部で19人（1〜19番）です。
数直線上ではないので，同じ値を上に重ねたりせず，
すべて横一列に並べます。

小さい ←──────→ 大きい

並び順→	1	2	3	4	5	6	7	8	9	10	11	12	13	14	15	16	17	18	19
データ→	8	9	10	10	11	12	12	12	12	12	13	14	14	15	15	16	16	16	17

同じ値でも順番に並べる（以下同様）

横一列に並んだデータの, 最も小さい値 (8) を最小値といい,
最も大きい値 (17) を最大値といいます。

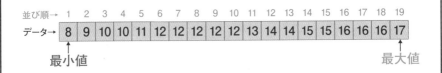

列の真ん中 (全体の $\frac{1}{2}$) に位置する値を中央値 (第2四分位数) といいます。

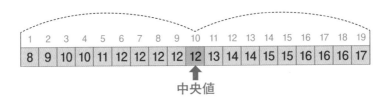

中央値の左側にあるデータを, さらに半分に分けたとき,
左側半分の真ん中 (全体の $\frac{1}{4}$) に位置する値を第1四分位数といいます。

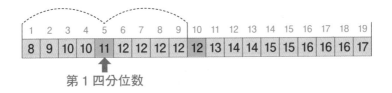

一方, 中央値の右側にあるデータを, さらに半分に分けたとき,
右側半分の真ん中 (全体の $\frac{3}{4}$) に位置する値を第3四分位数といいます。

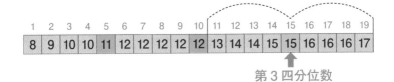

※第1四分位数・第2四分位数 (中央値)・第3四分位数をまとめて四分位数という。

そして，第3四分位数と第1四分位数の差 (間の範囲) を四分位範囲といいます。この範囲にデータの半分がふくまれるわけです。

ちなみに，仮にデータの数が「20」(4の倍数) だった場合，下の図のようにデータは4等分され，それぞれの四分位数は**2つの値の中間**に位置しますが，

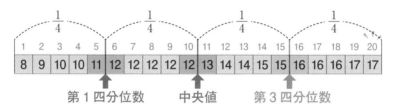

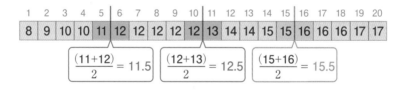

$$\frac{(11+12)}{2} = 11.5 \qquad \frac{(12+13)}{2} = 12.5 \qquad \frac{(15+16)}{2} = 15.5$$

この場合，「**2つの値**」をたして2でわることで，値が出てきます。
このように，四分位数が**2つの値の平均値**になる場合があるわけですね。
「データにある値」ではなくなるので注意しましょう。

データの数が偶数のときは，中央値は2つの値の平均値になるニョね…

そのとおり！

箱ひげ図では，データの数が4の倍数でないときは，きれいに4等分できないので，注意してくださいね。

※データを半分に分けられないときは，**真ん中**の値を区切りとして（除いて）左右半分に分けるように考えること。

それでは，四分位数をもとに，数直線（グラフ）上に問1の「箱ひげ図」をかいていきましょう。

第 1 四分位数 (11) の位置に線をひきます。

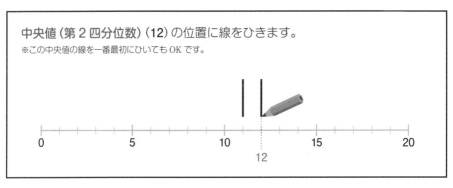

中央値 (第 2 四分位数) (12) の位置に線をひきます。
※この中央値の線を一番最初にひいても OK です。

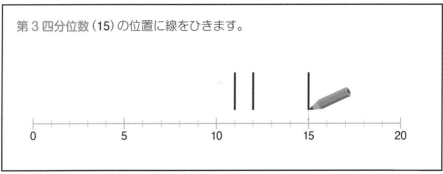

第 3 四分位数 (15) の位置に線をひきます。

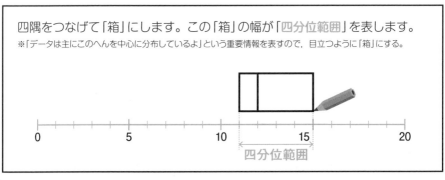

四隅をつなげて「箱」にします。この「箱」の幅が「四分位範囲」を表します。
※「データは主にこのへんを中心に分布しているよ」という重要情報を表すので，目立つように「箱」にする。

四分位範囲

最小値 (8) の位置に
短めの線をひいて,

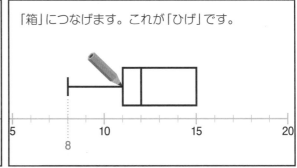

「箱」につなげます。これが「ひげ」です。

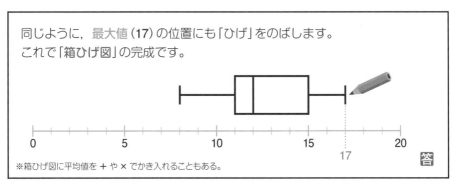

同じように, 最大値 (17) の位置にも「ひげ」をのばします。
これで「箱ひげ図」の完成です。

※箱ひげ図に平均値を + や × でかき入れることもある。

答

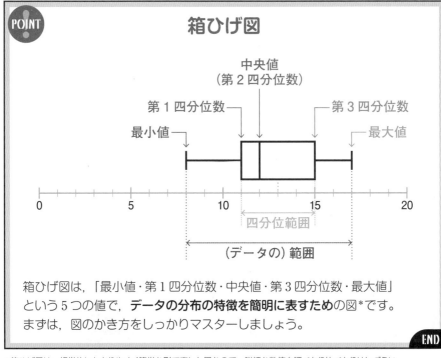

POINT 箱ひげ図

箱ひげ図は,「最小値・第 1 四分位数・中央値・第 3 四分位数・最大値」
という 5 つの値で, **データの分布の特徴を簡明に表すための図***です。
まずは, 図のかき方をしっかりマスターしましょう。

END

*箱ひげ図は, 視覚的にわかりやすく簡単な形で表した図なので, 詳細な数値を調べたり比べたりはしづらい。

4 箱ひげ図の表し方

問1 （箱ひげ図の読み取り①）

A 組から D 組の各組 30 人の生徒に対して理科のテストを行なった。
次の図は各組ごとに理科のテストの得点を箱ひげ図にしたものである。

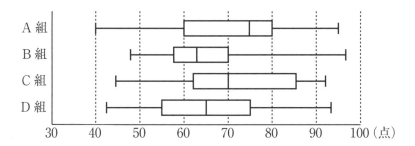

この箱ひげ図について述べた文として**誤っているもの**を，次の⓪〜④
のうちから 2 つ選べ。

⓪ A, B, C, D の 4 組全体の最高点の生徒がいるのは B 組である。

① A, B, C, D の 4 組で比べたとき，四分位範囲が最も大きいのは A
組である。

② A, B, C, D の 4 組で比べたとき，範囲が最も大きいのは A 組である。

③ A, B, C, D の 4 組で比べたとき，第 1 四分位数と中央値の差が最も
小さいのは B 組である。

④ A 組では，60 点未満の人数は 80 点以上の人数より多い。

ふぁ!?
箱ひげ図が
たくさん出て
きたニャ…!?

**複数のデータを並べ
て比較しやすい**のが，
箱ひげ図の
特徴なんですよ。

この問題はなんと，過去に大学入
試で実際に出題された良問です。
これを通じて，箱ひげ図の表し方，
読み取り方を学んでいきましょう。

「各組 30 人」とあるので，１〜30（人）を下図のように横一列に並べて，
箱ひげ図に表しているわけですね。
まずはこのイメージを頭に入れましょう。

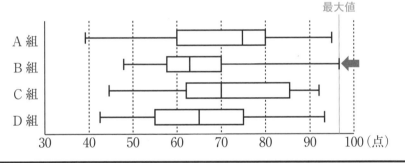

⓪の文を考えましょう。全体の最高点の生徒がいる，つまり「最大値」が
最も大きい（＝「ひげ」が一番右までのびている）のは，B 組ですね。
よって，⓪の文は**正しい**です。

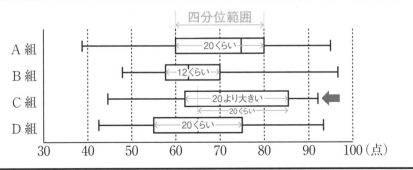

①の文を考えましょう。四分位範囲が最も大きい（＝箱の幅が一番長い）のは，
C 組ですね。よって，①の文は**誤り**です。

※第1四分位数が 60 点に近く，第3四分位数が 85 点くらいなので，四分位範囲は 20 点より大きいと判断できる。

②の文を考えましょう。データ分布の「範囲」が最も大きい（＝「ひげ」の左端から右端までの幅が一番長い）のは、A組ですね。よって、②の文は**正しい**です。

※ほかはおよそ50前後だが、A組はあきらかに50を超えているのがわかる。

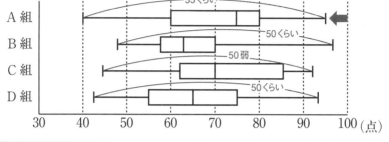

③の文を考えましょう。第1四分位数と中央値の差が最も小さいのは、B組ですね。よって、③の文は**正しい**です。

※正確な数値はわからないものの、横幅を見比べて、どれが一番小さいかはわかる。

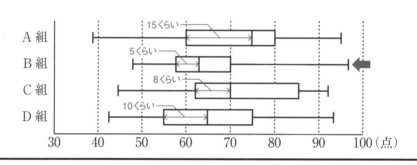

④の文を考えましょう。A組では、60点未満の人数は全体の$\frac{1}{4}$で、80点以上の人数も$\frac{1}{4}$、つまり同じくらいの人数だと判断できます。必ずしも多いとは限らないので、④の文は**誤り**です。

①, ④ 答

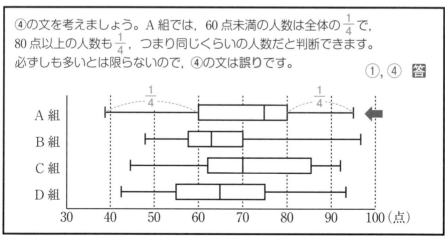

ふぁ!? ④がナゾニャ…
なんで全体の $\frac{1}{4}$ とかが
わかるニャ？

!?

いい質問ですね！
説明しましょう。

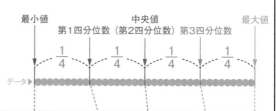

四分位数は，データを小さい順に並べて，
全体の数を4等分する位置につけましたよね。

箱ひげ図は，これら四分位数を
数直線やグラフの目盛りに合わ
せてかいた図なので，見た目は
「4等分」ではありませんが，
データの個数は約 $\frac{1}{4}$（25%）
ずつあるんですよ。

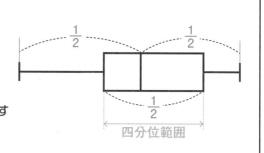

※データの数が**4の倍数でない**ときは，きれいに4等分で
きないため，データの個数が完全な「25%」とはならない。

（データの個数）

中央値から最小値の間，
中央値から最大値の間，
四分位範囲の中にはそれぞれ
約 $\frac{1}{2}$ のデータがあります。
特に四分位範囲は，
そのデータの主な分布範囲を示す
ので，とても重要なんですよ。

四分位範囲

ニャるほど…
「ひげ」1本に
全体の $\frac{1}{4}$ 個の
データが散らば
ってるわけニャ…

でも…
おかしいワン

ホ？

こんな「ひげ」おかしいワン！
ふつうこっちだワン！

ひげ？ ひげ？

確かに… そうですね…

END

統計は嘘をつく！？

19世紀に活躍したイギリスの政治家ベンジャミン・ディズレーリは，次のような名言を残しました。

There are three kinds of lies: lies, damned lies, and statistics.
（嘘には三種類ある。嘘と大嘘，そして統計である）

1936年のアメリカの大統領選挙は世界恐慌，政情不安の中で行なわれました。総合雑誌『リテラシー・ダイジェスト』は，過去5回の大統領選挙において予想をはずしたことはなかったのですが，このときの予想は見事なまでにはずれました。なぜはずれたのか？ 彼らが集めていた回答は，自誌の購読者，自動車保有者，電話保有者のものでした。大恐慌の最中に雑誌を購読したり，自動車や電話を保有できる人というのは，当時としては平均的な収入を相当上回っている富裕層です。同誌の統計は，富裕層という「一部」の声を反映しているに過ぎなかったのです。過去5回の大統領選挙では富裕層とそれ以外の階層で投票傾向が一致していたのですが，このときはちがったわけです。

こうしたことは現代社会においても起こる可能性があります。例えば，インターネットにおける膨大な数のアンケート結果は，日本国民全体の意見のように思われがちですが，これらの回答にはインターネットを使いこなせないアナログ人間や，ネット上の投票などに興味がない層の意識が反映されていません。

フランスの数学者ポワンカレ（1854～1912年）には，統計学を使ってパン屋の不正を見破ったという逸話があります。1000gの重さとして販売されているパンを購入しては毎回重さを量り続けたところ，データの分布が950gを頂点に左右対称にばらつきました。これは，平均が950gであるということです。つまり，表示より50g少ないパンを売っていたパン屋の嘘を，データの分布とグラフを使って見破ったのです。

情報を発信する側には，必ず何かしらの意図・主張があるものです。情報にあふれたこの時代，真実を見抜く力をみがく必要があります。ポワンカレのように常にデータを冷静に見つめる姿勢が大切です。

（文：沖田一希）

確率・標本調査

この単元の位置づけ

12 三角形と四角形 (P.347)	**14 円周角・三平方の定理**
1 二等辺三角形の性質　2 二等辺三角形になる条件	(P.417)
3 直角三角形の合同　4 平行四辺形の性質	1 円周角の定理
5 平行四辺形になる条件　6 特別な平行四辺形	2 円周角と弧
7 平行線と面積	3 三平方の定理
	4 三平方の定理の利用

13 データの分布（の比較）
3 四分位範囲と箱ひげ図　(P.449)
ひげ図の表し方

現在地

16 確率 (P.479)
1 起こりやすさと確率
2 確率の求め方
3 いろいろな確率

現在地

合同

16 標本調査 (P.479)
4 標本調査
5 標本調査の利用

　「さいころ」や「くじ」のように，すべて偶然
に左右されそうなものごとの起こりやすさも，あ
る一定の「確率」というものに支配されています。
　また，「標本調査」とは，集団の一部の性質と
集団の全部の性質は同じという考えのもと行なう
調査。「データの分布」や「確率」の知識をベー
スに，ニュースなどの時事ネタと関連させて学習
しましょう。

I 起こりやすさと確率

はい，今回から「**確率**」の勉強をしていきます。

確率？

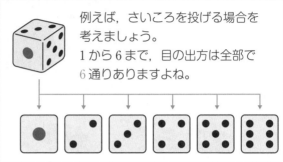

例えば，さいころを投げる場合を考えましょう。
1 から 6 まで，目の出方は全部で 6 通りありますよね。

---

6 通りのうち，「1 の目」が出る場合は 1 通りなので，

1 の目が出る**確率**は，$\frac{1}{6}$ となります。

$$1 \text{ の目が出る確率} = \frac{1}{6}$$

←1 の目が出る場合の数

←起こりうる全部の場合の数

このように，**あることがらの起こりやすさの程度**（起こると期待される程度）を**数値（分数）**で表したものを，そのことがらの起こる「**確率**」といいます。

本当に $\frac{1}{6}$ ニャ？スゴロクでは ▪️ ▪️ ばかり出る気がするけどニャ…

スゴロクだと ⚅ がなかなか出ないワン！

ぜんぜん進まないワン

まあ…わかる気はしますが…

それでは，本当に $\frac{1}{6}$ の確率で 1 の目が出るのか。実際にさいころを 100 回ふって実験してみましょう！

100 回も？

めんどうニャ

1回目 出た 1 !!
安定の 1 だニャ!

2回目 今度は 2 ニャ…
やっぱ 1 と 2 が多いニャ!

3回目 あ, 5 が出たニャ…
めずらしいニャ!

4回目
む, また 1 ニャ…
…って, これで 100 コマ 使う気ニャ!?
何ページになるニャ!?

まあまあ, とにかく がんばって 100 回 ふってみてください。
くっ…
20 回目…
60 回目…
80 回目…

100回目
はい 100 回! おつかれさまです!

100 回投げて, 1 の目が出た回数は, 19 回でした。**相対度数**は 0.190 になります。

投げた回数	1の目が出た回数	1の目が出た相対度数
100	19	0.190

相対度数?
聞いたことがあるようニャ…

全体に対する個々の 割合のことです。

MEMO ▶ 相対度数

あることがらが起こった個々の回数の, 全体の回数に対する 割合 (主に**小数**で示す)。相対度数の合計は 1 になる。

$$相対度数 = \frac{個々の回数}{全体の回数}$$

1の目が出た回数 (19回)
投げた回数 (100回)

※度数分布表では,「各階級の度数の全体に対する割合」も相対度数という。

じゃあ「1の目が出た相対度数」の0.190って大きくニャい？

のろわれてるニャ？

数学的確率（$\frac{1}{6} \fallingdotseq 0.167$）と比べると、大きいですね。

何かの「のろい」なのかどうか，徹底的に検証してみましょう。
さいころを1000回ふってください。

1000回？

あほニャ？の

今度はワン太の番ニャ！
さっき寝てたニャ！

1000回ふるワン？

ボケとかいらニャいから
無心でひたすらふるニャ！

無心ワン？

200回目…

300回目…

400回目…

500回目…

1000回目

はい1000回！
おつかれさまです！

無心すぎるニャ！

寝ながら投げてるニャ…

では，結果発表〜〜！
「投げた回数」と「1の目が出た回数」，
「1の目が出た相対度数」を表に書いてみましょう。

投げた回数	1の目が出た回数	1の目が出た相対度数
100	19	0.190
200	31	0.155
300	54	0.180
400	64	0.160
500	88	0.176
600	99	0.165
700	118	0.169
800	133	0.166
900	150	0.167
1000	167	0.167

さあ，このような表になりました。
今度はこれを「グラフ」にしてみましょう。

グラフでは，相対度数の「ばらつき」はどのように変化しているでしょうか。考えてください。

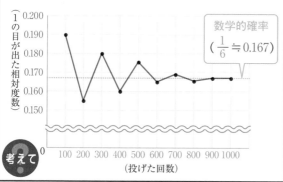

（1の目が出た相対度数）

数学的確率
$\left(\dfrac{1}{6} \fallingdotseq 0.167\right)$

（投げた回数）

考えて

最初は ののろいにかかるけど，無心で投げ続ければ，いつかはのろいはとける…ニャ？

「のろい」とか「無心」とかは全く関係ありません。

投げた回数が少ないうちは，相対度数のばらつきは大きいのですが，

投げた回数が多くなるにつれて，ばらつきは小さくなります。

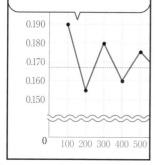

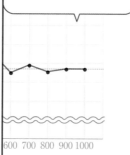

つまり，**ことがらの起こりやすさ**については，

くり返す回数が多いほど，「相対度数」は一定の値（数学的確率）に限りなく近づく。

といえるんです。

POINT

場合の数などから数学的（理論的）に求める確率を数学的確率といいます。一方，実際に何度もくり返して得られたデータから求める確率のことを統計的確率（経験的確率）といいます。

（例）
野球の打率
病気で死亡する確率
交通事故にあう確率
明日雨が降る確率

統計的確率

中2で学ぶ「確率」は，
基本的に「数学的確率」の方です。
ただ，今回のさいころの例のように，
数学的確率と統計的確率は，
値を求める方法はちがうものの，
くり返す回数が多くなるほど，
その値は限りなく近づくんだよ，と
いう点だけ，覚えておいてください。

ふ〜ん…

END

2 確率の求め方

問1 （確率の求め方①：1つのさいころ）

さいころを投げて，偶数の目が出る確率を
求めなさい。

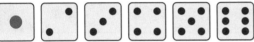

> ふぁ!!
> また さいこ3何回も
> ふらされるニャ!?

トラウマ
だニャ…

そういうことをしなくて
いいように，**確率の求め
方**を学習しましょう！

さいころを投げる場合，
結果は「偶然」に左右されますから，
どの目が出ることも同じ程度（に期
待できる）と考えられますよね。

どの目も同じ程度で出る

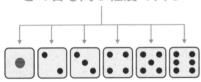

このように，**どの場合が起こること
も同じ程度**であると考えられるとき，
数学では「同様に確からしい」と表現
します。

同様に確か
らしい

変な日本語
だニャ…

?

さいころの1の目が
出る**確率**は $\frac{1}{6}$ ですが，

1の目が出る場合の数
↓
$$\frac{1}{6}$$
↑
起こりうる全部の場合の数

これはつまり，以下の
ように考えた値ですね。

あることがらの起こる
場合の数
───────────
起こりうる全部の
場合の数

場合の数をそれぞれ
n, a という文字に
置きかえ，確率の値
を p^* とすると，

$$\frac{a}{n}$$

---

*確率を表す文字として，英語の probability（確率）の頭文字 p がよく使われる。

確率の求め方

あることがらの起こる確率 p は，次の式で求めることができます。

$$（あることがらの起こる確率）\quad p = \frac{a\text{（あることがらの起こる場合の数）}}{n\text{（起こりうる全部の場合の数）}}$$

※どの場合が起こることも**同様に確からしい**とする。確率では，さいころ・コイントス・トランプ・くじびきなど，結果がすべて等しく偶然に左右される「同様に確からしい」場合のみ扱う。

問1を考えましょう。
「起こりうる全部の場合の数 (n)」は，全部で6通りありますね。

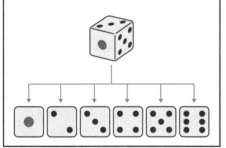

このうち，
「あることがらの起こる場合の数 (a)」は，「偶数の目の数」なので，
2，4，6の3通りです。

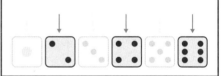

これを確率を求める式にあてはめると，

$$p = \frac{3}{6} = \frac{1}{2} \quad \text{答}$$

となります。確率の値はふつう「**分数**」で表しますからね。
※約分ができる場合はする。

確率を求めるときは，起こりうる全部の場合の数 (n) は何通りあるのか，あることがらの起こる場合の数 (a) は何通りあるのか，これを**正確に数えること**が大切です。
しっかり練習して，マスターしましょう！

問2 （確率の求め方②：トランプ）

2から9までの数が1つずつ記された8枚のトランプがあります。このトランプをよくきって1枚ひくとき，トランプの数字が3の倍数である確率を求めなさい。

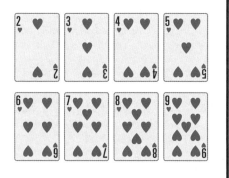

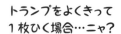
トランプをよくきって1枚ひく場合…ニャ？

そう，**よくきってから**ひくので，どの数をひく場合も**同様に確からしい**ということです。

よくきるワン？

その「切る」じゃないニャ！

これも，問1と同じように考えていきましょう。

おまえは小学生ニャ？

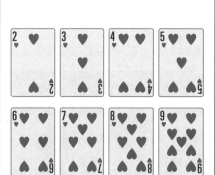
トランプは8枚あるので，起こりうる全部の場合は8通りです。

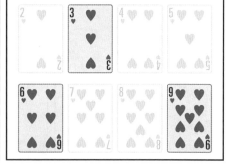
そのうち，「3の倍数」は，3，6，9の3つなので，あることがらの起こる場合は3通りですね。

486

これを確率を求める
式にあてはめると，

$$p = \frac{3}{8} \; 答$$

となります。
簡単ですよね。

ちなみに，**問2**で，
「ハート（♥）」をひく
確率はどのくらいだと
思いますか？

ハート？
8枚全部「ハート」ニャ！

そう。したがって，
ハートをひく確率は，

$$p = \frac{8}{8} = 1$$

となります。
「必ず起こることがら」
の確率は1になるわけ
です。

では，**問2**で，
「スペード（♠）」をひく確率
はどのくらいでしょうか？

スペード？
スペードはないから…
確率はゼロニャ？

そのとおり！
スペードをひく確率は，

$$p = \frac{0}{8} = 0$$

となります。
**「決して起こらない
ことがら」**の確率は0
になるわけです。

**先生の尾は
「スペード」だワン**

関係ないニャ！

POINT

したがって，あることがらが起こる確率を p とすると，
p のとりうる値は，常に $0 \leqq p \leqq 1$ の範囲にあるということです。
確率の値は，負の数になったり，1を超えたりすることはないんですね。

（あることがらの起こる確率）

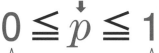

$$0 \leqq p \leqq 1$$

| 決して起こらない ことがら | 必ず起こる ことがら |

ＡとＢの2枚のコインを
同時に投げるとき，
1枚が表で1枚が裏
となる確率を求めなさい。

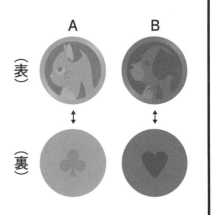

A　B

（表）

↕　↕

（裏）

表と裏が1枚ずつ
出る場合かワン？

確率では，まず
起こりうる全部
の場合は何通り
かを考えるニャ！

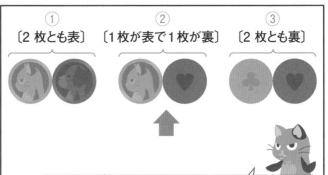

① 〔2枚とも表〕　② 〔1枚が表で1枚が裏〕　③ 〔2枚とも裏〕

起こりうる全部の場合は3通りで，そのうち
〔1枚が表で1枚が裏〕になる場合は1通りだから…

答えは $\frac{1}{3}$ だワン！

残念！

え？
ちがうニョ？

〔1枚が表で1枚が裏〕
になる場合には，
「Ａが表でＢが裏」
の場合だけではなく，
「Ｂが表でＡが裏」
の場合もありますよね。

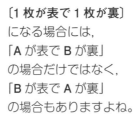

〔1枚が表で1枚が裏〕

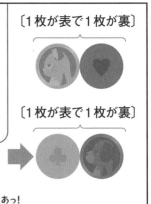

〔1枚が表で1枚が裏〕

あっ！
ほんとニャ!!

つまり，起こりうる全部の場合は
4通りになります。
このような組み合わせは，下表の（かひょう）
ように整理するとわかりやすい
ですよ。

A\B	表	裏
表	(表，表)	(表，裏)
裏	(裏，表)	(裏，裏)

4通りのうち，「1枚が表で1枚が裏」
となる場合は2通りあるので，答えは，

$$p = \frac{2}{4} = \frac{1}{2}$$ 答

となります。

A\B	表	裏
表	(表，表)	(表，裏)
裏	(裏，表)	(裏，裏)

このように，
起こりうる全部の場合
の数は，結構まちがえ
やすいので，注意が必
要なんですね。

ニャるほど…

自分だけ「表」で
いいと思ってる
からまちがえるワン！

うるさいニャ！
ワン太もまちがえてたニャ！

こうしたまちがいを
ふせぐために，
ある画期的な方法が
開発されたんです。

そんな方法あるニャ？

AとBのコインを投げますよね。
まず，Aに起こりうる全部の場合
（表，裏の2通り）をかきます。

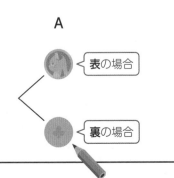

A

表の場合

裏の場合

次に，Aが「表」の場合に，
Bに起こりうる全部の場合をかきます。

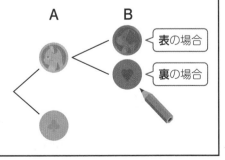

A   B

表の場合

裏の場合

最後に，Aが「裏」の場合に，Bに
起こりうる**全部の場合**をかきます。

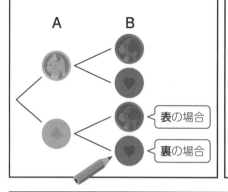

表の場合

裏の場合

こうすると，下図のように，①・②・
③・④の4通りのコースができますね。

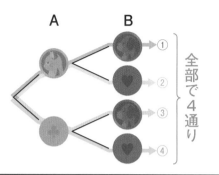

①
②
③
④

全部で4通り

つまり，起こりうる全部の場合が一目で
わかる図になるわけです。

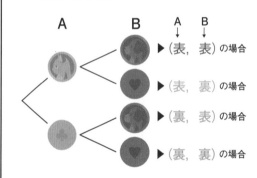

| A | B |
| ↓ | ↓ |

▶（表，表）の場合

▶（表，裏）の場合

▶（裏，表）の場合

▶（裏，裏）の場合

自分で図をかく場合は，
表を○，裏を×とするなど，
簡単な記号を使うと速く
かけるんですが，

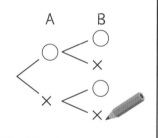

このような図を，次々と枝分かれ
していく**樹木の形に似た図**という
ことで，「樹形図」といいます。

樹形図

受刑図!?

ガクガク…

トラウマ？

勝手に変な
想像するニャ！

490

ちなみに，A，B，C の 3 枚のコインを同時に投げる（または 1 枚のコインを 3 回投げる）場合，樹形図はこのようになります。（○ ＝ 表，× ＝ 裏）

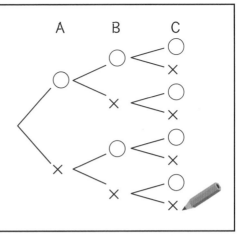

この場合，起こりうる全部の場合は何通りですか？

一番右側の文字が 8 個あるから… 8 通りニャ!?

正解！

3 枚（3 回）とも「裏」が出る確率は？

× → × → × は 1 通りしかないから… $\frac{1}{8}$ ニャ!?

正解！

このように，「樹形図」をしっかりかくことができれば，あとはそれぞれの場合の数を数えるだけで，確率の値は簡単に出るんですね。

この図はおかしいワン！この通りにならなかったワン！

ふぁ!? 何がおかしいニャ？

投げたコインが，立ったまま倒れない場合もあるワン！

奇跡ニャ!? 完全に余計な奇跡ニャ!!

話がややこしくなるやつニャ！

（確率の求め方④：じゃんけん）

Ａくんと Ｂさん の2人がじゃんけんを1回
するとき，Ｂさんが勝つ確率を求めなさい。
ただし，Ａくんと Ｂさん がグー，チョキ，
パーのどれを出すことも，同様に確からしい
とします。

……ふぁ!?
じゃんけんで勝つ確率？
ふつう $\frac{1}{3}$ じゃないニョ？

こういう場合も、まず
は「樹形図」で考えます。

グーを「**グ**」，
チョキを「**チ**」，
パーを「**パ**」と略して
樹形図をかきますね。

グ　　チ　　パ

1文字の方が
はやくかけますから

まず，Ａくんの
手の出し方ですが,
3通りあるので,
樹形図は3本に
枝分かれします。

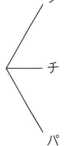

次に，Ｂさんの手の
出し方です。Ａくんの
「**グ**」に対して，Ｂさん
の手の出し方も「**グ・
チ・パ**」の3通りありま
すね。

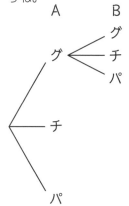

同様に，Ａくんの「**チ**」
と「**パ**」に対しても,
Ｂさんの手の出し方は
3通りずつあります。

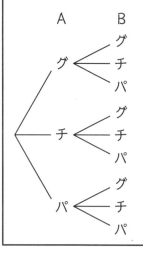

起こりうる全部の場合は 9 通りで，
B さんが勝つ場合は○をつけた部分
の 3 通りですね。

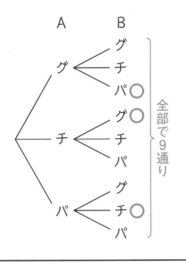

A   B

全部で 9 通り

したがって，求める確率 p は，

$$p = \frac{3}{9} = \frac{1}{3}$$ 答

となります。

でもこれ…
A と B を
逆にしても
同じ答えに
なるニャ？

お…！
いい疑問ですね。
では，確かめて
みましょう。

A くんと B さんを逆にした場合も，
起こりうる全部の場合は 9 通りで，
B さんが勝つ場合も 3 通りです。
○の位置は変わりますが，
確率の値は同じ値になるんですね。

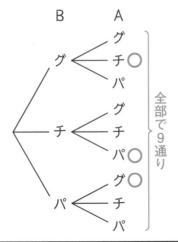

B   A

全部で 9 通り

ニャン吉は「パー」
しか出せないから
勝つ確率はもっと
低いワン！

同様に確からしくないワン！

おまえも
同じような
手だニャ!!

だいたい
「パー」か「グー」か
わからんニャ！

確率の問題は，関係が複雑になるほ
ど樹形図のかき方も難しくなります
が，樹形図がきちんとかければ，正
解にグッと近づきます。数えもれや
計算ミスには注意しましょうね。

END

問1 （くじびき①）

箱の中に，A，B，C，Dとかかれた
合計4枚のくじが入っています。
A，B，C，Dの4人の中から，
くじびきで委員長1人と副委員長1人
を選ぶとき，Cが委員長，Dが副委員長
に選ばれる確率を求めなさい。

1つ1つ考えましょう。
箱の中に，A，B，C，Dとかかれた
くじが計4枚あるんですよね。

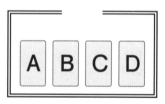

まず，「委員長」を決めるために，
くじを1枚ひきます。

「委員長」でAをひいた場合，
B，C，Dが残ります。
同じ人が委員長と副委員長に
同時にはなれない，という点に
注意しましょう。

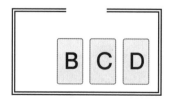

次に，「副委員長」を決めるくじを
1枚ひきますが，これは残った
B，C，Dから選ばれることになる
わけです。

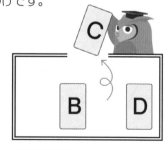

このようなやり方をふまえて，
樹形図をかいてみましょう。
まず，最初に「委員長」を選ぶと
したら，A，B，C，D，4 通り
の場合があります。

委員長

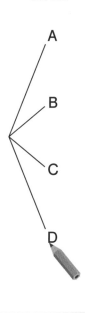

A

B

C

D

次に「副委員長」を選ぶときは，
残った 3 通りずつの場合が
ありますよね。

委員長　　副委員長

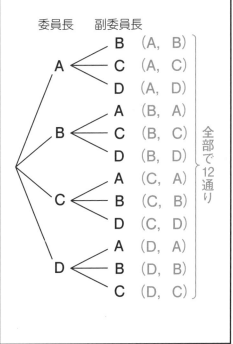

A ── B　(A, B)
　　　C　(A, C)
　　　D　(A, D)

B ── A　(B, A)
　　　C　(B, C)
　　　D　(B, D)

C ── A　(C, A)
　　　B　(C, B)
　　　D　(C, D)

D ── A　(D, A)
　　　B　(D, B)
　　　C　(D, C)

全部で 12 通り

起こりうる全部の場合は 12 通りで，
C が委員長，D が副委員長に選ば
れる場合は 1 通りですね。

したがって，求める確率は，

$$p = \frac{1}{12}$$ 答

となります。

さて，**問 1** は，委員長と副委員長
という**別の**委員を 2 人選びました。
次は，**同じ**委員を 2 人選ぶケース
を考えましょう。

同じ委員を選ぶ？

問2 （くじびき②）

箱の中に，A，B，C，Dとかかれた
合計4枚のくじが入っています。
2回連続でくじをひき，A，B，C，Dの
4人の中から2人の委員を選ぶとき，
次の確率を求めなさい。

(1) BとDが委員に選ばれる確率
(2) Cが委員に選ばれる確率

問1と同じように，
2回連続でくじびきしたときの
樹形図をかきましょう。
樹形図を完成させると，
起こりうる全部の場合（＝12通り）
が一目でわかります。

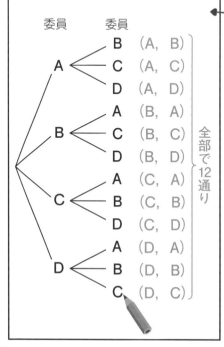

(1)を考えましょう。
ここで要注意なのが，BとDが委員
に選ばれるのであれば，**組み合わせ
の順番は関係ない**という点です。

例えば，(B, D) と (D, B) は
同じ組み合わせなので，委員の構成
としては全く同じですよね。

このように，**重複している組み合わせ**
は，どちらか一方を樹形図（起こりう
る全部の場合）から消去して考えても
いいんです。

重複している組み合わせを
斜線で消して，

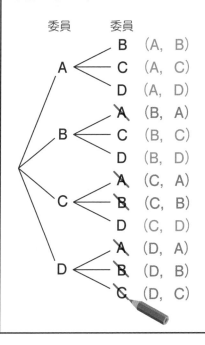

委員　　　委員
　　　　　　B　（A，B）
A　　　　　C　（A，C）
　　　　　　D　（A，D）
　　　　　　A̸　（B，A）
B　　　　　C　（B，C）
　　　　　　D　（B，D）
　　　　　　A̸　（C，A）
C　　　　　B̸　（C，B）
　　　　　　D　（C，D）
　　　　　　A̸　（D，A）
D　　　　　B̸　（D，B）
　　　　　　C̸　（D，C）

整理すると，2人の委員の組み合わせ
は6通りになりますよね。

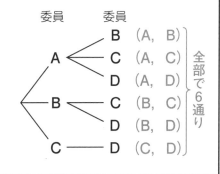

委員　　　委員
　　　　　　B　（A，B）
A　　　　　C　（A，C）
　　　　　　D　（A，D）
　　　　　　C　（B，C）　全部で6通り
B　　　　　D　（B，D）
C　　　　　D　（C，D）

そのうち，BとDが委員に選ばれる
場合は1通りなので，求める確率は，

$$p = \frac{1}{6}$$ 答

となります。

(2)を考えましょう。
Cが委員に選ばれる場合は，
（A，C）（B，C）（C，D）の
3通りありますよね。

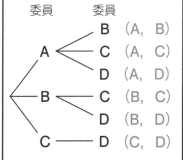

委員　　　委員
　　　　　　B　（A，B）
A　　　　　C　（A，C）
　　　　　　D　（A，D）
　　　　　　C　（B，C）
B　　　　　D　（B，D）
C　　　　　D　（C，D）

したがって，求める確率は，

$$p = \frac{3}{6} = \frac{1}{2}$$ 答

となります。

このように，起こりうる全部の場合から
重複している組み合わせを省いて考えた方
が速く解ける問題もあります。
慣れてくると，最初から重複を省いた樹形
図がかけるようになりますので，何度も練
習しましょう。

問3 (2つのさいころ)

大小2つのさいころを投げるとき，次の確率を求めなさい。

(1) 出た目の数の和が8となる確率。

(2) 出た目の数の和が8にならない確率。

「出た目の数の和が8となる」というのは，例えば以下のような場合ですね。

この問題は，ふつうに「樹形図」をかいてもいいのですが，

さいころを2つふるような場合は，
総当たりの表をかく方が簡単です。

総当たりの表？

例えば下のように，縦の列にさいころ「小」の目を並べ，
横の行にさいころ「大」の目を並べた表のわくをかきましょう。

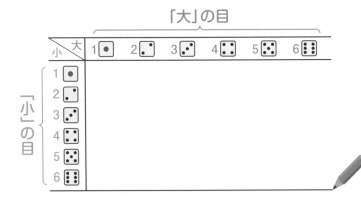

※表にあるさいころの絵はイメージです。実際にかく必要はありません。

小の1と，大の1が
当たるところは (1，1)。
※かっこの左が小，右が大の値。

小＼大	1	2	3
1	(1, 1)		
2			
3			
4			

小の1と，大の2が
当たるところは (1，2)。

小＼大	1	2	3
1	(1, 1)	(1, 2)	
2			
3			
4			

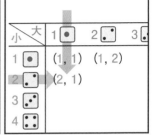

小の2と，大の1が
当たるところは (2，1)。

小＼大	1	2	3
1	(1, 1)	(1, 2)	
2	(2, 1)		
3			
4			

このようにして，すべての目の組み合わせをかくと，下のような表に
なります。6×6＝36 なので，全部で 36 通りの組み合わせになります。

小＼大	1	2	3	4	5	6
1	(1, 1)	(1, 2)	(1, 3)	(1, 4)	(1, 5)	(1, 6)
2	(2, 1)	(2, 2)	(2, 3)	(2, 4)	(2, 5)	(2, 6)
3	(3, 1)	(3, 2)	(3, 3)	(3, 4)	(3, 5)	(3, 6)
4	(4, 1)	(4, 2)	(4, 3)	(4, 4)	(4, 5)	(4, 6)
5	(5, 1)	(5, 2)	(5, 3)	(5, 4)	(5, 5)	(5, 6)
6	(6, 1)	(6, 2)	(6, 3)	(6, 4)	(6, 5)	(6, 6)

---

(1)を考えましょう。
「目の数の和が 8 とな
る」組み合わせを表か
ら探すと，□ 部分
の 5 通りが見つかり
ます。

全 36 通り中の 5 通り
なので，求める確率 p は，

$$p = \frac{5}{36} \quad 答$$

となります。

表ができたら，
あとはひたすら，
求めたい場合の数を
正確に自分の目と手
で数えるんです。

ふーん…

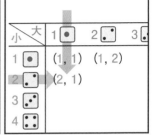

16

確率・標本調査

3

いろいろな確率

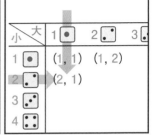

499

(2)を考えましょう。

「数の和が 8 にならない」のように，あることがらの起こらない場合の数とは，起こりうる全部の場合の数から，あることがらの起こる場合の数をひいた値になりますよね。

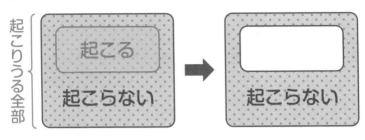

これと同じように，全 36 通りから数の和が 8 となる場合の 5 通りをひくと，36 − 5 ＝ 31 で，**数の和が 8 にならない場合は 31 通り**だとわかります。

したがって，求める確率 p は，

$$p = \frac{31}{36}$$ 答

となります。

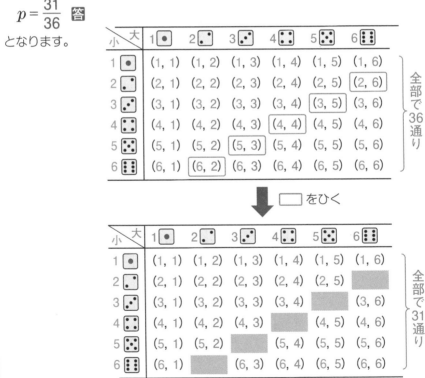

「**場合の数**」だけでなく，「**確率の値**」についても，同じように考えることができます。

起こりうる
全部の確率
= 1
確率の最大値

起こる確率

起こらない確率

つまり，**あることがらの起こらない確率**は，次の式で求めることができるんです。

POINT **あることがらの起こらない確率の求め方**

確率の最大値

$$\begin{pmatrix} あることがらの \\ 起こらない確率 \end{pmatrix} = 1 - \begin{pmatrix} あることがらの \\ 起こる確率 \end{pmatrix}$$

(1)より，数の和が 8 となる確率は $\dfrac{5}{36}$ です。これを上の式にあてはめると，

$$\begin{pmatrix} 数の和が 8 に \\ ならない確率 \end{pmatrix} = 1 - \frac{5}{36}$$

$$= \frac{36}{36} - \frac{5}{36}$$

$$= \frac{31}{36} \quad 答$$

このように，
簡単に(2)の答えが求められますね。

全部から一部をひくと，
残りの部分がわかる。
このイメージをしっかり
固めておきましょう。

一部

全部

残りの部分

16

確率・標本調査 **3** いろいろな確率

501

4本のうち2本の当たりが入っているくじがあります。A，Bの2人がこの順（A→Bの順）に1本ずつくじをひくとき，どちらの方が当たりくじをひく確率が大きいかを求め，くじをひく順番で，当たりやすさにちがいがあるのかを説明しなさい。ただし，ひいたくじはもとにもどさないとする。

先にひいた方が
絶対有利に
決まってるニャ！

残り物には
服がある
ともいうワン？

「服」じゃなくて「福」ですね…
では，くじをひく順番で，当たる確率は変わるのか，考えてみましょう。

4本のうち2本の当たりが入っているくじがあるということで，

当たり…❶❷

はずれ…❸❹

として樹形図をかきましょう。

※4本すべてのくじに別々の番号をふることで区別し，さらに当たりを赤色にすることでわかりやすくした。明確な区別がつけられれば，記号・番号などは自由でよい。

最初にAがひくときは，❶, ❷, ❸, ❹の4通りの場合があります。

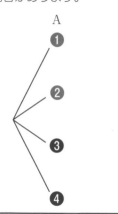

Aが❶をひいた場合，次にBがひくのは，❷, ❸, ❹の3通りになりますよね。

A ❶ < ❷ ❸ ❹ } 3通り

同じように，Aが❷をひいた場合，次にBがひくのは，❶, ❸, ❹の3通りになります。

※ひいたくじをもとにもどさないかぎり，AとBが同じくじをひくことはない点に注意。

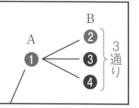

❷ < ❶ ❸ ❹ } 3通り

このようにして樹形図を完成させると，
全部で 12 通りの場合があることが
わかります。

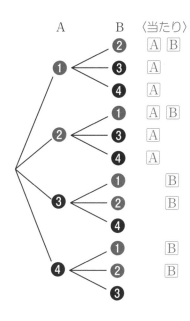

A   B   〈当たり〉

樹形図の右の Ⓐ は A が当たる場合であり，
Ⓑ は B が当たる場合です。
Ⓐ と Ⓑ，両方とも 6 通りですね。

樹形図より，
A が当たる場合は 6 通り
なので，求める確率 p は，

$$p = \frac{6}{12} = \frac{1}{2}$$

となります。

同様に，
B が当たる場合は 6 通り
なので，求める確率 p は，

$$p = \frac{6}{12} = \frac{1}{2}$$

となります。

A と B が当たりくじをひく
確率は同じなので，結論は，

　くじをひく順番で，当たり
　やすさにちがいはない。

ということに
なります。

先にひいても，あとにひいても，
当たる確率は変わらないニョね…

この問題だけでなく，
「くじ」に当たる確率というのは，
ひく順番によって差はないことが
知られているんですよ。

確率の問題は，試験に必ず出ます。
ただ，前回と今回の授業で，
典型的な問題のパターンは
すべてマスターしたので大丈夫！
あとはしっかり復習して，
練習問題をくり返し，
応用力をみがきましょう！

4 標本調査

問1 （標本調査）

次の調査は，全数調査，標本調査のどちらですか。

(1) 日本の国勢調査　　　　(2) 缶詰の品質調査

(3) 学校での体力測定　　　(4) 政党支持率の調査

(5) 中学校での進路調査　　(6) テレビの視聴率調査

……ふぁ？
数学の問題なのに数字がないニャ…!?

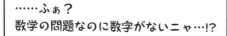

今回の「標本調査」は，中学最後の
「データの活用」分野です。こまかい
数字ではなく，まずはどういった
調査なのかを理解しましょう。

物事の実態や傾向をあきらかに
するために，データや資料を
集めて調べることを「調査」と
いいますが…

調査

この「調査」は，大きく2つに分けられるんです。

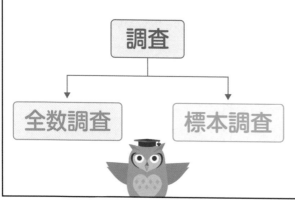
調査
全数調査　　標本調査

何がどうちがうニャ？

「全数調査」は，
文字の意味を考えれ
ばわかりますよね。

504

調査には，その目的に応じて，
対象となる集団※があるわけですが，

※国民，市民，商品，生徒，動物など，調査ごとに
様々な集団が対象となる。

この集団全部を1つ1つすべて
調査するのが「全数調査」です。

それに対して，集団全部から一部を
取り出して調査し，**全体を推測する**
ことを「標本調査」といいます。

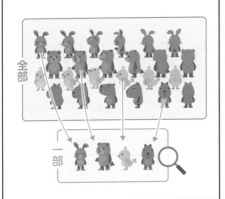

標本調査のとき，対象となる集団
全体を「母集団」といい，取り出し
た一部の資料を「標本」といいます。
※標本の個数を「標本の大きさ」という。

母集団？
おかあさんたちが
集まっているワン？

母集団です。
「母」の字には「**物事のもととなる
もの**」という意味があるんです。

動物を「標本」にする
ニャんてひどいニャ！

その「標本」ではなく，
次の②の意味です。

全く別の意味ですよ

※標本…①生物，鉱物などを研究材料として
　　　　　採取，保存したもの。
→②標本調査で，全体の中から調査
　　対象として取り出した一部分。

基本的に，正確な調査を
したいときは「全数調査」を
すればいいわけですが，
それは一方で**大きな問題点**を
はらんでいるんです。

大きな問題点？

まず，集団の数が多ければ多いほど，
それを全部調査するのは，
手間も時間も費用も相当かかりますよね。

確かに，これは
無理だニャ…

また，例えば，商品の缶詰の品質調
査をするときは，実際に缶のふたを
開けて中身をチェックするんですよ。

調査

ふたを開けて検査した缶詰は，
もう売り物にはなりませんよね。
これを「全数調査」にしたら…？

…ふぁ！　売る缶詰が
なくなってしまうニャ！

売り物にならないなら，
ボクが全部食べるワン！

うるさいニャ！
ちょっとだまっておくニャ！

…といった様々な事
情で全数調査ができ
ない（適切でない）
場合に，標本調査が
行なわれるんですね。

標本調査

ただ，標本調査をする
ときは，「かたより」の
ないように注意しなけ
ればいけません。

かたより？

例えば，ある 1 つの集団の中で，
「鳥」は何羽いるのかを
調査するとしましょう。

母集団の**一部**を標本として取り出す
わけですが，このときにかたよった
取り出し方をすると，

例えば
ここだけ
取り出すと…

この集団に鳥はいないワン！
たぶんウサギしかいないワン！

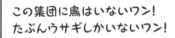

月ニャの？

このように，まちがった推測を
してしまうおそれがあるんですね。

一方，なるべく幅広くバラバラに，
かたよりのないように標本を取り出すと，

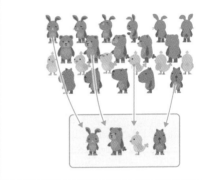

標本の $\frac{1}{4}$ が鳥だニャ…

つまり，
母集団の $\frac{1}{4}$ は鳥だ
と考えられるニャ…

鳥

母集団は 24 匹だから
$$24 \times \frac{1}{4} = 6$$
鳥は 6 羽いるニャ!!

正解！

このように，標本を取り出してその性質（主にものの**割合**や**確率**など）を調べ，標本の性質と母集団の性質は同じと考えることで，**母集団のおおよその傾向を推測する**ことができるわけです。

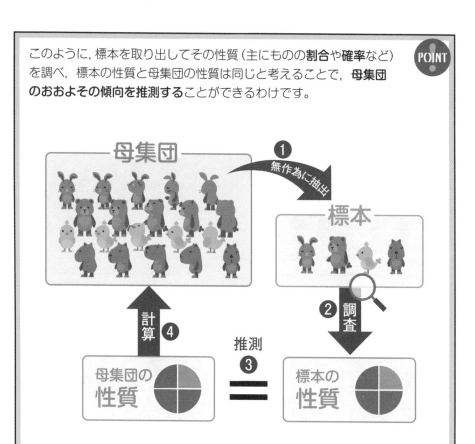

かたよりのないように母集団から標本を取り出すことを，ちょっと難しいことばで，「無作為に抽出する」といいます。

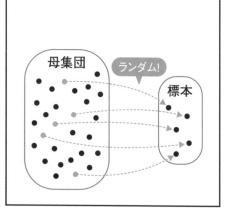

標本調査は，原則として，母集団の中から標本を**無作為に抽出**しなければなりません。

無作為に抽出するためには，
よくかきまぜてからバランスよく取り出すことは
もちろん，乱数さい，乱数表，コンピューター
などを使って無作為に番号をふってから選ぶなど，
様々な方法がとられます。

乱数さい

さて，これでもう，
問1は簡単ですね。
答えとその理由を見て，
しっかりと理解して
おいてください。

問1 答

(1) 日本の国勢調査…全国民の人口や属性（性・年齢・職業・世帯構造など）を
あきらかにするための厳密な調査なので，**全数調査**。

(2) 缶詰の品質調査…全数調査にすると商品がすべて壊れて売り物にならなく
なるので，**標本調査**。

(3) 学校での体力測定…全生徒の体力を測定して，生徒ごとの健康を適切に
管理するための調査なので，**全数調査**。

(4) 政党支持率の調査…おおよその傾向がわかればよいだけなので，**標本調査**。

(5) 中学校での進路調査…全体の出願傾向をあきらかにして，生徒ごとに適切
な進路指導を行うための調査なので，**全数調査**。

(6) テレビの視聴率調査…おおよその傾向がわかればよいだけなので，**標本
調査**。

ちなみに，テレビの視聴率は
ビデオリサーチ社が調べているんですが，
例えば関東地区では，全1800万世帯の
うち900世帯（全体の0.005%）だけに
専用の測定器を設置して，1日の視聴
データを収集するという「標本調査」を
やっているらしいですよ。

ふーん，
意外と
少ない
ヨネ。

さあ，これで標本調査の基礎は完璧
になりました。次回はここで学んだ
知識を使って，テストによく出る問
題を解いていきましょう！

To be continued

END

5 標本調査の利用

問1 （標本調査の利用①）

白黒2種類の同じ大きさの球が合わせて360個
入っている袋があります。この袋の中から24個
の球を無作為に抽出したところ，抽出した球の
うち白球は14個でした。この袋の中には，およ
そ何個の白球が入っていると考えられますか。

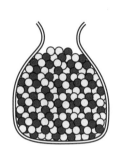

白黒の球が360個入っ
ている袋があります。

この袋から24個の球
を無作為に抽出した
ところ，

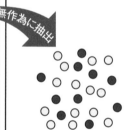

抽出した球のうち
白球は14個でした。

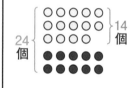

問1はこういう状況ですよね。
しっかり1つ1つ頭の中で整理し
ながら問題文を理解しましょう。

1つ1つ図で見ると
よくわかるニャ…

母集団（360個）から無作為に抽出し
た標本（24個）のうち14個が白球で
あったということは，白玉の割合は
$\dfrac{14}{24}$（$=\dfrac{7}{12}$）となります。

これを、前回やった図式にあてはめると、下図のようになります。
無作為に抽出しているので、**母集団**（袋の中全体の球：360 個）と**標本**（抽出
した球：24 個）で、白球と黒球の割合はおよそ等しいと推測できるわけです。

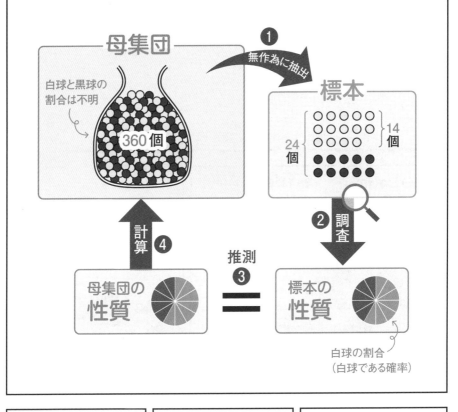

つまり、袋の中全体の球
（360 個）の $\dfrac{7}{12}$ が白球
だと考えられるので、

袋の中の白球の総数は、

$$360 \times \dfrac{7}{12} = 210$$

およそ 210 個 **答**

と推測できます。

このように、標本の割合
を母集団にかけて計算す
るというのが基本なので、
覚えておきましょう。

「標本」は「母集団」の
「サンプル」ニャのね…

ある池にいる魚の数を調べるために，池の数カ所から魚を全部で265匹つかまえ，そのすべての魚に印をつけて池にもどした。10日後に同じようにして魚を全部で238匹つかまえたところ，その中に印をつけた魚が53匹いた。この池にいる魚の総数は，およそ何匹と推測されるか。

魚に印をつけて
もどした？
魚に落書きニャ？

勝手に印をつける
なんてひどいワン！
ぎゃくたいだワン！

例えば，ある池に，魚が全部で10匹いるとしましょう。

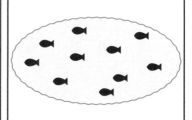

あの〜…これは「標識再捕獲法」といって，生態学的に個体数を推定するときなどに，実際に使われている調査方法なんですよ。

魚を5匹つかまえて，
そのすべてに印をつけ，

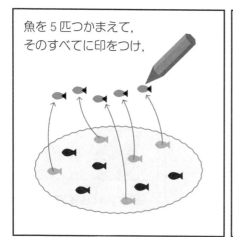

また池にもどします。
すると，印がついた魚の割合は
$\dfrac{5}{10}$（$=\dfrac{1}{2}$）になりますね。 …… ❶

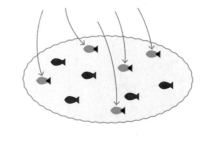

そのあと，魚を池全体に均一に分布させるために 10 日くらい間をあけて，

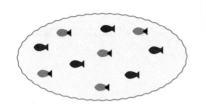

改めて，魚を 4 匹つかまえます。つかまえた魚の数と印がついた魚の数の割合は $\frac{2}{4}$（$= \frac{1}{2}$）でした。…… ❷

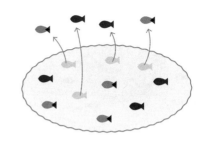

このとき，❶と❷の割合は（理論上）等しいと推測されるので，次のように**等式**を立てられるんです。

印がついた魚の数　　　　　印がついた魚の数
　　　↓　　　　　　　　　　　↓

$$\overset{\text{❶}}{} \quad \frac{5}{10} = \frac{2}{4} \quad \overset{\text{❷}}{}$$

　　　↑　　　　　　　　　　　↑
池にいる魚の総数　　　　つかまえた魚の数

問 2 のように，池にいる魚の総数が不明な場合は，その数を x として同じような等式を立てて x について解けばいいわけです。

$$\frac{5}{x} = \frac{2}{4}$$

　　↑
池にいる魚の総数

…でも，❷は必ず $\frac{2}{4}$ になるニャ？ $\frac{1}{4}$ とかもありえるんじゃニャい？

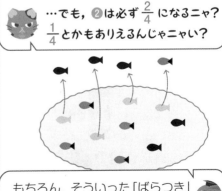

もちろん，そういった「ばらつき」が生じる可能性はあります。

ただ，もともと $\frac{1}{2}$ の魚に印がついているとすれば，つかまえた魚に印がついている確率は $\frac{1}{2}$ ですよね。

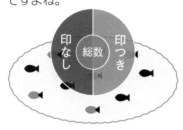

ですから，「確率」で学んだように，つかまえる回数が多いほど「ばらつき」は減って数学的確率の値に近づくんです。

※また，魚の数が多いほど誤差の割合は小さくなる。

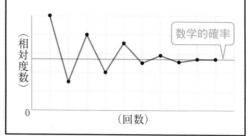

ただ，全数調査をしたわけではなく，絶対とはいえないので，「**推測できる**」といういい方をするんですけどね。

さて，この例を前回やった図式にあてはめると，下図のようになります。

母集団は「ある池にいる魚の数」，**標本**は「10日後につかまえた魚の数」です。

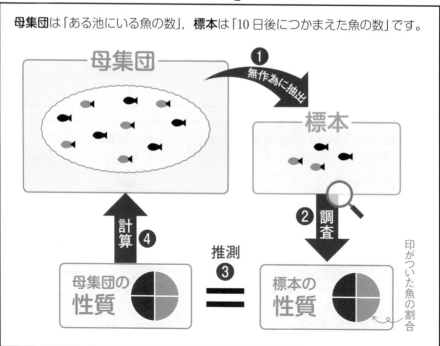

514

では，問2を考えましょう。
池にいる魚の総数 x 匹のうち，つかまえてもどした印がついた魚の数は 265 匹です。

印がついた魚の数
↓
$$\frac{265}{x}$$
↑
池にいる魚の総数

この割合と，10 日後に**つかまえた魚の数**（238 匹）の中に印がついた魚の数（53 匹）がいる割合は同じだと推測されます。

印がついた魚の数　　　　印がついた魚の数
↓　　　　　　　　　　　↓
最初 → $$\frac{265}{x} = \frac{53}{238}$$ ← 10日後
↑　　　　　　　　　　　↑
池にいる魚の総数　　　　つかまえた魚の数

この等式を x について解くと，

$$\frac{265}{x} = \frac{53}{238}$$

$$\frac{\overset{1}{265}}{x} \times \frac{1}{\underset{1}{265}} = \frac{\overset{1}{53}}{238} \times \frac{1}{\underset{5}{265}}$$

$$\frac{1}{x} = \frac{1}{1190}$$

$$x = 1190 \text{ 匹} \quad \boxed{答}$$

※両辺に $238x$ をかけてもよい。

標本は，母集団の「サンプル」だから，ものの割合などが母集団と同じ，というわけニャ！

そのとおりなんですよ。ですから，標本（サンプル）の性質を母集団にあてはめて計算すればいいわけです。

別解

ちなみに，比が等しいことを表す**比例式**で解いてもかまいません。

比例式
$$x : 265 = 238 : 53$$

$$53x = 265 \times 238$$

$$53x = 63070$$

$$x = 1190 \quad \boxed{答}$$

❶ 比例式の性質（$a : b = m : n$ ならば $an = bm$）

はい！　これで授業はすべて修了です。本書の授業で，学校の教科書で習う「基礎・基本」はほぼ完璧になりますから，しっかり復習しておいてくださいね！

起立ニャ!! 礼ニャ!!
ありがとうございましニャ〜!

ありがとうございましワン!!

END

モンティ・ホール・ジレンマ

　　モンティ・ホールが司会を務めるアメリカのテレビ番組で行なわれていたゲームです。3つのドアA,B,Cがあり，どれか1つのドアの後ろにだけ景品が置いてあります。あなたはドアを1つ選び，景品が置いてあればもち帰ることができます。仮に，Aのドアを選択した（ただし，まだ開けない）としましょう。ここで，どのドアの後ろに景品があるかを知っている司会者は，BかCのうち景品の置いていないドアを1つ開けて，あなたに問いかけます。「本当にAのドアでいい？」「まだ，開けていないドアに変えてもいいんだよ？」。このとき，最初の選択どおりAのドアを開けるのと，開いていない方のドアに変えるのと，どちらの方が有利なのかを確率的に考えてみてください。ふつうに考えると，まだ開いていない2つのドアの1つに景品があるので，どちらにしろ当たる確率は$\frac{1}{2}$だと思いますよね。しかし，「最も高いIQ」を有しているとギネスに認定されたコラムニストのサヴァントは，連載するコラムで「ドアを変更する場合，景品が当たる確率は$\frac{2}{3}$になる*」と発表し，多くの視聴者や数学者から批判が殺到しました。では，途中でドアの選択を変えるときの当たる確率を一緒に考えてみましょう。

　　「Aに景品があり，最初にどれかのドアを選択し，その後選択を変える」とします。最初にAを選んだ場合，景品のないBまたはCのドアが開きますが，どちらにも景品はないので結局はずれます。最初にBを選んだ場合，Aに景品があるのでCのドアが開かれます。選択を変更するとAを選ぶことになるので当たりです。最初にCを選ぶ場合，Aに景品があるのでBのドアが開かれます。選択を変更すると，Aを選ぶことになるので当たりです。最初の選択後に，景品の置いていないドアが開かれる（＝そのドアは必然的に選択しない）ので，起こりうる全部の場合は3通りで，うち当たりは2通り。サヴァントのいうとおり，選択を変更する場合は，$\frac{2}{3}$の確率で当たりを選択することになるわけです。

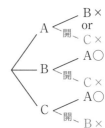

＊ドアを変更しなければ当たる確率は$\frac{1}{3}$であるが，ドアを変更すれば当たる確率は$\frac{2}{3}$となると述べた。　　　　（文：沖田一希）

おわりに

はい，みなさんお疲れさまでした!!
最後まで本当によくがんばりました!!
これでもう，中学数学はすべて
完全にマスターできましたよね？

ピタゴラスよりも
数学ができる
ようになったワン！

その自信は
どこから
くるニャ!?

リアルに
あほニャの!?

もしよくわからないところがあった
ら，復習しておきましょうね。

特にこのマークがあるコマは，
教科書でも強調されている
最重要ポイントです。
復習のときはここを見るだけ
でも OK ですから，
完璧に覚えておきましょう。

POINT

「POINT」だけでいいなら
「POINT」だけ載っけた
本にすればよかったワン

おまえはそれで
わかるニャ？

「POINT」だけ掲載しても
よくわからないでしょうから
詳しく授業したんですよ〜

確かに分厚い本になってしまいましたが…

なお，テストで数学の得点力を
上げるためには，とにかく「演習」
を積むことが必要です。
学生の皆さんは，このあと問題集
などをたくさん解いてくださいね。

演習を積まなきゃ
ダメなニョね…

円周を積むワン!!

円周

完

「演習」ニャ！

字がちがうニャ!!

END

517

【訂正のお知らせはコチラ】

本書の内容に万が一誤りがございました場合は, 東進WEB書店 (http://www.toshin.com/books) の本書ページにて随時お知らせいたしますので, こちらのサイトをご確認ください。☞

※未掲載の誤植はメール <books@toshin.com> でお問い合わせください。

「全年齢対象」の「学び直し」教室

中学数学を〈もう一度〉はじめからていねいに

発行日：2024年 2月22日　　初版発行

監修：沖田一希

発行者：永瀬昭幸

編集担当：八重樫清隆

発行所：株式会社ナガセ

〒180-0003 東京都武蔵野市吉祥寺南町 1-29-2
出版事業部（東進ブックス）
TEL：0422-70-7456 ／ FAX：0422-70-7457
URL：http://www.toshin.com/books（東進WEB書店）
※東進ブックスの最新情報は東進WEB書店をご覧ください。

制作協力：佐藤誠馬

カバーイラスト：あんよ

原稿制作・DTP：東進ブックス編集部

印刷・製本：シナノ印刷㈱

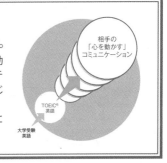

科学的な徹底訓練がスコアアップと実力向上を確実にします

4STEPを使い6か月で「英語力」を高める

東進ビジネス英語講座だけのカリキュラム

英語力を高める4ステップ学習法

アセスメント / 実践トレーニング / 基礎トレーニング / 概念理解

---

1 概念理解

映像授業（1回30分もしくは45分）

ルール・方法を学ぶ

語学習得は、スポーツ・楽器の習熟に例えられます。英語学習で最も大切な概念理解。スポーツでいえば、競技の基本ルールや方法論を学ぶステップです。東進では、実力講師による映像授業で実戦的な英語を本質から理解し、それぞれのアセスメントで求められる英語の考え方・表現力・語彙力などを自分のものにします。一時停止、早戻し、再受講も自由自在。自宅や、外出先の空き時間にも受講可能です。

Point 1. 高速学習

映像授業の長所を生かして毎日受講することができます。午前5時〜翌午前2時まで、21時間学習することができます。

Point 2. 確認テスト

毎回授業後にある確認テストで知識・概念の定着を図ります。

受講 ▶ 確認テスト ▶ 次の受講へ

---

2 基礎トレーニング

トレーニング

反復練習

理論に加えて、基礎的なスキルの修得も大切です。スポーツでも楽器でも、筋トレや地道な反復練習が欠かせません。TOEIC®テストの99.1%以上を網羅する高速基礎マスター講座で、語彙力と表現力を徹底的に磨きます。通勤時間などのすき間時間をフル活用できます。

【 高速基礎マスター講座 】

Point 1. 「できない」問題をリスト化

未修得の単語・熟語を洗い出しリスト化して、弱点だけを修得することができます。暗記しやすい工夫がされているため、短期間で集中して覚えることができます。

Point 2. 定期的なトレーニング

短期集中で暗記しても定期的に活用しなければ、やがて忘却してしまいます。そこで、定期的にトレーニングや修了判定テストを実施することで、一度修得した知識を深め、より確実なものにします。

---

3 実践トレーニング

TOEIC®トレーニング講座

テスト受験 ▶ 採点 ▶ 解答解説 ▶ （2回目）受験

何回も問題を解きなおすことで、問題形式に慣れ、得点が向上します。

東進USAオンライン講座

Point 1. レベルにあった実践練習

一般的な「オンライン英会話」のような「フリートーク」ではありません。受講する講座に応じて、本人のレベルにあった適切かつ実践的な課題を練習します。

練習試合

実践トレーニングは、スポーツの練習試合にあたり、これまでの授業やトレーニングで学んだことを実践します。TOEIC®形式問題でのトレーニング、教員資格を持ったネイティブスピーカー講師とのウェブレッスン＆その場でフィードバック。最高レベルのマンツーマントレーニングを繰り返し行います。

---

4 アセスメント

TOEIC® LR テストまたはTOEIC® SWテスト

公式試合

東進では、毎月学習の成果を測ります。そのものさしとなるのが、公認の TOEIC® IP テスト（LR テスト、S テスト、W テスト）です。ETS 世界基準で今の英語力を確認できます。

※テストはコースによって種類が異なります。

アカデミック系	大学
サロン系	英会話スクール
教材販売系	出版社
予備校系	**東進**

東進の学習の仕組みは、大学受験で培ったノウハウが元になっています。「TOEIC®対策」でも、「英会話対策」でも、「一定期間内にスコアアップ（実力アップ）」するには、予備校系が最も有利です。

受講プラン（例）　※TOEIC® (LR)テスト600点〜730点を目指される方の場合

	1か月	2か月	3か月	4か月	5か月	6か月	1か月	2か月	3か月	4か月	5か月	6か月
概念理解	600点突破						750点突破					
基礎トレーニング	高速基礎マスター講座 ①頻出2000 ②初級熟語			高速基礎マスター講座 ③中級単語 ④中級熟語			高速基礎マスター講座 ③上級単語 ④上級熟語					
							高速基礎マスター講座 英文法750					
実践トレーニング			TOEIC®トレーニング				TOEIC®対策					
アセスメント		テスト	テスト	テスト	テスト			テスト	テスト	テスト	テスト	

東進ビジネス英語講座の**5**つのコース

1 TOEIC®LR 対策コース
就活を見据えて TOEIC®スコアアップしたい方に!!

主な担当講師

講座名	講師名	講数
英語学習法講座	西方 篤敬先生	映像授業 30 分×10 回
【下記からいずれか 1 講座】 900 点突破講座 /800 点突破講座 /750 点突破講座 /600 点突破講座 /500 点突破講座 / 英語基礎力完成講座 (グラマー編＋リーディング編＋リスニング編)	安河内 哲也先生	各スコア突破講座: 映像授業 30 分×40 回 英語基礎力完成講座: 映像授業 30 分×48 回
高速基礎マスター講座	ー	ー
TOEIC®トレーニング講座	ー	TOEIC®LR テスト 33 回分
TOEIC®LR テスト 4 回	ー	ー

安河内 哲也先生

2 ビジネススピーキングコース①
留学先など、日常生活で使う英語を学びたい方に!!

主な担当講師

講座名	講師名	講数
英語学習法講座	西方 篤敬先生	映像授業 30 分×10 回
Spoken English: Basics	宮崎 尊先生 他	映像授業 45 分×12 回
ビジネス英語スキル別講座 (リーダーシップ・コミュニケーション編)	賀川 洋先生	映像授業 45 分×7 回
ビジネス英語スキル別講座 (日常生活編)	安河内 哲也先生	映像授業 30 分×8 回
ビジネス英語スキル別講座 (Web 会議編)	武藤 一也先生	映像授業 30 分×8 回
ビジネス英語スキル別講座 (日常生活編) USA オンライン講座	ー	オンラインレッスン 8 回
ビジネス英語スキル別講座 (Web 会議編) USA オンライン講座	ー	オンラインレッスン 8 回
高速基礎マスター講座	ー	ー
TOEIC®S テスト 3 回	ー	ー

武藤 一也先生

3 ビジネススピーキングコース②
ネイティブスピーカーの感覚をつかみたい方に!!

主な担当講師

講座名	講師名	講数
英語学習法講座	西方 篤敬先生	映像授業 30 分×10 回
【下記からいずれか 1 講座】 話すための英語基礎トレーニング講座 / 話すための英語実践トレーニング講座	大西 泰斗先生	(各講座) 映像授業 30 分×40 回
英語発音上達講座	西方 篤敬先生	映像授業 30 分×8 回
話すための英語 USA オンライン講座 (基礎 / 実践)	ー	オンラインレッスン 30 回
高速基礎マスター講座	ー	ー
TOEIC®S テスト 3 回	ー	ー

大西 泰斗先生

4 アカデミック英語コース
留学準備の英語学習をしたい方に!!

主な担当講師

講座名	講師名	講数
英語学習法講座	西方 篤敬先生	映像授業 30 分×10 回
大学教養英語	宮崎 尊先生	映像授業 90 分×12 回
TOEFLiBT スピーキング講座	スティーブ福田先生	映像授業 30 分×40 回
TOEFL USA オンライン講座	ー	オンラインレッスン 40 回
高速基礎マスター講座	ー	ー
TOEFL Practice Complete Test 2 回分	ー	ー

スティーブ福田先生

5 E-mail writing コース
外国人とのやり取りでの英文 E メールを学びたい方に!!

主な担当講師

講座名	講師名	講数
英語学習法講座	西方 篤敬先生	映像授業 30 分×10 回
Basic Email Writing	宮崎 尊先生 他	映像授業 45 分×12 回
E-mail Writing 講座 (初級編)	鈴木 武生先生	映像授業 45 分×10 回
E-mail Writing 講座 (中級編)	鈴木 武生先生	映像授業 45 分×10 回
高速基礎マスター講座	ー	ー
TOEIC®W テスト 3 回	ー	ー

宮崎 尊先生

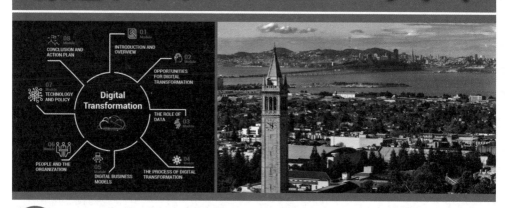

東進デジタルユニバーシティの特長

日本では学べない超AI・超DXのオンラインコンテンツ

データサイエンス領域全米大学ランキング No.1 のカリフォルニア大学バークレー校と
提携したコンテンツをご提供いたします

AIのビジネス活用をリードする講師による映像講義

株式会社ブレインパッド Chief Data Technology Officer
第2回日本オープンイノベーション大賞
農林水産大臣賞(2020年) 日本深層学習協会 貢献賞(2020年)

株式会社ブレインパッド　エグゼクティブディレクター
AI（機械学習）のビジネス利用を支援する業界の第一人者
『いちばんやさしい機械学習プロジェクトの教本』著者

合同会社ウェブコア 代表取締役社長
『みんなのPython』著者
日本ではじめての和書となるPythonの入門書

株式会社ELAN 代表取締役、株式会社Iroribi 顧問
『Python実践データ分析100本ノック』著者
（Amazonデータベース処理部門ランキング第2位）

東進デジタルユニバーシティのご紹介

カリフォルニア大学バークレー校Executive Educationと提携し、
AIを含む最先端デジタル領域の人財育成コンテンツをご提供します。

TD TOSHIN DIGITAL UNIVERSITY

企業のデジタル改革に「東進」の教育ノウハウと全米No.1コンテンツの品質を。

東進 × Berkeley Executive Education
UNIVERSITY OF CALIFORNIA

30年培ってきた映像講義制作技術

東進といえば映像による講義。講義者の目線へのこだわりなど、職人技ともいえる制作技術が徹底理解を生みます

実力講師陣が手がけるプログラム

映像による講義の利点のひとつは、圧倒的な準備で講義を作り込めること。一つひとつの講義が最高の完成度を誇ります。

わかりやすさと確実な理解

講義ごとの確認テストと講義ごとの修了判定テストで、誰でも確実にスキルアップできます。

映像による「IT授業」で数多くの学生を志望校現役合格に導いてきた東進の学習コンテンツ制作技術。シリコンバレーで技術革新の中枢を担うカリフォルニア大学バークレー校。この二者の連携により誕生したのが東進デジタルユニバーシティです。AI×ビジネス領域の第一人者による最先端の講義で、企業のデジタル改革を牽引するリーダー人財の育成を目指します。

大学ランキングNo.1の名門

フォーブス誌、U.Sニュース&ワールドレポート誌など複数の世界大学ランキングでトップの実績を誇ります。

シリコンバレーの"心臓部"

ITビジネスの最前線であるシリコンバレーで、企業との協働・研究開発を担う、まさに技術革新の中心地です。

100名を超えるノーベル賞受賞者

教職員や研究者、卒業生に至るまで、素晴らしい功績を挙げる優秀な人財を多数輩出しています。(受賞者数は大学調べ)

デジタル人財教育を通じ、社会・世界に貢献するリーダーを世に送り出したい

　世界では、AI分野をリードする企業がめまぐるしい勢いで躍進を遂げ、社会に大きな変革や新たな価値、雇用をもたらしています。今、最も注目される同分野の人財育成は、日本・世界をより豊かにしていくための要と言えるでしょう。しかしながら、現在の日本はこうした人財の不足がひとつの課題でもあります。東進デジタルユニバーシティでは最新テクノロジーの分野で企業や日本社会を牽引していく人財の育成を推進し、日本の国際競争力の強化と、更なる発展に貢献して参ります。

大人気書籍の著者やシリコンバレーの大学教授など他では見られない講師陣

オンライン講義の教鞭をとるのは、AI・IT領域の第一線で活躍する日米のプロフェッショナルたち。基礎学習〜世界トップ大学のMBAレベルまで、AI・ビジネス分野の権威から学びます。

最先端のビジネスケースを豊富に取り扱った実践的な講義

シリコンバレー発の最先端技術やビジネス応用事例など、実際のビジネスケースを豊富に盛り込んだ講義をご用意。進化を続けるAI技術を多様なケーススタディを通して体系的に網羅していきます。

若手層からエグゼクティブまで幅広い階層・職種に対応したカリキュラム

ひと口に「DX」といっても、おかれたポジションや専門によって課題意識や求められるゴールは様々。幅広い層に最適化できる独自の講座体系で、個々人から最大限のパフォーマンスを引き出します。

東進デジタルユニバーシティ ウェブサイト

https://www.toshindigital.com/

東進デジタルユニバーシティ [検索]